Robert Hartmann

Die menschenähnlichen Affen und ihre Organisation

Robert Hartmann

Die menschenähnlichen Affen und ihre Organisation

ISBN/EAN: 9783743365056

Hergestellt in Europa, USA, Kanada, Australien, Japan

Cover: Foto ©berggeist007 / pixelio.de

Manufactured and distributed by brebook publishing software (www.brebook.com)

Robert Hartmann

Die menschenähnlichen Affen und ihre Organisation

DIE MENSCHENÄHNLICHEN AFFEN

UND IHRE ORGANISATION IM VERGLEICH ZUR MENSCHLICHEN.

VON

ROBERT HARTMANN,

PROFESSOR AN DER UNIVERSITÄT ZU BERLIN.

MIT 63 ABBILDUNGEN IN HOLZSCHNITT.

LEIPZIG:

F. A. BROCKHAUS.

1883.

VORWORT.

Der Inhalt dieses Bandes der „Internationalen wissenschaftlichen Bibliothek“ war ursprünglich Herrn P. Broca in Paris zur Bearbeitung überwiesen worden. Das Buch würde aus den Händen dieses hervorragenden Forschers jedenfalls in einer grossen Vollendung an Stoff und Form hervorgegangen sein, hätte nicht ein zu jäher Tod seinen unvergleichlichen Arbeiten ein Ziel gesetzt. Da sich in Broca's Nachlass nichts von Manuscripten und Notizen vorgefunden hat, was hier hätte verwendet werden können, so wurde mir von der Redaction und der Verlagshandlung dieser Sammlung die selbständige Bearbeitung des Werkchens übertragen. Ich hoffe durch dasselbe dem nicht genauer mit der Fachliteratur bekannten Leser Gelegenheit zu geben, sich ein ungefähres Bild von dem gegenwärtigen Standpunkt unserer Kenntnisse über jene merkwürdigen Geschöpfe zu verschaffen, welche wir die menschenähnlichen Affen nennen. Anhänger und Gegner der Descendenzlehre werden es vielleicht anerkennen, dass ich hier *sine ira et studio* meinen eigenen Weg zu verfolgen gesucht habe.

Die den Text begleitenden Illustrationen sind theils nach Photographien und nach meinen eigenen Originalaquarellen sowie Federzeichnungen, theils nach vorhandenen Vorlagen auf Holz übertragen worden. Um das Buch auch für Fachleute brauchbarer zu machen, habe ich eine ausgiebige Literaturangabe nicht gescheut.

Neubabelsberg, im Juli 1883.

R. HARTMANN.

INHALT.

Verzeichniss der Abbildungen.

ERSTES KAPITEL.

Entwickelung der Kenntnisse von den menschenähnlichen Affen.*

Unsere ersten Kenntnisse von grossen, dem Menschen ähnlichen (anthropomorphen oder besser anthropoiden) Affen dringen aus grauem Alterthum zu uns herüber. Die solchen Thieren zum Aufenthalt dienende Westküste Afrikas muss den Karthagern schon etwa 500 Jahre v. Chr. bekannt gewesen sein. Denn bereits um 470 v. Chr. unternahm der Suffet Hanno mit 60 funfzigruderigen Galeeren, mit vielem Geräth, mit Colonisten u. s. w. eine grosse Handelsexpedition, die zugleich auch Besiedelungszwecken dienen sollte, über Marokko hinaus nach Oberguinea. Man schien sich damals von den Küstenverhältnissen des zu colonisirenden Gebietes schon im voraus durch Pionnierreisen unterrichtet zu haben. Am Vorgebirge des Götterwagens (Insel Scherbro), an der gebirgigen Serra Leõa (Sierra Leona)[1] trafen die Karthager auf „Gorillai“.[2] Das aber waren haarige Waldgeschöpfe, welche die Angriffe der Seefahrer mit Steinwürfen erwiderten. Drei dieser Ungethüme weiblichen Geschlechts wurden zwar ergriffen, sie bissen und kratzten aber so wüthend um sich, dass

* Die zu diesem Kapitel gehörigen zahlreichen Literaturnachweise finden sich am Ende des Bandes zusammengestellt.

man sie lieber gleich auf dem Flecke tödtete. Plinius erzählt, es seien zwei der bei dieser Gelegenheit erbeuteten Felle im Astarte-Tempel zu Karthago noch zur Zeit der römischen Invasion (146 v. Chr.) aufbewahrt gewesen.[2] Es hat sich später mit Evidenz herausgestellt, dass mit diesen „Gorillai" Chimpanses, nicht aber echte Gorillas gemeint worden seien. Letztere kommen so weit nördlich nicht mehr vor.[3]

Auf Chimpanses wurde auch ein altes Mosaikbild aus dem Fussboden des Fortuna-Tempels zu Praeneste (Palestrina) bezogen. Dies zur Zeit in einem Museum zu Rom befindliche Bild ist von verschiedenen Forschern beschrieben worden. Dasselbe stellt eine tropisch-afrikanische, wol den obern Nilländern angehörende Gegend dar. Der Chimpanse scheint mir auf der Mosaik mitten unter Giraffen, Nilpferden, Krokodilen und andern Vertretern der tropisch-afrikanischen Thierwelt unverkennbar zu figuriren.[3] Bekanntlich aber findet sich dieser grosse Affe in gewissen zum Theil von obern Nilläufen berührten Gegenden (Niam-Niamland und Uganda). Plinius schreibt ebenfalls von derartigen Thieren: „Auf den gegen den Subsolan gelegenen indischen Gebirgen — es heisst das Land der Catharcluder — gibt es Satyrn. Dies sind die schnellsten Geschöpfe; sie gehen theils auf Vieren, theils geradeauf in Menschengestalt, und können wegen ihrer Behendigkeit nur alt oder krank gefangen werden."[4] Man hat in diesen Satyrn die Orang-Utans erkennen wollen, indessen könnten damit auch Gibbons gemeint gewesen sein; denn letztere bewegen sich leichter und schneller aufrecht als jene Affen.

Von den erwähnten fernen Perioden ab schweigt es lange über die merkwürdigen Thiere. Erst zu der Zeit, in welcher die Portugiesen der spanischen Herrschaft anheimfielen, regt es sich von den Ländern Congo und Angola aus. Der Matrose Eduardo Lopez gibt damals Berichte über den Chimpanse. Sie sind von Ph. Pigafetta 1598 veröffentlicht worden.[5] Später erkennen wir Notizen über ganz grosse Affen in den Schriften von Pedro da Çintra[6], Pater Merolla von Sorrent[7], Froger[8] und William Smith.[9]

W. Smith hat einen Chimpanse unter dem fälschlichen Namen des Mandrill (*Cynocephalus Maimon Less.*) zwar schlecht abgebildet, aber doch kenntlich beschrieben. Eine bessere Darstellung jenes menschenähnlichen Affen lieferte uns der amsterdamer Anatom N. van Tulpe (Tulpius) im Jahre 1641.[10] Dieser Forscher bemerkt, das Thier sei der *Homo sylvestris* oder Orang-Utan (*Satyrus indicus*), es werde von den Afrikanern aber Quojas Morrou genannt. Eine Anatomie des Chimpanse, welche noch heute ihren grossen Werth besitzt, wurde von E. Tyson im Jahre 1699 geliefert.[11] Die das Werk begleitenden (anatomischen) Abbildungen sind für ihre Zeit recht gut ausgeführt.

Unsere biologischen Kenntnisse von den westafrikanischen Anthropoiden wurden schon im 16. Jahrhundert beträchtlich vermehrt durch den Abenteurer A. Battel aus Leigh in Essex. Der Mann durchstrich als Sergeant der portugiesischen Truppen unter dem Generalkapitän von Angola Dom Manuel Silveira Pereira die Waldlandschaften Niederguineas. Battel's Nachrichten wurden später von seinem Nachbar Purchas in dessen „Pilgrims“ (zuerst 1613) zusammengestellt.[12] Battel redet von zweierlei grossen Affen, nämlich dem Engeco und dem Pongo, welche das Waldgebiet am Bannaflusse und von Mayombe beleben sollen. Der Engeco entspricht dem Ndjéko oder Nschégo, Chimpanse, der Pongo dagegen dem N'Pungu der Fiódh-Neger Loangos, dem Gorilla. Battel's Beschreibung der Lebensweise dieser Thiere, welche einige charakteristische Züge wiedergibt, wird uns später noch näher beschäftigen. Wir können von dem Auftreten jenes Abenteurers an unsere früheste Kenntniss über den grössten aller menschenähnlichen Affen datiren.

Der holländische Arzt Olivier Dapper lieferte 1668

eine später mehrfach aufgelegte, vieles Gute enthaltende Beschreibung Afrikas [13], worin auch der das Königreich Congo bewohnenden grossen Affen Namens Quojas Morrau oder Morrou [14] Erwähnung geschieht. Es scheint hiermit der Chimpanse gemeint zu sein.

Ueber den Gorilla wurden dann neuerlich wieder leider unbestimmt lautende Nachrichten von E. Bowdich in dessen höchst anziehendem Werke: „Mission der Englisch-Afrikanischen Compagnie nach Aschanti", geliefert.[15] Im Gabongebiete, heisst es da, gibt es viele merkwürdige Affenarten, unter denen der Ingenu (Gorilla) der seltenste ist. Er soll nach Aussage der Eingeborenen viel grösser als der Orang-Utan(?), gewöhnlich 5 Fuss hoch und von einer Schulter zur andern 4 Fuss breit werden u. s. w.

Im Jahre 1847 berichtete Dr. Savage, protestantischer Missionar am Gabon, an den ausgezeichneten Anatomen R. Owen in London über einen Affen, der grösser als der Chimpanse sein solle. Im Anschluss hieran fanden sich einige von der englischen Missionarin Frau Prince angefertigte Schädelzeichnungen mit sehr stark entwickelten Oberaugenhöhlenbogen. Savage nannte das Thier *Troglodytes Gorilla* im Gegensatz zu *Troglodytes niger*, dem Chimpanse. Owen beschrieb dann zwei wirkliche, ihm vom Gabon zugesandte Gorillaschädel.[16] Ein vom Missionar Wilson nach Boston gesendeter Gorillaschädel wurde durch Professor Jeffreys Wyman nebst den hinzugefügten Notizen des Spenders abgebildet und publicirt.[17] Ein Gorillaskelet gelangte 1851 durch den Missionsarzt H. A. Ford nach Philadelphia, auch veröffentlichte der letztere Nachrichten über den neuen Anthropoiden.[18] Im Jahre 1849 kamen Gorillareste durch Vermittelung des Dr. Gautier Laboulay nach Paris. Hier nahmen sich D. de Blainville und Isidore Geoffroy Saint-Hilaire dieser kostbaren Naturkörper an. Vollständigere Reste wurden dem pariser Museum 1851 und 1852 durch Dr. Franquet und Admiral Penaud überliefert. Sie sind in den bildlich so schön ausgestatteten Arbeiten von Blainville[19], Is. Geoffroy Saint-Hilaire[20] und Duvernoy[21] mit grosser Sorgfalt zu unserer Kenntniss gebracht worden. Eine prächtige Abbildung eins dieser vortrefflich ausgestopften Exemplare, einem ausgewachsenen Männchen angehörend, ziert die, soviel ich weiss, ohne Text erschienene[22] „Photographie zoologique par L. Rousseau et A. Devéria" (Paris 1855). Ich habe diese Abbildung wegen ihrer Naturtreue einer früher von mir selber publicirten zu Grunde gelegt.[23]

Der von französischen Aeltern in Nordamerika geborene, in der gabonesischen Handelsfactorei seines Vaters aufgewachsene Paul Belloni du Chaillu durchzog während der Jahre 1855—1865 die Landschaften im Flussgebiete des Gabon, Ogōwë und Fernão Vaz, nahm angeblich an Gorillajagden theil und veröffentlichte über seine Reisen mehrere Bücher[24], deren von mangelhaften Illustrationen begleiteter, abenteuerlich ausstaffirter Inhalt namentlich durch A. E. Brehm und Winwood Reede kritisch beleuchtet wurde.[25] Du Chaillu's Mittheilungen über die im äquatorialen Afrika lebenden Anthropomorphen wurden in den „Proceedings" der Londoner Zoologischen Gesellschaft[26] publicirt. Seine sehr bedeutenden Sammlungen von Affenresten hat Jeffreys Wyman beschrieben. Letzterm Forscher[27] verdanken wir ja auch eine Durchsichtung des von Savage gesammelten Materials.[17]

Sehr lehrreiche anatomische Abhandlungen über den Gorilla und Chimpanse lieferte R. Owen noch ausser der oben (S. 4) bereits citirten. Der londoner Meister war im Stande, ein in Weingeist mangelhaft conservirtes junges Gorillamännchen zu zergliedern.[28] Die Reisenden R. Burton[29], A. de Compiègne[30], Savorgnan de Brazza[31], O. Lenz[32], die Mitglieder der deutsch-afrikanischen Loango-Expedition[33] und H. von Koppenfels[34] haben noch einige Nachrichten über das Freileben des Gorilla gegeben. Weitere (ausserdeutsche) zoologische und anatomische Arbeiten über das Thier brachten Duvernoy in der bereits oben citirten Abhandlung, ferner Dahlbom[35], Heckel[36], Flower[37], Issel[38], Giglioli[39], Chapman[40], St.-George Mivart[41], Macalister[41a] u. a. In Deutschland erschienen derartige Abhandlungen von Aeby[42], Lucae[43], Ecker[44], Bolau[45], Pansch[46], H. Lenz[47], A. B. Meyer[48], R. Meyer[49], Bischoff[50], Ehlers[51], Virchow[52], K. E. von Bär[53], vom Verfasser dieses Werkchens[54] u. s. w. Duvernoy, Chapman, Bischoff, Bolau, Ehlers und ich vermochten wie Owen vollständige Gorillacadaver zu präpariren. Zwei der in meine Hände gerathenen Specimina befanden sich unstreitig im besten Zustande, denn ich konnte über sie um jene Zeit nach ihrem in Berlin erfolgten Tode verfügen. Ein grösseres, über 1000 mm hohes Weibchen war zwar weniger gut conservirt, aber doch immer noch sehr brauchbar. Hiermit ist übrigens das Verzeichniss der über den Gorilla publicirten anatomischen Angaben noch nicht erschöpft. So finden sich andere schätzenswerthe Mittheilungen in dem anthropologischen Werke von C. Vogt[55], in Abhandlungen von Pruner-Bey[56], von Magitot[57], in Darwin's Werken[58], in Gervais' „Histoire naturelle des Mammifères“[59], in Huxley's „Anatomie der Wirbelthiere“[60], in Flower's „Osteologie der Säugethiere“[61], in Giebel's Odontographie[62] und in einer Reihe anderer naturgeschichtlicher Handbücher und Berichte, welche hier einzeln aufzuführen mir der knappe Raum verbietet.

Der erste lebende Gorilla gelangte, soviel mir bekannt geworden, im Jahre 1860 nach England. Er existirte hier sieben Monat und ist erst neuerdings in den „Proceedings“ der londoner Zoologischen Gesellschaft sehr gut abgebildet und kurz beschrieben worden.[63] Den zweiten lebenden Gorilla brachte Dr. Falkenstein Ende Juni 1876 aus Loango nach Berlin. Er war daselbst in der deutschen Station Chinchoxo seit dem Jahre 1874 gehalten worden und starb im berliner Aquarium erst am 13. Nov. 1877. Ein drittes Exemplar erwarb Dr. Hermes im September 1881. Dasselbe starb kurz nach seiner Ankunft in Berlin. Ein viertes lebt zur Zeit im Berliner Aquarium.

Früher und häufiger als der Gorilla war der Chimpanse Gegenstand zoologischer und zootomischer Untersuchungen geworden, da sein Vorkommen ein verbreiteteres als das seines grössern Verwandten, sein Fang auch weniger schwierig als der des letztern ist. Ich habe oben bereits des Hanno'schen Berichts und des von Tulpe beschriebenen Thieres gedacht. Buffon hatte im Jahre 1740 ein jugendliches Exemplar dieser Art vor Augen gehabt, während man damals zu London ein anderes Specimen benutzt hatte. Buffon bildet Taf. II des 35. Bandes seiner „Naturgeschichte" einen Chimpanse, Taf. III aber einen Orang-Utan zwar nicht sehr naturgetreu, indessen doch kenntlich ab.[64] Man nimmt gewöhnlich an, dass der auch von Buffon citirte holländische Reisende Bosman bereits den Gorilla und den Chimpanse gekannt habe. Derselbe spricht von einem etwa 5 Fuss hohen, in der Nähe des Fort Wimba lebenden Affen „d'une couleur fauve".[65] Obwol nun Buffon die Namen Chimpanzée und Chimpezée sowie die Angaben Battel's über den Pongo und Enjeco kannte, so hielt er dennoch die Jockos, Pongos und Orangs alle für zu einer Art gehörige Thiere. Später änderte der grosse Forscher seine Ansicht dahin ab, dass die Orangs eine grössere Art, nämlich den Battel'schen Pongo, und eine kleinere Art, den indischen Jocko (Orang-Utan), bildeten. Die jungen afrikanischen von Tulpe und auch von ihm selbst beobachteten Thiere (Chimpanses) seien junge Pongos gewesen.[66] Später wurde der Name Pongo für den alten ausgewachsenen Orang-Utan angewendet. Haut und Skelet des von Buffon lebend beobachteten Chimpanse sollen noch im Jahre 1842 im pariser Zoologischen Museum aufbewahrt gewesen sein.[67] Ein junges Weibchen, welches in der Menagerie des pariser Pflanzengartens um 1838 gelebt hat, ist in dem schönen, dieses grossartige Institut behandelnden Sammelwerke ganz hübsch abgebildet worden.[68] Diese Abbildung (des auf allen Vieren gehenden Thieres) wurde später sehr häufig copirt. Ein Gleiches geschah mit den Zeichnungen wol desselben Individuums in gehender und an einem Arme schaukelnder Stellung, welche ursprünglich in der berühmten Sammlung der Vélins des pariser Museums aufbewahrt wurden. Gute bildliche Darstellungen[69] des Kopfes und Körpers des alten Chimpansemännchens lieferten Isidore Geoffroy Saint-Hilaire und Dahlbom. Neuerlich tauchen zahlreiche und zum Theil auch recht gut gerathene Bilder des Chimpanse in verschiedenen Werken[70] und Flugblättern auf. Unstreitig die besten bekannten Abbildungen des Chimpanse, gezeichnet unter Benutzung nach dem Leben aufgenommener Photographien, begleiten mein 1880 erschienenes osteologisches Buch über den Gorilla[71] sowie auch vorliegendes Werkchen. Gestalt und Lebensweise dieser Affenart sind von Bischoff[72] sowie in den oben bereits erwähnten Büchern, namentlich aber in denen von Temminck[73], Gervais, Reichenbach und Brehm hinreichend gut geschildert. Man hat neuerdings auch öfter Gelegenheit gefunden, Chimpansecadaver zu zergliedern. Angaben über die Anatomie dieses Thieres werden ausser bei Tyson[11] noch bei Vrolik[74], bei Champneys[75], Brühl[76], Schroeder van der Kolk und Vrolik[77], ferner auch in den uns bereits bekannten, meist noch den Gorilla berücksichtigenden Abhandlungen der Owen, Duvernoy, Bischoff, Issel, Giglioli, H. Lenz, Ehlers u. s. w. angetroffen. Die äussere Gestalt und den innern Bau angeblich neuer Anthropoidenarten und Chimpansevarietäten behandelten Du Chaillu[26], Duvernoy[78], Bischoff[50], Gratiolet und Alix[79], A. B. Meyer[80] und der Verfasser dieses Werkchens.[81]

Ueber den Orang-Utan ist seit A. Vosmaer[82] vieles geschrieben worden, so unter andern von Rademacher[83], Wurmb[84], E. Griffith[85], Temminck[86], Schlegel und S. Müller[87], Is. Geoffroy Saint-Hilaire[88], Brooke[89], Abel[90], Wallace[91] und noch manchen andern. Mit der

Anatomie dieses Thieres beschäftigten sich P. Camper[92], Owen[93], J. Müller[94], Schlegel und S. Müller[95], Heusinger[96], Dumortier[97], Brühl[98], Bischoff, Langer[99] u. a. Gute Orang-Utanbilder finden sich in den pariser Vélins, copirt von Chenu[100], P. Gervais[101] und bei Wallace, ferner in Zeichnungen von Mützel[102] und G. Max[103] sowie in meinem schon oben citirten Gorillawerke.

Es ist bereits von Tilesius[104] und von G. Cuvier[105] dargethan worden, dass das Junge des Wurmb'schen Pongo der Linné'sche Orang sei. Jetzt wissen wir bestimmt, dass der Name Pongo (N'Pungu der Fiódh in Loango) nur dem Gorilla zukommen darf (S. 3).

Die vierte Gattung der (kleinsten) menschenähnlichen Affen, die (indischen) Langarm- oder Armaffen, die Gibbons, sind hinsichtlich ihrer Gestalt und Lebensweise von verschiedenen Reisenden und Naturforschern der neuern Zeit geschildert worden, so von Duvaucel[106], Bennett[107], Martin[108], Lewis[109], S. Müller[110], Diard[111], ferner von Buffon[112], Is. Geoffroy Saint-Hilaire[113], Blyth[114] u. a. Mit der Anatomie dieser Geschöpfe haben sich Gulliver[115], Bischoff[116], der Verfasser dieses Werkchens u. a. m. beschäftigt.

ZWEITES KAPITEL.

Die äussere Gestalt der menschenähnlichen Affen.

Beim Gorilla, Chimpanse und Orang-Utan zeigt sich die äussere Gestalt je nach Alter und Geschlecht wesentlichen Veränderungen unterworfen. Am ausgeprägtesten erscheinen die Unterschiede vorzüglich des Geschlechts beim Gorilla. Am wenigsten treten dagegen derartige Abänderungen bei den Gibbons hervor.

Wenn man ein junges Gorillamännchen mit einem alten ausgewachsenen Thiere derselben Art vergleicht, so möchte man zu glauben versucht werden, es hier mit zwei gänzlich differenten Wesen zu schaffen zu haben. Während der junge männliche Gorilla noch eine deutlichere Annäherung an den menschlichen Bau darbietet und zugleich diejenigen Eigenschaften des körperlichen Habitus entwickelt, welcher im allgemeinen die kurzgeschwänzten Affen der Alten Welt mit Ausschluss der Paviane charakterisirt, zeigt sich dagegen der alte männliche Gorilla anders geformt. Diesem haftet weit weniger mit dem Menschentypus Vergleichbares an — es ist aus ihm ein riesenhafter Affe geworden, dessen Hand- und Fussbau zwar noch das der Familie der Primaten Eigenthümliche verblieben ist, während der vorgebaute Kopf etwas zwischen dem Schnauzenbau des Pavians, Bären und Ebers Befindliches erkennen lässt. Mit diesen auffallenden Veränderungen im äussern Bau gehen auch solche in der Entwickelung des Knochengerüstes Hand in Hand. Der

Schädel des alten Gorillamännchens ist prognather geworden, seine Reisszähne haben fast die Länge derjenigen von Löwen und Tigern gewonnen. An dem in der Jugend abgerundeten Schädelgewölbe entwickeln sich die mächtigen Knochenkämme in der Scheitelmitte und am Hinterhaupt, welche, durch die hoch emporstrebenden Dornfortsätze der Halswirbel unterstützt, kolossalen Kau- und Nackenmuskeln Halt gewähren. Die sich hoch emporwölbenden Knochenbogen über den Augenhöhlen bedecken sich mit runzeliger Haut und vermehren den an sich schon wilden, ja scheusslichen physiognomischen Eindruck des alten Thieres. Man vergleiche nur die betreffenden, diesen Text begleitenden Abbildungen (Fig. 1—3) miteinander. Beim weiblichen Gorilla werden die Geschlechtsunterschiede nicht so auffallend als beim männlichen. Zeigt auch das alte Gorillaweibchen immerhin vieles Bestialische, so fehlen doch ausser den beim Männchen so stark ausgeprägten Kämmen, Leisten und Bogen noch die gewaltigen Muskelpolster, es fehlen dort die Prognathie und die Länge und Dicke der Eckzähne des letztern. Der alte weibliche Gorilla entfernt sich in seinem ganzen Bau nicht so sehr von dem jugendlichen Zustande seines Geschlechts, als das alte männliche Thier. Jenes behält einen im ganzen menschenähnlichern Bau als letzteres. Man hat früher und zwar von gewichtiger Seite her behauptet, dass bei der Untersuchung des Baues von Thieren der weibliche Typus, als der universellere, in den Vordergrund der Beschreibung gedrängt werden müsse. H. von Nathusius verlangt aber für das Studium der Hausthiere stets beide Geschlechter in Betracht zu ziehen, weil nur beide zusammen die Rasse kenntlich machen können.[1] Ich adoptire diesen Vorschlag für die wissenschaftliche Untersuchung und Beschreibung auch der wilden Thiere jeglicher Gattung und Art.

---

[1] Vorträge über Viehzucht und Rassenkenntniss (Berlin 1872), I, 61.

Fig. 1. Alter männlicher Gorilla.

Jenes Gerede vom universellen Typus des weiblichen Thiers ist und bleibt in meinen Augen eine Phrase. Denn nur die genaue Betrachtung des männlichen, des weiblichen und der jungen Individuen beiderlei Geschlechts einer Art kann uns über ihre Phylogenie (Stammesgeschichte) die genügende Aufklärung verschaffen. Das männliche Thier ist das grössere, das vorherrschende in Bezug auf die völlige Ausbildung gewisser Formeigenthümlichkeiten des specifischen Organismus, wie dieselben im erwachsenen Weibchen doch nur in unbestimmterer Weise, bei den unreifen Jungen entweder noch gar nicht oder erst in primitiverer Anlage zum Vorschein kommen.

Betrachten wir daher hier zunächst den Prototyp der Art, den alten männlichen Gorilla in der Vollkraft der körperlichen Ausbildung (Fig. 1). Das Thier erreicht eine aufrechte Höhe von über 6 Fuss oder 2000 mm. Der Kopf wird bis 300 mm lang. Der Hinterkopf erscheint unten breiter als oben, wo derselbe gegen den hohen Längskamm des Scheitels hin sich nach Art eines Giebeldaches verjüngt. Die oberhalb der Augenhöhlen sich emporwölbenden Bogen erheben sich sehr hoch und dick über den obern mittlern Kopfumfang hinweg. Hier wie bei andern Affen, ja wie bei Säugethieren überhaupt, namentlich aber bei Raubthieren, Wiederkäuern und Vielhufern, zeigen sich auch Augenbrauen. Diese bilden beim Gorilla eine nicht dichte Reihe von tiefschwarzen bis 40 mm Länge erreichenden Borstenhaaren. Unter den so weit vorstehenden Augenhöhlenbogen öffnen sich die nicht mit grossem Schlitz versehenen Augen, deren Lider viele und tiefe Längsfalten zeigen. Das obere Lid ist mit längern und dichter stehenden Wimpern besetzt als das untere. Das dunkle Auge glotzt mit fürchterlichem Ausdruck zwischen den Lidern hervor. Zwischen den innern Augenwinkeln beginnt sich allmählich der Nasenrücken nach abwärts zu erheben. Derselbe ist in seiner Mitte kielförmig. Dieser Kopftheil erreicht eine Länge von 70—80 mm, wird übrigens bei dem einen Individuum länger und schmäler, bei dem andern dagegen kürzer und breiter. Querrunzeln verschiedener Grösse durchziehen die diesen Theil bedeckende Haut. Nasenspitze und Nasenflügel sind hoch, kegelförmig und stark nach unten hin verbreitert. Es macht den Eindruck, als sei dieser Nasentheil dem an sich sehr prognathen, sehr nach vorn vorgebauten Vorderkopfe als ein besonderer rüsselähnlicher Schnauzentheil ganz extra aufgesetzt. Diese Partie wird von einer mittlern Längsfurche durchzogen, welche die ganze Nasenkuppe in zwei symmetrische Hälften sondert. Bei erwachsenen Thieren ist diese Furche stärker ausgeprägt als bei jungen. Die Nasenflügel zeigen hohe und breite dreiseitige, mit der Spitze nach oben gekehrte Knorpel, deren dem Nasenrücken und den Wangen zugewendete Ränder etwas nach hinten umgekrämpt erscheinen. Die Seitenränder dieses Flügeltheils wenden sich mit bogenförmigen Zügen anfangs divergirend nach unten und aussen und verlieren sich, allmählich wieder convergirend, gegen die Oberlippe hin. Diese ist nur niedrig. Die starke Nase und die niedrige Oberlippe machen zusammen einen ungefähr ähnlichen Eindruck wie das Flotzmaul eines Rindes. Es lässt sich dies um so eher sagen, als die ganze Gegend mit einer zwar drüsenreichen, aber nur mit platten und niedrigen Warzen versehenen, glatten, nur sehr wenig und zerstreut behaarten, tiefschwarzen Haut bekleidet ist. Die Wangen sind oben unterhalb der Augen breit und voll gewölbt, nach unten hin verschmälern sie sich beträchtlich und sinken hier auch ein. Sie zeigen bogenförmig nach unten herabziehende Querrunzeln von verschiedener Tiefe, welche sich direct in die Querrunzeln des Unterlides fortsetzen. Die Oberlippe ist niedrig und jederseits mit etwas nach der Mitte und abwärts convergirenden Querfalten versehen. Die sehr starken, bei manchen Individuen 38—40 mm Länge und 20 mm Breite betragenden Eckzähne weichen mit ihren Spitzen etwas auseinander und spannt sich die Oberlippe zwischen ihnen dergestalt in der Quere aus, dass dieser Antlitztheil die Form einer mit der Grundlinie nach abwärts zwischen den Eckzähnen sich erstreckenden dreieckigen Abflachung gewinnt. Es möge übrigens gleich hier bemerkt werden, dass bei manchen Exemplaren dieser Affenart die Nase nicht sehr tief gegen die Oberlippe hineinragt, dass letztere auch eine beträchtlichere Höhe erreicht wie an andern Specimina, wo die Lippe unterhalb der Nase nur noch einen schmalen Saum darstellt. Findet letzteres Verhältniss statt, so zeigt sich in manchen Fällen der Antlitztheil des Kopfes höchst prognath und macht einen pavianähnlichen Eindruck. Indessen gibt es auch Specimina, an denen trotz der niedrigen Beschaffenheit die Prognathie nicht so sehr bemerkbar ist.

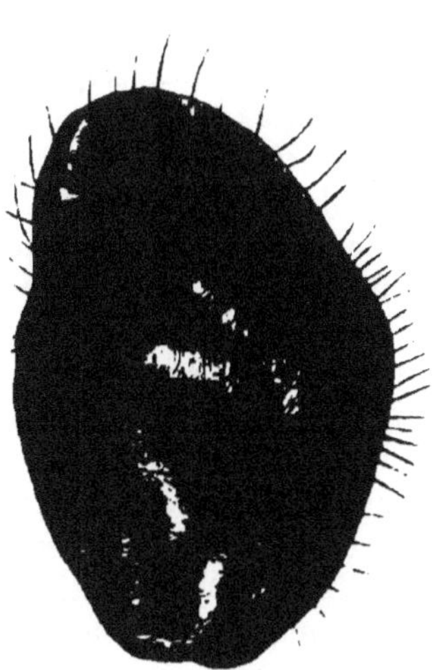

Fig. 2. Ohr eines ausgewachsenen männlichen Gorilla.

Betrachtet man einen alten männlichen Gorillaschädel von vorn, so sieht man diesen Theil von den obern Rändern der mächtigen Oberaugenhöhlenbogen ab nach den Seiten und nach unten hin etwas abgeflacht. Diese Abflachung nach vorn setzt sich noch über die breiten, ebenfalls nach vorn gewendeten Jochbeine hin fort. Das gewährt der Vorderansicht des Kopfes, auch des ganzen Thieres, eine Art von bestimmter, direct nach vorn gewendeter Umrahmung, die noch durch fettreiche seitliche Wangenwülste eine deutlichere Ausprägung erhält. Der Unterkiefer mit seinem kaum angedeuteten Kinn weicht in seinem Mitteltheil nach hinten zurück und verschmälert sich dreieckig nach unten hin. Es ist das etwas für diese Thiere Charakteristisches. Die ganze wenig behaarte Gesichtshaut erscheint glänzend und ist tiefschwarz gefärbt.

Das Ohr (Fig. 2) erreicht eine durchschnittliche Höhe von 60 mm und eine Breite von 36—40 mm. Es erscheint am Kopfe nach hinten und oben gerückt, hat im allgemeinen eine rundlich-ovale Form und eine sehr ausgeprägte Leistenbildung. Die eigentliche Leiste *(Helix)* beginnt am Ohre mit einem bei diesem Individuum breitern, bei jenem schmalern Schenkel, hat auch öfters den von Darwin beschriebenen, am innern Rande dieses Theils vorragenden zipfelförmigen Auswuchs, auf welchen ich später noch zurückkommen werde. Gegenleiste, Ecke und Gegenecke, der zwischen beiden letztern Theilen befindliche Einschnitt *(Incisura intertragica)* sind meist entwickelt; seltener das Ohrläppchen. Individuelle Abweichungen im speciellen Bau dieser einzelnen Theile werden häufiger wahrgenommen.

Am Halse fallen vorn die starken Kopfnickermuskeln auf, welche bei gerecktem Haupt sich pfeilerartig von den Halsseiten abheben. Der Nacken ist bei der grossen Entwickelung der Dornfortsätze der Halswirbel und der ihnen aufliegenden, zu den hintern Knochenleisten des Schädels sich erstreckenden Muskulatur mächtig, ja stiermässig ausgebildet. Die Schultern zeichnen sich durch ihre Breite, die Brustmuskeln durch ihre pralle Fülle aus. Die nicht von einem deutlichen sogenannten Hof *(Areola)* umgebenen Brustwarzen erscheinen im jugendlichen Alter aufrichtbar, etwas später verhornen sie leicht an ihrer Oberfläche und starren dann zinkenähnlich heraus. Ein vollgefressenes Thier dieser Art bietet den tonnenförmig gewölbten Leib mit noch deutlichem Nabel dar, wogegen im entleerten Zustande der Eingeweide die Bauchseiten wieder einfallen. An den Ober- und Unterarmen fällt die plastische Form der ungemein entwickelten Hauptbeuge- und Streckmuskeln auf, welche Zeugniss von der ungeheuern Stärke

der obern Extremitäten ablegen. Die Hände sind gross, namentlich breit, kurz- und dickfingerig. Der kegelförmig endende Daumen ist kurz, er reicht nur wenig über die Mitte des zweiten Mittelhandbeins hinab. Etwas von einer Seite zur andern zusammengedrückt erscheinen die Endglieder der übrigen, sonst aber breiten Finger. Der Zeigefinger ist nicht unwesentlich kürzer als der Mittelfinger. Der vierte Finger zeigt sich bald von der Länge des erstern, bald aber ist er etwas kürzer als dieser. Der kleine Finger erscheint wesentlich kürzer als der vierte. Die Handwurzel enthält an ihrer Rückseite grobe Querfalten. Mancherlei quere und einander durchkreuzende, auch bogenförmig verlaufende Runzeln erstrecken sich über die Rückenhaut der Finger, deren erste Gliedumfänge sich mit borkigen Gangschwielen bedecken. Der Gorilla schlägt nämlich beim Gehen auf allen Vieren die Finger ein und kehrt den Handrücken gegen den Boden. Da erzeugen sich denn an den Gliedern Verdickungen der Oberhaut. Nicht ganz selten treten derartige (wenngleich etwas weniger umfangreiche) Gangschwielen selbst an den zweiten Fingergliedern auf. Der Handteller enthält eine harte, schwielige Hautdecke mit meist sehr deutlichen Warzenreihen, namentlich an den Fingerbeeren. Diese zum Theil mäandrischen Züge lassen sich selbst in dem Schwarz der Haut dieser Glieder noch recht wohl erkennen.

Die zweiten bis fünften Finger werden durch starke Querhäute miteinander verbunden. Diese an die Schwimmhäute der Ottern u. s. w. erinnernden Membranen erstrecken sich bis nahe zur ersten Fingergliederung. Dichtere Behaarung reicht bis an die Fingerbasen, wogegen die Fingerrückseiten mit einzelner stehenden Haaren besetzt sind.

Der Rücken des Rumpfes zeigt etwa die Grundgestalt eines Trapezes, dessen lange Parallelseite sich oben zwischen den Schultern, dessen kurze sich zwischen beiden Beckenhälften erstreckt. Die nicht parallelen

Längenseiten fallen mit den Rückenseiten zusammen. Uebrigens besitzt die ganze untere Rumpfabtheilung, an welcher die Beckenbeine hoch, steil und seitwärts gekehrt erscheinen, ungefähr die Grundgestalt einer vierseitigen Pyramide mit nach unten gewendeter Spitze. Die Gesässmuskeln sind nicht sehr kräftig entwickelt. Die Sitzbeinknorren treten in gewissem Grade eckig hervor.

Während der männliche äussere Geschlechtsapparat von einer faltigen Bauchhaut dergestalt überdacht wird, dass er hier im Zustande der Ruhe nur wenig hervortritt, zeigt sich der weibliche dagegen deutlich, mit nur in der Brunst bemerkbaren äussern Lefzen, mit sehr grossen Nymphen und grosser Clitoris versehen.

Die Oberschenkel sind mit starken Muskeln bedeckt. Sie erscheinen von aussen nach innen abgeplattet, vorn und aussen etwas gewölbt, an der Innenseite dagegen mehr abgeflacht. Der Unterschenkel ist ebenfalls muskulös, auf dem Querschnitt länglich-oval, die Wadengegend zeigt sich stärker ausgeprägt wie bei den übrigen Anthropoiden. Die Fussknöchel treten nur wenig hervor. Dasselbe wird an den Handknöcheln beobachtet. An dem langen, breiten Fusse zeigt sich der Rückenumfang flach, die Sohle ist convex, mit starken Muskeln und mit Fettablagerung polsterartig bedeckt. Setzt das Thier die Sohle auf den Boden, so tritt der Sohlenbelag in der Hackengegend nach hinten und an der innern Fussseite hervor; es tritt hier die erste Bildung eines Hackens oder einer Ferse auf.

Die grosse Zehe ist wie bei allen Affen von den übrigen Zehen wie ein Daumen getrennt und kann auch wie ein solcher gebraucht werden. Es bildet die Basis ihres Mittelfussbeins einen ähnlichen Vorsprung, wie ihn dasjenige des Daumens an dem vordern Umfange der Handwurzel zeigt. Die grosse Zehe erreicht nun entweder die Mitte des Ansatzes des ersten Gliedes der zweiten Zehe an das zweite Glied, oder jene ragt noch etwas über diese Verbindungsstelle hinaus, und zwar nicht ganz bis zur Mitte dieses zweiten Gliedes hin vor. Es herrschen hierin individuelle Verschiedenheiten. Auch an der Verbindungsstelle des ersten Mittelfussknochens mit dem hintern Endstück des ersten Grosszehengliedes findet sich ein am innern Fussende ballenartig hervortretender Vorsprung. Die grosse Zehe ist an ihrem Grunde sehr breit, wird dann schmäler und hat wieder ein breites Endglied. Mit ihren starken seitlichen Hautsäumen, den unter diesen befindlichen Sehnen und Fettpolstern sieht dieser ganze Fusstheil breit und vom Rücken bis zur Sohle abgeflacht aus.

Die zweite bis fünfte Zehe sind schmäler wie die erste. Die zweite Zehe erscheint in der Mehrzahl der Fälle etwas kürzer als die dritte. Die vierte Zehe hat fast dieselbe Länge wie die dritte und ist nur um ein Geringes länger als die zweite Zehe. Indessen erreicht auch zuweilen die vierte Zehe nicht die Länge der zweiten.[1] Die fünfte Zehe ist beträchtlich kürzer als die vierte. Die Endglieder der Zehen verjüngen sich nach vorn und besitzen an ihren untern, den Sohlenumfängen, längliche, von einer Seite zur andern zusammengedrückte Wulstungen. Der Querschnitt eines solchen Zehengliedes ist daher fast trapezoidisch (mit einer langen obern Parallelseite). Der Fussrücken, obwol im allgemeinen flach (S. 18), lässt seine erhabenste Stelle im Bereich des ersten Mittelfussknochens erkennen und fällt von da an gegen den äussern Rand ab.

Der Fussrücken ist bis auf die Enden der Mittelfussknochen hin dichter, die Rückseite der Zehen dagegen ist spärlicher behaart. Letztere Partie zeigt starke Querfurchen namentlich an ihrer Gliederung, enthält hier auch nicht selten borkige Gangschwielen, indem das Thier die Fusszehen zuweilen nach unten einschlägt und auf deren Rückseite läuft (S. 17). Die Nägel der Hände und Füsse sind, wie deren ganze Hautbekleidung,

---

[1] Vgl. J. Geoffr. St.-Hilaire l. s. c., Taf. V. Ferner Hartmann, Der Gorilla, S. 14, Anm. 4.

schwarz, an ihrem Grunde mit deutlichem Falz versehen, stark gewölbt und hinten meist noch etwas breiter als vorn.

An der Fusssohle sind die Hackengegend, der Ballen der grossen Zehe (hier ähnlich einem Daumenballen),

Fig. 3. Der jüngere männliche Gorilla, nach dem 1876—77 im berliner Aquarium gehaltenen Exemplar.

die Zehenbasen und Zehenspitzen mit wulstigen Belegen von Muskeln, Sehnen und Haut bewachsen. Die einzelnen Abtheilungen dieser wulstigen Ballen werden durch mehr oder minder tiefe Längs-, Quer- und Schrägfurchen voneinander getrennt. Die schwarze Fusssohlenhaut ist grob und schwielig, aber doch mit deutlichen Papillenreihen versehen.

Die ganze Haut des alten Thieres ist tiefschwarz, etwas glänzend und reich an einander durchkreuzenden Runzeln.

Der junge männliche Gorilla weicht in seiner vollen äussern Erscheinung nicht unwesentlich vom alten männlichen Thiere ab. Dem Schädel fehlen noch die letzteres charakterisirenden Kämme. Dieser Theil

Fig. 4. Dasselbe Thier in noch jüngerem Lebensalter.

erscheint daher in seiner Scheitel- und Hinterhauptsgegend noch abgerundet. Es baut sich in diesem Alterszustande der Kopf noch nicht so hoch nach hinten und oben empor wie bei ausgewachsenen Individuen. Die Augenhöhlenbogen sind hier nicht so hoch aufgethürmt, der Antlitztheil des Kopfes ist nicht so stark prognath, der Nasenrücken ist nicht so lang wie dort. Die Körperformen der Jungen sind weicher, weniger plastisch ausgeprägt, der physiognomische Ausdruck ist weniger grimmig wie bei den Alten. An den Händen und Füssen, deren Finger und Zehen ja überhaupt noch keineswegs die mächtige Entwickelung wie dort erreicht haben, fehlen die Gangschwielen gänzlich oder es finden sich dieselben erst nur schwach angedeutet. (Fig. 3 und 4.)

Beträchtliche Unterschiede im ganzen Bau machen sich beim erwachsenen weiblichen Gorilla bemerklich. Thiere dieses Geschlechts erreichen eine geringere Grösse und Stärke als die etwa gleichalterigen Männchen. Der weibliche Gorillaschädel ist kleiner und gerundeter als der männliche, es fehlen auch hier die mächtigen Knochenkämme des letztern Geschlechts. Der ganze Kopf mit den weniger entwickelten Augenhöhlenbogen macht daher, von vorn gesehen, den Eindruck einer trapezoidischen Bildung. Ueber diesem Trapezoid steigt dann die Scheitelwölbung empor. Beim Männchen dagegen sieht man den Scheitel in pyramidaler Form sich nach oben und hinten verlängern. Der Nasenrücken ist auch beim alten Weibchen im allgemeinen kürzer als beim alten Männchen. Uebrigens zeigen sich in dieser Hinsicht selbst hier grosse individuelle Verschiedenheiten. So erscheint der Nasenrücken des Weibchens zuweilen sehr eingesunken, und verkürzt sich alsdann der Raum zwischen den Augenhöhlen und der Nasenkuppe (ich gebrauche für die stumpfe Form dieses Organs absichtlich nicht die Bezeichnung Nasenspitze). Indessen kann auch bei gerade abwärts führendem Verlauf des Nasenrückens der Raum zwischen den Augenhöhlen und der Nasenkuppe ein nur sehr kurzer werden. In andern Fällen zeigt er sich verlängert. Der alte weibliche Gorilla hat durchschnittlich breitere Wangenpartien, eine kleinere Nase und eine höhere Oberlippe. Letzteres zeigt sich so recht an gut ausgestopften Bälgen des pariser und des lübecker Museums.[1] Mag auch die Nase

[1] Ersteres Specimen ist von mir in meinem Werke: Der Gorilla, S. 21, nach einem in Paris 1874 veröffentlichten sehr guten Stereoskop abgebildet worden.

beim Process des Trocknens der vom frischen Cadaver abgestreiften Haut etwas eingeschrumpft sein, immerhin bleibt für die mit senkrecht-parallelen oder fächerförmig-divergirenden Falten versehene Oberlippe noch Raum genug. Befriedigende Abbildungen dieser Theile haben Owen [1] und Mützel [2] geliefert. Der Nacken erreicht zwar beim alten Gorillaweibchen nicht die beinahe an eine Kapuze erinnernde Mächtigkeit, Wölbung, wie beim alten Männchen, hebt sich aber doch in Abhängigkeit von der immerhin nicht unbeträchtlichen Entwickelung der Dornfortsätze der Halswirbel und von der nicht unbedeutenden Stärke der Nackenmuskulatur wulstig hervor. Selbst bei jungen Männchen etwa von dem Alter jenes zwischen Juli 1876 und November 1877 im berliner Aquarium gehaltenen Exemplars trat die erwähnte Nackenwulstung bereits in einem unverkennbaren Grade hervor. Dagegen findet man diese Theile bei noch jüngern (etwa bis ein Jahr alten) Individuen, an denen die Dornfortsätze der Wirbel keine entsprechende Ausbildung erlangt haben, noch nicht als Wulstung ausgeprägt. Vielmehr wird bei ihnen an dieser Stelle eine deutliche Nackenbeuge beobachtet.

In Uebereinstimmung mit der geringern Körpergrösse sind die Schultern, Arme und Schenkel des erwachsenen Weibchens schmächtiger wie die des vollwüchsigen Männchens, trotzdem aber sind sie immer noch kräftig genug. Die Brüste sind an diesem Geschlecht im Zustande des Säugens halbkugelig-gewölbt, nicht mit jener convexen Hofbildung versehen, die sich bei vielen Europäerinnen und häufiger noch bei Frauen der nigritischen, indianischen und Südseevölker erkennen lässt. Die Warze ist eher cylindrisch als kegelförmig und mit feinrunzeliger, schwarzer, zuweilen hornig verhärteter Haut bedeckt. Im Zustande des Nichtsäugens hängen die Brüste völlig schlaff wie kurze leere Beutel herab. Der Bauch

---

[1] Memoir etc., Taf. II.

[2] Brehm, Thierleben, I, 56.

schwillt in Nähe der Darmbeinstachel an und nimmt an Dicke gegen die Oberschenkelbeugen hin etwas ab. Der äussere Geschlechtsapparat lässt in der einer Brunstperiode ähnelnden Zeit der Erregung zwei den äussern Schamlippen ähnelnde Wulstungen erkennen.

Am jungen Weibchen ist der Gehirnschädel abgerundet und der Antlitzteil nur wenig hervorragend. Die für die alten, namentlich freilich die männlichen Individuen in gewissem Grade typische Längenausdehnung der Antlitztheile zwischen Augen und Nasenkuppe macht sich in diesem Alterszustande des weiblichen Geschlechts bereits in einem allerdings nur geringen Grade bemerkbar. Variationen in der Art und Weise, in der Grösse dieser Längenausdehnung sind aber selbst hier schon frühzeitig nachweisbar. Rumpf und Gliedmassen entfalten da eine noch schmächtigere Bildung als bei gleichalterigen Männchen.

Das Haarkleid des Gorilla ist aus längern, dickern, geradern und steifern gewellten Grannen- sowie aus kürzern, dünnern, gekräuseltern Wollhaaren zusammengesetzt. Auf dem Scheitel wird das Haar ziemlich steif, etwa 12—20 mm lang und kann hier im Affect der Wuth emporgesträubt werden. Während Rippen und Vorderkinn mit nur kurzen, steifen Haaren bekleidet sind, sammeln sich letztere am hintern Kinn bart- oder schopfähnlich. In einer Länge von etwa 30 mm und mehr zeigen sich die nach abwärts gewendeten Haare an den Seiten des Antlitztheils des Kopfes sowie im Nacken. Von den Schultern hängen sie lang, bis 130 oder 150 mm, über die Oberarme und den Rücken herab. An der Mitte des Oberarms etwa 50—70 mm Länge erreichend, wenden sie sich hier bis zur Elnbogenbeuge herab nach unten. Von da ab kehren sie sich im allgemeinen nach aufwärts. Am Unterarmrücken nehmen sie ihre Richtung auch zugleich etwas nach hinten. In der Mitte der Innenseite des Unterarms findet insofern eine Sonderung der Haare statt, als ein Theil derselben sich nach vorn der Speichenbeinseite, ein anderer dagegen nach hinten der Elnbogenbeinseite zuwendet. Auf der Rückenseite der Handwurzel wendet sich eine Gruppe von Haaren mit bogigen Zügen nach oben, eine mittlere Gruppe gerade nach hinten, eine untere Gruppe wieder bogig nach abwärts. Am Handrücken kehren sich die Haare gegen die Finger hin. An Brust und Bauch erscheinen dieselben kürzer und dünner gesäet. Am erstern Körpertheil richten sie sich im allgemeinen abwärts und nach aussen. Am Bauche dagegen laufen sie von den Flanken her gegen die Mittellinie und den Nabel zusammen. Am Oberschenkel erreichen die Haare eine Länge von etwa 160 mm. Hier, wie auch am Unterschenkel, sind sie abwärts geneigt, am Fussrücken ragen sie nach vorn gegen die Zehen hin vor. Auf dem Rücken, an den Schultern, an den Ober- und Unterschenkeln sind die Grannenhaare leicht gewellt. Diese Beschaffenheit vermehrt den im ganzen schon zottigen und flockigen Eindruck, welchen die Haarbekleidung dieser Geschöpfe hervorruft. Die Wollhaare wachsen nicht sehr dicht und sind auch nicht stark verfilzt.

Die Färbung des Haars differirt nicht allein an den verschiedenen Körperstellen, sondern auch individuell. Auf dem Scheitel zeigt sie sich bräunlichroth, nur selten entschieden braun oder russfarben. Zuweilen zeigten sich die Haare an dieser Körperstelle am Grunde fahlgelb, in der Mitte grauweiss und nahe der russbraunen Spitze braunröthlich. Die Lippenhaare sind bald schwärzlichbraun, bald weisslich, oder bieten diese Colorite zu gleicher Zeit dar. Die zu den Seiten des Antlitzes wachsenden Haare sind unten grau, oben dunkelbraun, fast schwärzlich. Am Nacken und an den Schultern haben die Haare oberhalb ihrer Wurzeln ein graues, weiter nach oben hin allmählich heller werdendes Colorit. Sie erhalten in ihrer Mitte eine braune, oben und unten wieder an Dunkelheit abnehmende Stelle. Eine solche ringförmige Färbung kann aber auch fehlen. Die Spitze des Haars ist dunkel, hier mehr braun, dort mehr röthlich gefärbt. Die Rückenhaare, die Haare der Oberarme und Oberschenkel bleiben bis zur Hälfte ihres Schaftes weisslich oder hellgrau, zeigen weiter gegen ihre Spitze hin einen schwarzbraunen Ring und haben eine dunkler graue Spitze. Manche dieser Rückenhaare sind mit zwei braunen Ringen umzogen. Unterarme, Hände, Unterschenkel und Füsse haben an der Basis grau, an den Spitzen graubraun, schwarzbraun oder schwarz gefärbte Haare zu ihrer Bedeckung. Um den After her zieht sich ein Kreis von etwa 10—20 mm langen weissen oder auch grauen, selbst bräunlichgelben Haaren. Abweichungen von dem hier beschriebenen Colorit des Pelzes sind bei beiden Geschlechtern nicht selten. Es ist bereits erwähnt worden, dass die braunröthliche Färbung des Scheitels zuweilen durch eine andere ersetzt wird. An manchen Individuen sind Nacken, Schultern und Rücken dunkelgrau, braun, ja selbst schwärzlich gefärbt. Bei andern sind auch Unterarme, Hände, Unterschenkel und Füsse wie der übrige Körper mit graubräunlich melirten Haaren bedeckt.

Die zweite Art anthropoider Affen ist der Chimpanse. Wir betrachten auch bei dieser Form nacheinander das alte und das junge männliche, dann aber das alte und das junge weibliche Thier.

Der Chimpanse ist im erwachsenen Zustande kleiner als der alte Gorilla. Auch bei dieser Art übertrifft das Männchen an Grösse das Weibchen. Im allgemeinen ist dieses Thier schmächtiger als die erstbeschriebene Art anthropoider Affen gebaut.

Der Kopf des alten Chimpansemännchens zeigt schon deshalb eine abweichende Grundform von derjenigen des alten männlichen Gorilla, weil der Schädel des erstern nur einen niedern Scheitel und eine nur schwach ausgeprägte quere Hinterhauptsleiste darbietet. Da nun auch die Augenhöhlenbogen nicht so stark entwickelt sind als beim alten Gorillamännchen, da dort ferner die Dornfortsätze der Halswirbel nicht die beim letztern Thiere vertretene Höhenausbildung zeigen, so fehlen beim Chimpanse die viereckige Gestaltung des Antlitzes und auch der Raum für Ursprung und Ansatz jener starken, im Nacken eine fast kapuzenähnliche Wölbung erzeugenden Muskulatur, wie sie beim Gorilla so charakteristisch auftritt. Der Chimpansekopf zeigt beim erwachsenen wie beim jungen Thiere eine bei den Affen verbreitete Nackenbeuge, d. h. eine Absetzung zwischen Kopf und Hals. Die Scheitelgegend gewährt beim alten männlichen Chimpanse einen rundlich gewölbten Contour, da hier, wie schon erwähnt, stark vorspringende Knochenleisten fehlen. Die Augenhöhlenbogen treten nicht in dem hohen Grade wie beim gleichalterigen Gorilla, aber immer doch stark hervor, sie sind mit runzeliger Haut bekleidet und tragen auch hier eine Art steifer, borstiger und dazwischen befindlicher kürzerer Brauen. Die hohen und breiten, gerunzelten Lider sind mit dichten Wimpern bekleidet. Der innere Augenwinkel ist wie beim Gorilla ziemlich ausgeprägt. Ein allgemeiner physiognomischer Unterschied zwischen Gorilla und Chimpanse liegt nun darin, dass der Nasenrücken bei letzterm kürzer ist als bei jenem. Beim Chimpanse zeigt sich dieser Theil vertieft, im Boden der Vertiefung jedoch kielförmig-convex. Der Nasenrücken ist hier mit tiefern und seichtern Querrunzeln versehen. Auch vermindert sich beim Chimpanse der zwischen innerm Augenwinkel und oberm seitlichen Umfang der knorpeligen Nasenkuppe gelegene Raum. Derselbe ist beim Gorilla grösser. Die Nasenkuppe des Chimpanse zeigt einige Verschiedenheit im Vergleich zu derjenigen des letztern Affen. Sie ist dort im ganzen flacher als hier, nicht mit so deutlicher Spitze und nicht mit so weit geöffneten und so dick umwulsteten Nasenlöchern versehen. (Fig. 3.) Auch beim Chimpanse trennt eine mittlere senkrechte Längsfurche die dreiseitigen Nasenflügelknorpel, die oben, an ihren Seiten und selbst unten, hier gegen die Oberlippe hin, durch eine rings um diesen Theil herumlaufende, einen breit-birnförmigen Contour beschreibende Furche gegen den übrigen Theil des Antlitzes abgesetzt werden. Die Oberlippe ist im allgemeinen hoch, oftmals bis zu 30 mm. Indessen kommen auch Individuen vor, bei denen dieser letzterwähnte Theil niedriger erscheint. Wie beim Gorilla ist das Kinn gleichseitig dreieckig, die Spitze nach unten gekehrt.

Das äussere Chimpanseohr hat im grossen und ganzen eine weniger menschenähnliche Gestalt und einen grössern Umfang als das Gorillaohr. Indessen variirt dieser Organtheil doch beim Chimpanse individuell so beträchtlich, dass es mir schwer fällt, hier eine genügende Norm seiner Grössenverhältnisse aufzustellen. Diese Gebilde haben eine individuell schwankende Länge von 59—77 mm, eine Breite von 42—80 mm. Manche Chimpanseohren besitzen ein deutliches Läppchen, andere nicht. An diesem Specimen sind die Leiste und die Gegenleiste ausgeprägt, an andern fehlt letztere. Bald deutlicher, bald weniger deutlich stellen sich Ecke und Gegenecke, sowie noch andere Abschnitte des äussern Reliefs des knorpeligen Chimpanseohrs dar. (Fig. 5.)

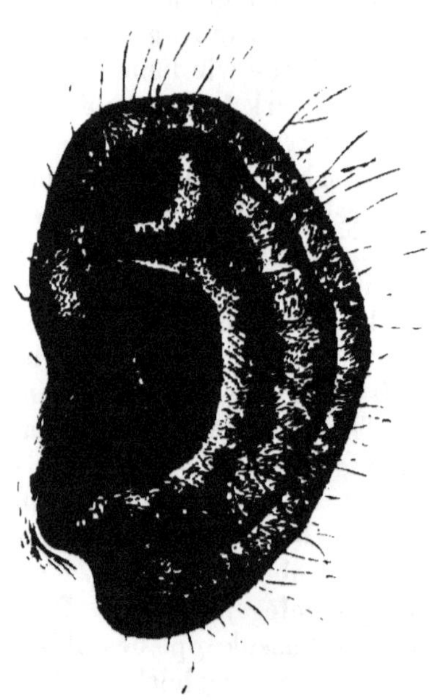

Fig. 5. Chimpanseohr.

Ein altes Chimpansemännchen hat breite, ziemlich gerundete Schultern, eine kräftige Brust, lange muskulöse, sich bis zu den Knien erstreckende Arme und eine lange Hand, welche letztere im Gegensatz zur Gorillahand sehr verschmälert erscheint. Der Daumen zeigt eine ungleiche Länge, denn er erreicht zwar in den meisten Fällen die Mittelhand-Fingergliederung, zuweilen erreicht er diese aber nicht. Unter den übrigen vier Fingern zeichnet sich der mittlere durch seine Länge aus. Der zweite und der vierte Finger sind kürzer als der mittlere, und zwar etwa um die Länge ihrer Endglieder. Der vierte Finger übertrifft den zweiten Finger etwas an Länge und ist der fünfte wieder um die Länge des Endgliedes des vierten kürzer als dieser. Zwischen den Basen des zweiten bis fünften Fingers erstreckt sich etwa bis zur Mitte der ersten Glieder derselben eine Verbindungshaut. Auch auf der Rückenfläche der Hand des alten männlichen Chimpanse lassen sich derbe Gangschwielen erkennen, indem dieses Thier ganz so wie der Gorilla die eingeschlagenen Finger zum Aufstützen auf den Boden gebraucht. Die Finger sind von der einen Seite zur andern comprimirt. Am Handrücken sind sie schwach, am Handteller dagegen stärker gewölbt. Ueber den Handrücken ziehen viele kreuzweise Furchen, noch tiefere laufen über die Hohlhand. An dieser zeigt sich der Daumen durch eine deutliche Furche abgesondert, auch ziehen 4—6 verästelte, von anders verlaufenden Unebenheiten gekreuzte Furchen quer über die Hohlhandmitte. Die Fingernägel sind kurz, breit und gewölbt, an ihren freien Rändern sind sie sehr convex.

Am alten Männchen sind die Bauchseiten eingezogen, die Oberschenkel sind muskulös, breit, etwas von aussen nach innen abgeplattet. Die Knien sind deutlich ausgeprägt, die Unterschenkel etwas seitlich comprimirt, sehr wadenschwach. Die langen breiten Füsse zeigen eine daumenartige Bildung der (wie auch beim Gorilla) sehr beträchtlichen grossen Zehe. Sie erstreckt sich im Zustande der Anziehung oder Adduction bis zur zweiten Gliederung der zweiten Zehe. Diese, die dritte, vierte und fünfte Zehe sind dünner und nicht viel länger als die erste. Der Hacken ist kaum ausgebildet und von oben nach unten abgeplattet. Die Insertionsstelle des ersten Gliedes der grossen Zehe an das erste Mittelfussbein ragt am innern Fussrande eckig-ballenartig hervor. Der Fussrücken ist wenig convex. Das Endglied der grossen Zehe ist stark von oben nach unten abgeflacht, etwas weniger ist dies an den andern Theilen dieses Organs der Fall. Die Endglieder der übrigen, an ihren Seiten comprimirten Zehen zeigen eine starke Sohlenwölbung. Beträchtliche Convexitäten sind auch an der Sohlenfläche des Insertionstheils und des Endgliedes der grossen Zehe wahrnehmbar. Die Nägel sind hier ähnlich wie die Fingernägel gebildet. An der Zehenrückseite finden sich nicht selten breite Gangschwielen, da das Thier sich zuweilen selbst auf diese Theile stützt. Zwischen den Basen der Zehen zwei bis fünf erstrecken sich Verbindungshäute, die aber nicht so ausgedehnt sind als an den Fingerbasen. (Fig. 6.)

Der junge männliche Chimpanse unterscheidet sich zwar durch Differenzen in der Ausbildung mancher seiner Theile von dem alten Männchen dieser Affenart, indessen machen sich diese Unterschiede doch nicht in der charakteristischen Art und Weise bemerkbar, wie sie zwischen alten und jungen Gorillamännchen obwalten. Der aller hervorragenden Knochenkämme und Leisten entbehrende Schädel des jungen Thiers bildet an der Scheitelregion fast einen Kugelabschnitt, die Augenhöhlenbogen sind zwar bei Individuen von einigen Jahren Alters bereits deutlich knöchern entwickelt, gegen den Stirnteil des Stirnbeins abgesetzt, mit runzeligen Hautwulstungen überkleidet. Der eingesunkene, nur kurze Nasenrücken erhöht und verlängert sich, die knorpelige Nasenkuppe vergrössert sich erst mit der zunehmenden, mit dem vermehrten Wachsthum gleichen Schritt haltenden Prognathie des Antlitzes. Rumpf und Gliedmaassen entwickeln sich frühzeitig kräftig. Das ganze Naturell verkündet allmählich das zur Geltung gelangende Geschlecht in unzweideutiger Weise, die aber doch hinter der dämonischen Wildheit des männlichen Gorilla weit zurückbleibt.

Fig. 6. Jüngerer Chimpanse.

Das ausgewachsene Chimpanseweibchen ist kleiner, es bietet auch einen kleinern Kopf mit ovalem

Schädeldach, mit weniger stark (als beim alten Männchen) ausgeprägten Augenhöhlenbogen, mit weniger hervorragenden Nasentheilen und vor allem mit schwächerm Gebiss dar. Der Körper der diesem Geschlecht angehörenden Thiere ist in seinen einzelnen Formen gerundeter, der Bauch macht, bei weiterm Becken, einen mehr tonnenförmigen Eindruck wie beim alten Männchen. Die Gliedmaassen entfalten dort nicht die eckigen muskulösen Bildungen wie hier.[1] Es sind auch die Hände und Füsse der weiblichen Individuen schmäler und schmächtiger. Beim jungen Chimpanseweibchen zeigen sich die hier geschilderten körperlichen Verhältnisse in einem, ich möchte sagen, dem kindlichen Zustande entsprechend gemilderten Grade. Weibliche Chimpanses können übrigens zu recht kräftigen, übermüthigen Geschöpfen heranwachsen. Das bewies unter andern ein viele Jahre lang im hamburger Zoologischen Garten unter der treuen Pflege des alten Siegel prächtig gediehenes Exemplar.[2]

Die Haut des Chimpanse ist von einem eigenthümlichen, hellen, aber sehr schmuzigen Fleischton. Dieser spielt stark ins Bräunliche. Manche Individuen lassen an verschiedenen Körperstellen, namentlich aber an Gesicht, Hals, Brust, Bauch, an Armen und Händen, an Schenkeln und Beinen, seltener auf dem Rücken, grössere oder kleinere, hellere oder dunklere, vereinzeltere oder gruppenweise beieinander befindliche schwärzlichbraune, russfarbene oder in Bläulichschwarz spielende Flecke erkennen. Im Gesicht nimmt eine dunklere Färbung

---

[1] Vgl. Hartmann, Der Gorilla, s. Holzschnitt Nr. 8, unstreitig eine der gelungensten Darstellungen des Chimpanse im Detail des Habitus, des Ausdrucks und der Haltung.

[2] Vgl. daselbst Holzschnitt Nr. 7, S. 27, das hamburger Thier, noch im mittlern Lebensalter darstellend. Ferner daselbst Holzschnitt Nr. 6, die wilde Paulina der deutschen Loango-Expedition vergegenwärtigend. In der Legende dazu, a. a. O. S. 25, steht infolge eines abscheulichen Druckfehlers das Epitheton männlichen statt weiblichen.

des bald nach der Geburt etwas ins Bräunlichgelbe ziehenden Fleischtons mit der allmählichen Körperentwickelung zu. Die Haarbekleidung des Chimpanse ist von schlichter, hier und da nur wenig welliggebogener Beschaffenheit. Das Haupthaar, das Grannenhaar, ist meist steif und elastisch. Dasselbe ist auf dem Kopfe gescheitelt, und zwar manchmal mit einer Regelmässigkeit, als ob es künstlich frisirt worden sei. (Fig. 6.) Hart hinter derjenigen Stelle, an welcher die beiden gewölbten, beim Gorilla meist ineinander fliessenden Augenhöhlenbogen aneinanderstossen, entwickelt sich bei diesem Thiere schon frühzeitig eine nur mit dünnem Haarwuchs besäete oder gänzlich kahle Stelle. Um das Gesicht her wächst und wallt das Haar bartähnlich herab. Im Nacken wird es bis zu 60 oder 80, ja 100 mm lang. Es fällt in ebenfalls langen Strähnen über Schultern, Rücken und Hüften herab. Weniger lang verhält sich die Haarbekleidung der Gliedmaassen. Dieselbe kehrt sich am Oberarme nach abwärts, am Unterarme in entgegengesetzter Richtung nach oben, ja selbst etwas nach vorn und hinterwärts, indem es sich nämlich öfters in der Mittellinie der Innenfläche dieses Gliedmaassentheils der Länge nach scheitelt. Am Rückenumfang der Handwurzel bildet das Haar eine Art Wirbel. Von diesem aus wenden sich die obern Haare gebogen in der Richtung nach oben und hinten, die mittlern nach hinten, die untern nach hinten und abwärts. Handrücken und Fingerbasen sind behaart. Am Oberschenkel kehrt sich das Haar aussen wie innen vorn abwärts, hinten dagegen hinterwärts. Am Unterschenkel kehrt es sich vorn im Bereich des Schienbeinkammes abwärts, aussen und innen aber nach hinten und abwärts. Der Fussrücken und die Zehenbasen sind ebenfalls behaart. Das Gesicht, das Kinn und die Ohren sind mit dünn verstreuten kürzern Haaren bewachsen. An den Augenhöhlenbogen finden sich 8—20 und selbst noch mehr steife, augenbrauenartige Haare. Die Wimpern sind entwickelt, ebenso die steifen, zerstreuten Brauen.

In den meisten Fällen ist das Haar des echten Chimpanse schwarz gefärbt. Um Untergesicht und Kinn sowie um den After her ziehen sich kurze weissliche Haare. Zuweilen entfaltet das gesammte Haarcolorit dieser Thiere einen eigenthümlichen röthlichbraunschwarzen Schiller.

Der Orang-Utan, der Hauptvertreter der asiatischen Anthropoiden, unterscheidet sich von den afrikanischen Formen dieser Gruppe fast auf den ersten Blick durch seinen hohen, von vorn nach hinten zusammengedrückten, in der Richtung von vorn nach hinten verkürzten Schädel. Letzterer ist bei alten Männchen nichtsdestoweniger mit hohen und steilen Knochenkämmen versehen. Dabei erscheint der Antlitztheil der alten männlichen Thiere sehr vorgebaut. Wir wählen dies zunächst zum Typus unserer Beschreibung. Die Stirn ist hoch, steil emporgebaut, nicht zurücklaufend wie beim Chimpanse, frei und hat mässig convexe Höcker. Nicht selten ragt aus der Stirnmitte ein rundlich- oder länglich-eiförmiger, stumpfer Höcker hervor. Die Oberaugenhöhlenbogen sind stark gewölbt, aber doch nicht so beträchtlich prominirend, wie selbst nur bei alten männlichen Chimpanses, geschweige denn bei Gorillas. Die Augen sind nicht weitgeschlitzt und haben nicht grosse, gefurchte Lider. Namentlich sind die untern mit tiefen Runzeln versehen. Der schmale Nasenrücken ist meist stark eingedrückt und ragt nur selten schwach kielförmig aus dem Boden einer mittlern longitudinalen Einsenkung des Gesichts hervor. Die Nasenkuppe, zwischen welcher und den Augen sich ein längerer Raum erstreckt, als durchschnittlich beim Chimpanse erscheint, ist nicht so ausgedehnt wie bei diesem Thiere und wie beim Gorilla. Sie hat zwei schmale, hoch nach oben sich wölbende, durch eine senkrechte Rinne voneinander getrennte Nasenflügel, unter welchen sich ein Paar nicht grosser, rundlich-eiförmiger, durch eine niedrige, dünne Scheidewand getrennter Nasenlöcher öffnen. Die hohe und breite, nach vorn gewölbte, selten sehr faltige Oberlippe wird durch eine jederseitige tiefe Einsenkung gegen das Obergesicht und die Wangen abgegrenzt, an und hinter welchen letztern sich nicht selten zwei mächtige, von hinten und oben nach vorn und unten herabsteigende längliche, ja selbst dreikan-

Fig. 7. **Kopf und Schultern eines sehr alten männlichen Orang-Utan.**

tige Fettwülste entwickeln. Die sehr beweglichen Lippen sind nicht auffallend dick, aber gefurcht. Das Kinn weicht stark nach hinten zurück und ist vorn ziemlich gleichmässig gerundet. (Fig. 7.) Das kleine Ohr hat durchschnittlich eine Höhe von 35 und eine Breite von 12 mm. Es besitzt einen im allgemeinen menschenähnlichen Bau. (Fig. 8.) An dem kurzen, dicken Halse erscheint vorn die Haut mit unregelmässigen, aber stellenweise recht tiefen Ringfalten versehen. Der Kehlsack bauscht einen Theil dieser faltigen, schlaffen Halshaut nach vorn herab, sodass dieselbe hier wie ein plumper leerer Beutel nach vorn und unten vorfällt. (Vgl. Fig. 7 und 9.)

Der übrige Körperbau lässt jene kräftige und auch in gewissem Grade noch ebenmässige Bildung vermissen, welche wir beim Gorilla und selbst beim Chimpanse wahrnehmen. Der Rumpf mit zwar breiten, aber ziemlich eckigen und etwas von vorn nach hinten abgeplatteten Schultern, mit der abgeflachten Brust, dem gewölbten Rücken und dem noch stärker gewölbten Bauche macht einen schlecht proportionirten, tonnenförmigen Eindruck. Bei magern Individuen steht die Sitzbeingegend hervor. Dies erinnert ungefähr an den abgesetzten Steiss eines Vogels. Auch beim jungen Gorilla und Chimpanse lässt sich dergleichen wahrnehmen. Die langen muskulösen Arme reichen bei aufrechter Stellung bis zu den Fussknöcheln, stehen also zu dem übrigen Körper in einem argen Misverhältniss. Der kräftige Oberarm hat eine geringere Länge als der magere Unterarm. Die Hand ist lang und schmal. Ein bis an das Mittelhand-Fingergelenk sich erstreckender Daumen macht einen kümmerlichen, fast rudimentären Eindruck. Zwischen den ersten Fingergliedern erstreckt sich eine bis an das Ende des ersten Drittels, seltener bis zur Mitte dieser Glieder reichende Verbindungshaut. Unter den Fingern zwei bis fünf ist der mittelste etwas länger als der zweite und vierte, letzterer aber ist etwas länger als der zweite Finger. Der fünfte Finger ist im Verhältniss sehr lang, um wenig kürzer als der vierte. Die Hohlhand ist ziemlich flach und nur mit einigen tiefern Furchen durchzogen. Die seitlich

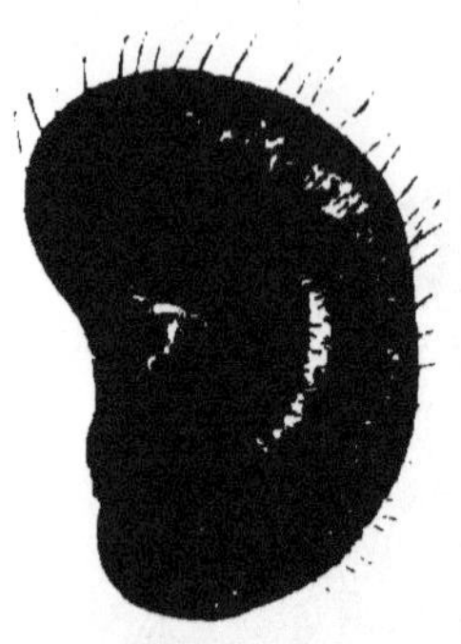

Fig. 8. Ohr des Orang-Utan.

zusammengedrückten langen, schmächtigen Finger tragen an ihren sich verjüngenden Endgliedern gewölbte Nägel.

Fig. 9. Ausgewachsener männlicher Orang-Utan.

Die von aussen nach innen zusammengedrückt erscheinenden, immerhin recht muskulösen Oberschenkel zeigen sich an ihrem hintern Umfange stark verschmälert. Die Unterschenkel sind wadenschwächer als diejenigen des Gorilla und selbst des Chimpanse. Die Füsse sind, ähnlich den Händen, lang und schmal. Die schmalen, flachen Hacken stehen nur wenig nach hinten hervor. Die nur kurze grosse Zehe endet mit einem breiten, vorn abgerundeten, sohlwärts mit dicker Fetthaut versehenen Nagelgliede. Alte Individuen verlieren nicht allein sehr häufig die Nägel ihrer grossen Zehen, sondern zuweilen sogar noch die Nagelglieder derselben. Es ist dies nicht blos ein Effect jener Krankheit gefangener Individuen, jenes gar nicht selten an Meerkatzen, Hyänen u. s. w. zu beobachtende Abfallen von Schwanz- und Zehengliedern, sondern es kommt das auch bei freilebenden Orangaffen vor. Unter der zweiten bis fünften Zehe ist die dritte am längsten. Die zweite ist etwas kürzer als die vierte, die fünfte ist kürzer als die vierte Zehe. Fettlagen machen sich an der Sohlenseite der zweiten bis fünften Zehe, selten am Grosszehenballen bemerkbar. Die Rückseite der Hände und Füsse ist mit sehr runzeliger und schilfriger Haut bedeckt. An den Händen finden sich auch Gangschwielen.

Dieses Thier, ruhigern und phlegmatischern Naturells als Gorilla und Chimpanse, macht mit seinem in der Gesichtsmitte sich verbreiternden, nach der Stirn und dem Kinn sich verschmälernden, übrigens von vorn nach hinten verkürzten, von dem kurzen Halse aus nach vorn überhängenden Kopfe, mit dem tonnenförmigen Rumpfe, den langen, schlanken Extremitäten und der häufig langzottigen Behaarung einen höchst sonderbaren Eindruck. Es ist das ein vom Habitus des Gorilla und des Chimpanse recht abweichender. Beim jungen Männchen ist die Verkürzung des Kopfes von vorn nach hinten nicht so stark ausgeprägt als beim alten Thiere, indem jenem die Knochenkämme fehlen, welche das Scheitelgewölbe nach oben und hinten emporbauen helfen. Die Augenhöhlenbogen sind hier noch nicht so entwickelt, die Kieferpartie des Gesichts ist noch nicht so vorgezogen und es fehlen die Fettpolster der Wangen. Der Kopf ist schon mehr gegen den Hals abgesetzt, der ganze Körperbau ist schlanker, der physiognomische Ausdruck des Kopfes ein milderer. An der grossen Zehe wird meistens ein kleiner konischer, vorn abgestumpfter Nagel beobachtet.

Am erwachsenen Weibchen wiederholen sich, wie ich bereits an einem andern Platze dargestellt habe, die körperlichen Eigenthümlichkeiten des jungen Männchens in einem erhöhten Maassstabe. Der nur geringe Knochenkämme aufweisende Schädel ist zwar hoch, aber doch gerundeter wie beim alten Männchen, der Gesichtstheil ist zwar vorgestreckt, der Kopf aber deutlicher gegen den Hals abgesetzt als dort. Der Leib ist bei grösserer Beckenweite noch tonnenförmiger gebaut als beim alten Männchen. Die im Zustande des Säugens prallen, halbkugelförmigen Brüste fallen nach Aufhören dieses Vorgangs zusammen und stellen nur zwei kurze, runzelige, herabragende Hautfalten mit dünnen, fast cylindrisch gestalteten, hornigen Warzen dar, an denen die ohnehin kargen Spuren der Höfe so gut wie verloren gehen. Der Kehlsack ist noch nicht so stark entwickelt als beim alten Männchen. Dagegen sind die Gliedmaassen auch hier völlig entwickelt. Das junge Weibchen zeigt sich noch rundköpfiger, mit vorn noch stärker abgeflachtem (wenn auch vorgebautem) Gesicht und mit noch dünnern, zu dem dicken Rumpfe in einem stärkern Misverhältniss stehenden Gliedern ausgerüstet als das junge Männchen.

Die Haut der Orang-Utans hat eine schwärzliche, graublau oder braun überflogene Färbung. Ersteres, d. h. das graublau-schwarze Colorit, ist vorherrschend. Graugelb oder Graubraun kommen seltener vor. Die Umgebung der Augen, die Nasenflügel, die Oberlippe und das Kinn sind nicht selten schmuzig-bräunlichgelb, was dann namentlich im Gesicht gegen den übrigen blaugrauen Ton dieses Körpertheils sonderbar absticht.

Arme, Beine, Hände und Füsse sind schwarz oder schwarzgrau, seltener braun oder röthlichbraun gefärbt.

Die Haarbekleidung des Orang-Utan besteht aus langen, gewellten, flatternden Grannen und etlichen lockern Wollhaaren. Ich habe an Hinterhaupt, Schultern, Rücken und Hüften Haare von 220—225 mm Länge gemessen. Bei andern Individuen waren diese Gebilde allerdings auch kürzer, 20—40—60 mm lang. Auf dem Kopfe scheitelt sich das Haar häufig in natürlicher Weise und fällt entweder in zwei Partien gesondert zu beiden Seiten herab, oder es hängt auch ohne Scheitelung an den Seiten des Kopfes wüst hernieder. In andern Fällen starrt es von der Kopfmitte aus tollen- oder hollenähnlich nach vorn, nach den Seiten und nach oben empor. (Fig. 7 und 8.) Nicht selten findet sich ein die Wangen und das Kinn umrahmender Bart. Die den Nacken und Vorderhals, die Schultern, den Rücken, die Brust, den Bauch, Oberarm und Oberschenkel bekleidenden Haare wenden sich von oben nach abwärts. Am Unterarme kehren sie sich nach der entgegengesetzten Richtung empor. An der Handwurzel ändern diese Gebilde ihre Richtung in ähnlicher Weise, wie es S. 24 beim Gorilla beschrieben worden ist. An Brust und Bauch sind die Haare dünner gesäet. Schwache und kurze Haare befinden sich am Gesicht, an den Ohren, an Hand- und Fussrücken. Augenbrauen habe ich nicht beobachtet, obgleich sie auch hier vorkommen mögen, wol aber sah ich entwickelte Wimpern.

Die Haare haben eine rothbraune Färbung, etwa wie gebrannte Terra di Siena oder noch besser wie Orléan (Rucu). Die Haarspitzen der hintern Körpertheile färben sich meist braun. Bei manchen Individuen zeigen sich die Haare überhaupt dunkler, rost- oder schwarzbraun, bei andern sind sie heller gefärbt. An letztern zeigen sich Brust und Bauch sogar gelblichweiss. Der Bart kann fahlgelb sein. Auch so gut wie haarlose Individuen sind beobachtet worden.

Die vierte Gruppe anthropoider Affen sind die

Gibbons oder Langarmaffen (*Hylobates*). Von diesen sind mehrere Arten bekannt, und ich fühle mich daher gedrungen, hier wenigstens einige derselben zu charakterisiren, um doch eine Idee von ihrer Körperbeschaffenheit gewähren zu können. Ich kann mich in Bezug auf diese Thiere auf das unter meinen Händen befindliche Material nicht allein verlassen, sondern werde genöthigt, hierzu noch andere Beschreibungen zu Hülfe zu nehmen.[1]

Im allgemeinen haben die Gibbons sehr lange, bei aufrechter Stellung bis zu ihren Fussknöcheln herabreichende Arme, ein nicht sehr vorgebautes Antlitz, einen abgerundeten Scheitel und platte Nägel. Sie besitzen nur kleine Gesässschwielen, die den Gorillas, Chimpanses und Orang-Utans fehlen.

Die grösste Art dieser einen Theil des Festlandes und der Inseln Asiens bewohnenden Affen ist der Siamang (*Hylobates syndactylus F. Cuv.*[2]). Nach Diard sind seine Arme nicht ganz so lang als die des Wauwau (*H. agilis F. Cuv.*). Der Kopf dieses Thieres zeigt eine niedrige, etwas nach hinten weichende Stirn, einen nicht beträchtlich gewölbten, langgestreckten Scheitel und ein schwach gewölbtes Hinterhaupt. Der Nasengrund ist eingedrückt, die Kieferpartie ist nur beim alten Männ-

---

[1] Ich verfügte, als ich dies schrieb, über einen mit Wickersheimer's Flüssigkeit injicirten, trocken aufbewahrten *Hylobates leuciscus Kuhl*, über einen in Weingeist conservirten grossen *Hylobates* derselben Art und einen in gleicher Weise aufbewahrten *Hylobates albimanus Is. Geoffr. St.-Hilaire*; ferner über die Skelete von *Hylobates syndactylus F. Cuvier* und *Hylobates agilis*.

[2] Eine recht gute Abbildung dieses Thiers findet sich in Ed. Poeppig's Illustrirter Naturgeschichte des Thierreichs (Leipzig 1847), Bd. I, Fig. 21, nach einem unzweifelhaft englischen (mir aber nicht näher bekannt gewordenen) Original. Eine andere Holzschnittdarstellung sieht man in K. Bock's: Unter den Kannibalen auf Borneo, deutsch von A. Kirchhoff (Jena 1882), S. 342.

chen etwas vorgebaut. Nach Diard liegen seine Augen tief, verbreitern sich seine Nasenflügel beträchtlich, fallen seine Wangen unterhalb der Jochbogen stark ein, öffnet sich sein Maul sehr breit und ist sein Kinn von nur unbedeutender Ausdehnung. Er ist der einzige der Gibbons, welcher sich im Besitz des bei den oben beschriebenen Anthropoidenformen gewöhnlichen Kehlsackes befindet, der bei alten Thieren vorn fast kahl und schlafffaltig herabhängt. Die zweite und dritte Zehe werden durch eine beim Männchen bis zum letzten, beim Weibchen bis zum vorletzten Gliede reichende schmale Querhaut miteinander verbunden. Die Haare der Unterarme kehren die Spitzen nach oben und bilden an der Handwurzel eine Art von Wirbel. Das Thier ist von glänzend schwarzer Farbe, am Körper und an den Gliedmaassen dicht und auch ziemlich lang behaart. Das Gesicht wird nach K. Bock von einem grauen oder weissen Barte umgeben. Es erreicht etwa 1 Meter Höhe und bewohnt die Wälder Sumatras.

Eine andere Gibbonart ist der Lar *(Hylobates Lar Illig).* Er besitzt einen weit schlankern Körperbau als der vorige, einen gerundeten Kopf, grosse Augen und einen langen, schmalen, nur schwach-leistenförmig über seine eingesenkte Umgebung hinwegragenden Nasenrücken, an welchen sich unten zwei schmale, ungleich-dreiseitige Flügelknorpel anschliessen. Diese werden durch eine longitudinale Längsrinne voneinander getrennt. Unterhalb der Flügelknorpel öffnen sich zwei von oben und aussen nach unten und innen convergirende, schmale Nasenlöcher, welche durch eine nur schmale Scheidewand voneinander getrennt werden. Die Oberlippe ist von eigenthümlicher Beschaffenheit. In ihrer Mitte, dicht unterhalb des Grundes der Nasenscheidewand ist sie niedrig und wird hier durch eine lothrecht herabsteigende Furche in zwei symmetrische Seitenhälften getheilt. Jede derselben legt sich mit einem nach unten bogenförmig gerundeten Rande über die schmale Unterlippe. Oberhalb der Oberlippen, zwischen ihnen und den unterhalb der untern Augenlider sich hinziehenden niedrigen Jochbogen findet sich eine niedrige, eingesunkene Wange. Unter dem mittlern Oberlippenspalt und den abwärts convexen untern Oberlippenrändern tritt das niedrige Kinn zum Vorschein. Dies ganze, ein sonderbares Gesammtbild darbietende Gibbongesicht wird von einem dichten Haarkranz umsäumt, der wie die Rundkapuze eines Eskimo den Antlitztheil des Kopfes umgibt. Diese eigenthümliche

Fig. 10. Kopf des weisshändigen Gibbon.

Kopfbildung ist in ihrer Gesammtheit sowol wie auch im Detail nicht allein für den Lar, sondern selbst für die übrigen Gibbonarten, ja in gewissem Grade sogar für den Siamang, charakteristisch. (Vgl. Fig. 10 und 14.) Sie bildet einen Zug, welcher die Langarmaffen fast auf den ersten Blick von den übrigen oben beschriebenen Anthropoidenformen unterscheidet. Sonst hat der Lar ein röthlichbräunliches (lohfarbenes) Gesicht, darumher einen weisslichgrauen Kranz, einen schwärzlichgrauen Körper und kurzes, weisslichgraues Haar auf der Rückseite der Hände und Füsse. Die schwarzen Ohren sind fast haarlos. Der Lar ist in unsern zoologischen Sammlungen bisjetzt noch ziemlich selten vertreten. Er stammt von Malakka und Siam.

Mit diesem Thiere wurde häufiger der weisshändige Gibbon *(Hylobates albimanus Vigors et Horsfield)* verwechselt. Aber letzterer hat ein schwarzes Gesicht, überhaupt eine schwarze Haut, welche Farbe sich auch an der Unterseite der Hände und Füsse bemerkbar macht. Um das Gesicht her zieht sich ein dichter weisser Haarkranz. Hand- und Fussrücken sind mit kurzen weissen oder weisslichgrauen Haaren bekleidet. Der übrige Pelz ist rein schwarz. Die Haare der Unterarme sind abwärts gegen die Handwurzel gekehrt. Die Ohren dieser Affen sind von etwa gleichschenkelig-dreiseitiger Form. Die krämpenartige Leiste läuft rings um den äussern freien Ohrrand. Durch die Mitte der leicht vertieften Aussenfläche zieht sich eine Gegenleiste, deren ganze Anordnung von derjenigen am Ohre der übrigen Anthropoiden nicht unwesentlich abweicht. Der erwähnte Ohrtheil bildet bei diesen Anthropoiden eine hinten und oben breite, sich nach vorn und unten in zwei Schenkel theilende, erhabene Ausbiegnng der knorpeligen Grundlage. Von Ecke und Gegenecke finden sich Andeutungen. Ein abgesetztes Ohrläppchen fehlt. (Fig. 11.) Aehnlich verhält sich die Beschaffenheit des äussern Ohrs bei den übrigen Gibbonarten, wenngleich hier der obere Theil der Leiste häufig gerunzelter und die Gegenleiste nicht selten ausgebildeter und menschenähnlicher erscheint.

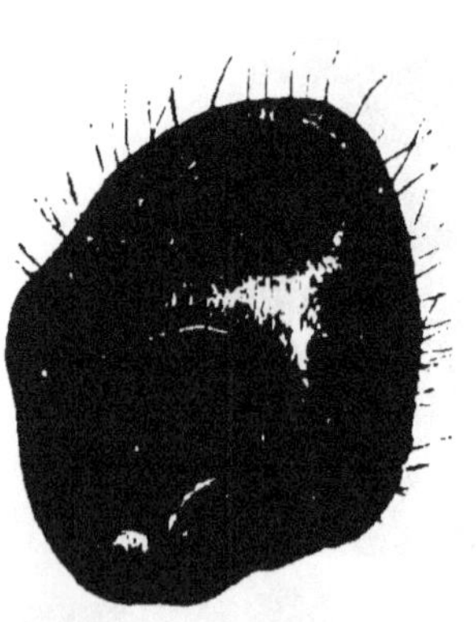

Fig. 11.
Ohr des weisshändigen Gibbon.

Das Gesicht dieser Art ist niedrig. Die vorn in der

Mitte fast in eins zusammenlaufenden Oberaugenhöhlenbogen springen gewulstet vor. Die Augen sind gross, dunkel gefärbt. Ihr Blick ist ruhig und mild. Die Wangen zeigen sich im Bereich der Jochbogen prominirend, unterhalb dieser jedoch eingesunken. Der Nasenrücken ist eingebuchtet und erhebt sich aus der Tiefe dieser namentlich in der Profilansicht sehr ausgeprägt erscheinenden Einbuchtung sanft kielförmig. Er wird von Querfalten durchzogen. Der Nasenknorpel hat die bereits an der vorigen Art beschriebene Form. Von ähnlicher Beschaffenheit wie dort erweisen sich Oberlippen und Kinn. (Fig. 10.) An den Oberaugenhöhlenbogen und Oberlippen stehen lange borstige Haare hervor. Kurze dünne Härchen bedecken den Nasenknorpel. Die weissen um das Gesicht herziehenden Haare kehren sich in der Kinngegend bartähnlich nach vorn. Das ganze Gesicht hat einen eigenthümlich schwermüthigen, fast weinerlichen Ausdruck. Der Hals ist kurz, der Rumpf ist gestreckt. An den langen, schmalen Händen zeigt sich ein kurzer, nicht ganz bis zur Insertion der ersten Fingerglieder heranreichender, seitlich zusammengedrückter Daumen. Der Ballen des Nagelgliedes desselben bildet ein dickes gerundetes Polster. Dergleichen kleinere finden sich auch an der Palmar-

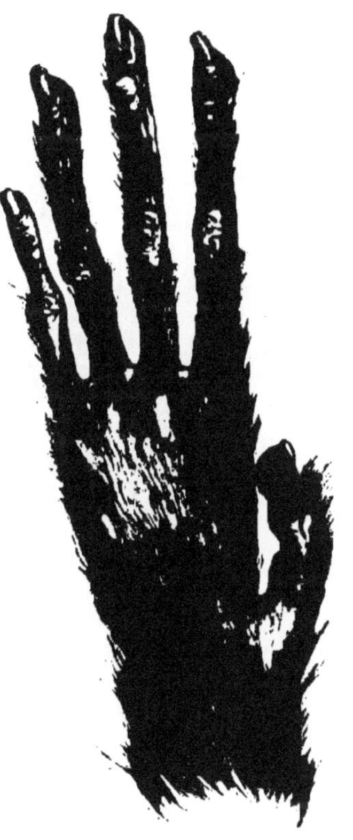

Fig. 12. Linke Hand des *Hylobates albimanus.*

seite des ersten Daumengliedes und am Ballen dieses Theils. Der Daumennagel ist von hinten nach vorn gekrümmt und einem Krallnagel so wenig ähnlich als die noch flachern, übrigens langen und schmalen Nägel der andern Finger. Unter diesen ist der dritte nur sehr wenig länger als der zweite. Der fünfte Finger ist nicht unbeträchtlich kürzer als der vierte. (Fig. 12.)

Der Fuss ist zierlich, kurz und schmal, ohne vorstehende Ferse. Die grosse Zehe ist sehr lang, sie reicht fast bis an das letzte Glied der zweiten Zehe heran. Sohle und Unterseite der grossen Zehe, namentlich aber das Nagelglied der letztern, sind mit dicken, gerundeten Ballen versehen. Die mittlere Zehe ist nicht beträchtlich länger als die zweite. Die dritte ist kürzer als letzterwähnte. Die fünfte ist fast um die Hälfte kürzer als die vierte. Während sich zwischen den Fingerbasen dieses Geschöpfes nur kurze Querhäute zeigen, erstrecken sich diese an den Zehen weit mehr nach vorn. (Fig. 13.) Die erwähnte Affenart stammt aus Hinterindien.

Fig. 13.
Linker Fuss desselben Thieres.

Der Wauwau (*Hylobates agilis F. Cuvier*, Fig. 14), ein seltener Affe, lässt nach Duvaucel entwickelte Augenhöhlenbogen, tiefliegende Augen, eine nicht sehr platte Nase und grosse seitlich geöffnete Naslöcher erkennen. Das nackte Gesicht des Männchens ist bläulichschwarz, dasjenige des Weibchens ist mehr bräunlich. Um diesen Körpertheil her läuft ein dichter, weisslicher

Haarkranz, aus welchem die Ohren nur wenig heraussehen. Am Kinn befinden sich etliche schwarze Haare. Beim Männchen sind der Kopf, der Bauch, die Innen-

Fig. 14. Vorn links ein Wauwau (*Hylobates agilis*), im Hintergrunde rechts zwei Schlankaffen (*Semnopithecus Entellus*).

flächen der Arme und der Oberschenkel dunkelbraun. Schultern und Hals sind heller; an den Hacken finden sich fahle, in weisslich ziehende Haare. Der Hand- und Fussrücken ist dunkelbraun. Die Seiten des Gesässes und die Hinterseiten der Oberschenkel zeigen sich braun, rothbraun und weisslich melirt. Beim Weibchen ist der um das Gesicht herlaufende weisse Haarkranz kürzer und mehr in graufahl ziehend. Die Jungen sind weisslichgelb bis bräunlichweiss gefärbt. Das Thier bewohnt die Insel Sumatra.

Der graue Gibbon *(Hylobates leuciscus Kuhl)* ist mit einem dichten, lang- und wolligbehaarten Pelz bedeckt, dessen einzelne Haare wellig gebogen und auf hellem Grunde mit je zwei bis drei dunkeln Ringeln versehen sind. Der Kopf ist oben schwarz. Um das schwärzliche Gesicht her zieht ein heller, manchmal weisser Haarkranz. Die Hauptfarbe ist graufahl. Vorderhals, Brust und Bauch sind heller, Hinterhals, Schultern, Oberarm und Oberschenkel dagegen sind dunkler. Von den Achselhöhlen aus führt ein (manchmal recht dunkler) bräunlicher Streif gegen Brust und Bauch herab. Hand- und Fussteller sind schwarz. Die Jungen erscheinen gleichmässiger grau- oder gelbfahl. Das Thier stammt von Java und Sumatra.

Der Hulock oder Yulock, Yolock *(Hylobates Hoolock Harlan)* hat ein im Alter vorgebautes Gesicht, vorstehende Augenhöhlenbogen, einen langen, schmalen Nasenrücken, hohe, schmale Nasenflügel und eine sehr niedrige Oberlippe. Bei alten Thieren finden sich zwei grauweisse Querbinden über den Augen. Das übrige Haarkleid, das Gesicht, die Hände und Füsse sind schwarz. Die Jungen sind schwärzlichbraun, an den Extremitäten aber grau. Eine graue Linie zieht von der Brust an über den Bauch herab. Dies Thier bewohnt die Garrauberge in Assam.

Der Unko *(Hylobates Rafflesii Is. Geoffr. St.-Hilaire)* hat eine schwarze Farbe, die nur an Rücken und Flanken ins Röthlichbraune spielt. Beim Männchen umzieht ein weisser, beim Weibchen ein grauer Haarkranz das Gesicht. Der Affe stammt aus Sumatra.

Der gelbgraue Gibbon *(Hylobates entelloides Is. Geoffr. St.-Hilaire)* ist mit einem wolligen, langhaarigflockigen, dichtstehenden, hellgraugelben oder fahlgelben Kleide versehen. Dies Colorit wird an den innern Armflächen und am Halse etwas dunkler, es spielt hier ins Röthlichgelbe. Um das Gesicht her zieht sich ein heller, mehr ins Weissliche übergehender Haarwuchs. Das Weibchen hat im allgemeinen eine etwas gelbere Farbe als das Männchen. Jenes ist vorn am Gesicht nicht weiss, sondern röthlichfahl gefärbt; erst dahinter kommen einige weissliche Haare zum Vorschein. Das Gesicht sowie die nackten Stellen der Hände und Füsse sind schwarz. Zwischen zweiter und dritter Zehe findet sich eine bis zur ersten Artikulation reichende Verbindungshaut. Das Thier bewohnt die Halbinsel Malakka. Sein Speciesname ist von seiner angeblichen Aehnlichkeit mit dem Hanuman der Indier *(Semnopithecus Entellus F. Cuvier)* hergenommen, dessen Abbildung unsere Fig. 14 (im Hintergrunde rechts) darbietet.

Der weissbärtige Gibbon *(Hylobates leucogenys Ogilby)*[1] erhält durch lange nach oben und hinten emporstehende Scheitelhaare ein charakteristisches Aussehen, welches durch lange weisse Barthaare an Wangen und Kinn, die einen über den Augen geschlossenen Kranz bilden, noch vermehrt wird. Der übrige Körper ist dunkelschwarz. Das Vaterland ist unbekannt.

Der gehäubte Gibbon *(Hylobates pileatus J. E. Gray)* ist schwarz, seine Schultern, sein Rücken und seine Oberschenkel sind graulich. Hände, Füsse, die Umgebung des Gesichts und der schwarzen Scheitelpartie sind weiss. Ein weisser Fleck findet sich auch an den Geschlechtstheilen. Auf der Brust existirt häufig ein schwärzlicher Fleck. Auch der Backenbart ist schwarz.

---

[1] Ein Exemplar von *Hylobates leucogenys Ogilby* befindet sich im British Museum. Vgl. J. E. Gray, Catalogue of Monkeys, Lemurs, and fruit-eating Bats etc. (London 1870), S. 11.

Uebrigens variirt das Thier nach Alter und Geschlecht. Lebt in Siam und Kambodja.[1]

Der schwarzgraue Gibbon *(Hylobates funereus Is. Geoffr. St.-Hilaire)* ist obenher und an der Aussenseite seiner Glieder aschgrau, in Bräunlich streifend. Untenher ist er schwärzlichbraun. Um das Gesicht her zieht ein schmaler hellaschgrauer Streif, dahinter aber findet sich eine ebenfalls rings um den Kopf herumlaufende dunklere Binde. Stammt von der Insel Sulu (Joló).[2]

Ausser diesen oben in Kürze beschriebenen Gibbonarten werden noch mehrere andere aufgeführt, so z. B. *Hylobates concolor Harlan* aus Borneo, *Hylobates Muelleri L. Martin* ebendaher, *Hylobates choromandus Ogilby* vom indischen Festlande u. s. w. Indessen es muss die oben gelieferte Darstellung für die uns nothwendig erschienenen Arten-Diagnosen angesichts eines knapp bemessenen Raumes genügen.

---

[1] Eine gute Holzschnittdarstellung von *Hylobates pileatus J. E. Gray* findet sich bei Huxley, Zeugnisse für die Stellung des Menschen u. s. w., S. 30.

[2] Eine recht hübsche farbige, von dem berühmten Werner vermuthlich nach dem Leben gezeichnete Abbildung des *Hylobates funereus* existirt in Is. Geoffr. St.-Hilaire's Description des mammifères nouveaux ou imparfaitement connus de la collection du Muséum d'histoire naturelle. Archives du Muséum, V, 26.

DRITTES KAPITEL.

Das Aeussere und der anatomische Bau der menschenähnlichen Affen im Vergleich mit dem Menschen.

Um das Bild, welches wir uns von der ganzen Naturgeschichte dieser merkwürdigen Thiere zu verschaffen gedenken, möglichst zu vervollständigen, sehen wir uns dazu veranlasst, auch die anatomischen Verhältnisse derselben einer Prüfung zu unterziehen. Es kommt dabei für unsere Zwecke weniger auf eine erschöpfende anatomische Detailbeschreibung, als vielmehr auf eine übersichtliche Darstellung der augenfälligern Eigenthümlichkeiten der innern Leibesbeschaffenheit jener Geschöpfe an. Es scheint mir angemessen zu sein, auch hier die Methode der systematischen, der beschreibenden, die einzelnen Organsysteme der Lebewesen nacheinander berücksichtigenden Anatomie zu befolgen. Diese für die Kenntniss unsers Menschenleibes schon längst übliche Methode soll aber als eine in logischer Beziehung jedes weitern Prüfsteins spottende, uns auch bei den vergleichend-anatomischen Untersuchungen leiten. Es bedarf wol für unsern Leserkreis kaum erst eines leisen Hinweises darauf, dass die Anatomie der Anthropoiden nur ein kleines Stück der vergleichenden Anatomie der Wirbelthiere überhaupt bildet.

Ich beginne mit einem Hinblick auf das Knochensystem der Anthropoiden, zunächst der Gorillas. Es empfiehlt sich hier, den so grosse Unterschiede darbietenden Schädelbau des alten und jungen Gorillamännchens, des alten und jungen Gorillaweibchens zu durchmustern.

Der Schädel des alten männlichen Thiers ist gross und schwer. Das durchschnittliche Gewicht desselben beträgt $1 \frac{1}{4}$ kg. Der Längendurchmesser zwischen Oberkieferrand und der stärksten Hervorragung am Hinterhaupt kann bis 294 mm betragen. Die Deckentheile der Augenhöhlen machen sich vorn als hohe, von vorn nach hinten abgeplattete, am obern Rande von beiden

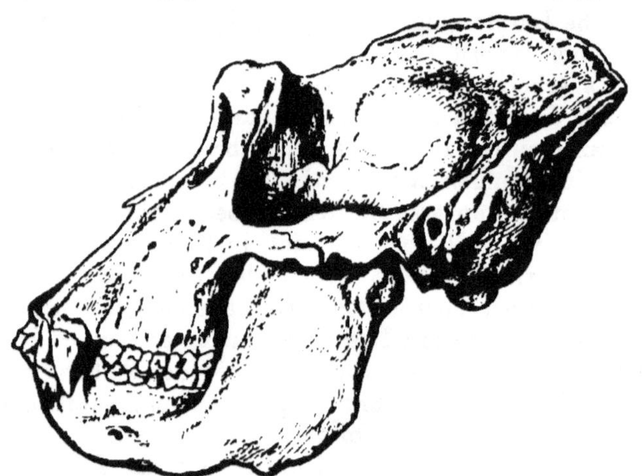

Fig. 15. Schädel des alten männlichen Gorilla von der Seite.

Seiten sich nach der Gesichtsmitte vereinigende Leisten bemerkbar. An diese schliessen sich nach hinten die hintern Deckentheile der Augenhöhlen als zwei halbkegelförmige, nach oben und aussen gewölbt hervorragende, nach hinten gegen den Gehirnschädel sich etwas verjüngende Knochenkapseln an. Die Augenhöhlen öffnen sich direct nach vorn in einer meist regelmässig-viereckigen Umränderung. Selten bilden die Ränder so stark abgestumpfte Ecken, dass dieselben eine mehr der Kreisform sich nähernde Figur darstellen. (Vgl. Fig. 15 und 16.) Das Stirnbein, welches bei jüngern Thieren beiderlei Geschlechts hoch, breit und gewölbt erscheint, zeigt sich beim alten Männchen oben in der Mitte vertieft. Ueber dasselbe hinweg ziehen die sich am Scheitelkamm einander nähernden, leistenartig verdickten Schläfenlinien.

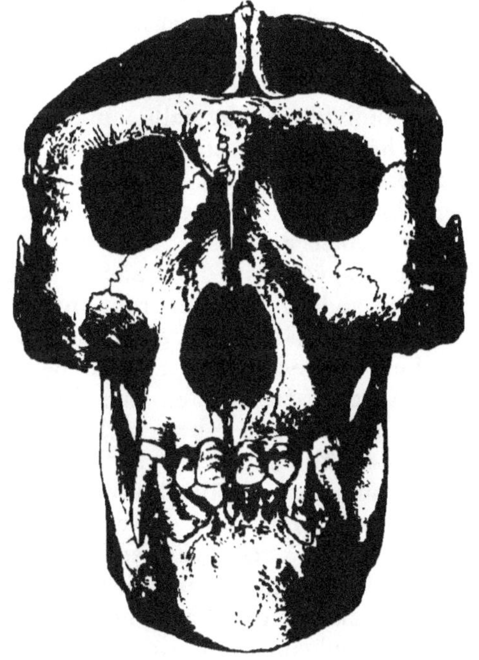

Fig. 16. Schädel des alten männlichen Gorilla von vorn.

Sehr charakteristisch ist der eben erwähnte Kamm, welcher vorn im Bereiche des Stirnbeins beginnt, und steil emporziehend hinten sich mit dem queren Hinterhauptskamm verbindet. Derselbe wechselt in seiner Höhe.[1] Nur selten fehlt er einem erwachsenen männlichen Thiere

---

[1] Eine ganz ungewöhnliche Höhe erreichte der Scheitelkamm an dem schönen alten männlichen Gorillaschädel Nr. 92 des Muséum d'histoire naturelle zu Paris.

gänzlich. Auf der Höhe dieses Scheitelkammes sieht man die beiden wohl ausgeprägten Knochenleisten ganz nahe aneinanderrücken, welche zu beiden Seiten die obern Grenzen der Schläfenmuskeln andeuten. Diese Leisten ziehen bei jungen Thieren noch über die Kopfseiten unterhalb des Scheitels hinweg. Ihre Stellung, ihr Zug ändert sich mit dem Wachsthum des Schädels, und in Uebereinstimmung mit demjenigen des Scheitelkammes. Der quere Hinterhauptskamm erreicht bei alten kräftigen Individuen ebenfalls eine beträchtliche Höhe, ist vorn häufig etwas concav, hinten etwas convex. Die vordere Fläche dieses Kammes wird von den beiden Scheitelbeinen, die hintere vom Schuppentheil des Hinterhauptsbeines gebildet. Auf der Höhe dieses Hinterhauptskammes verläuft die Lambdanaht, welche hier wie bei den andern Säugethieren und auch beim Menschen die Scheitelbeine mit dem Hinterhauptsbeine verbindet. Die Verbindungsstelle zwischen Scheitel- und Hinterhauptskamm trennt den Zug des letztern in zwei sich nach aussen und abwärts herabkrümmende symmetrische Seitenhälften. Der hohe breite Schuppentheil des Hinterhauptsbeines fällt hinten platt, seltener gewölbt, steil nach unten und etwas nach vorn ab. An ihm sind zuweilen noch jene sechs Nackenlinien, drei jederseits übereinander, ausgeprägt, welche die Grenzen der Ansatzfelder der Nackenmuskeln am Kopfe bilden. Am Schläfenbein zeigt sich der Zitzenfortsatz ausgebildet. Brühl konnte an Gorilla- und Chimpanseschädeln keine Spur eines Griffelfortsatzes finden.

Der Schuppentheil des Schläfenbeins steht vorn sehr häufig durch einen Fortsatz, Virchow's Stirnfortsatz des Schläfenbeins, mit dem Stirnbein in Verbindung. Die Nasenbeine sind hoch, oben sehr schmal, unten verbreitert. Da, wo sie sich beide in der Mitte des Nasenrückens miteinander verbinden, entwickelt sich öfters eine der Länge nach von oben bis unten herabsteigende kielförmige Hervorragung. In der Nasenhöhle zeichnen sich die untern Muschelbeine durch ihre Grösse aus.

An jungen Schädeln ragen die bei allen Anthropoiden früh mit ihrer Nachbarschaft verwachsenden Zwischenkieferbeine hoch und spitz zwischen Nasenbeinen und Oberkieferbeinen hinauf.

Die Joche (d. h. die äussern aufgetriebenen Fächer) der riesigen Eckzähne ragen im vordern Theile des Mittelgesichts neben der vordern Nasenöffnung beiderseitig pfeilerartig von oben und innen nach unten und aussen gegen den Zahnrand der beiden Oberkieferbeine herab. So wird durch die Eckzahnjoche ein vorn abgeplatteter, von hinten und oben nach unten und vorn herabziehender dreieckiger Raum abgegrenzt, dessen der Grundlinie eines gleichschenkeligen Dreiecks entsprechender unterer Rand mit dem Zahnrande zusammenfällt. (Vgl. Fig. 16.) In der Vorderansicht des Kopfes stellt sich die Kinnpartie des Unterkiefers ebenfalls unter der Form eines gleichschenkeligen Dreiecks dar. Die Grundlinie des letztern deckt sich mit dem die Schneidezähne enthaltenden Abschnitt des Zahnfachrandes. Die Seiten des Dreiecks dagegen decken sich mit den nach unten convergirenden Eckzahnjochen. (Dieselbe Figur.) Die zwischen den letztern eingeschlossene mittlere, in der oben beschriebenen Weise abgegrenzte Partie des Unterkiefers weicht nach unten und hinten zurück. Die Aeste des Unterkiefers sind hoch und sehr breit. Der Unterkieferwinkel ist abgestumpft. (Fig. 15.) Der vordere oder Kronfortsatz und der hintere oder Gelenkfortsatz des Astes dieses Knochens werden durch einen tiefen und ausgerundeten Einschnitt voneinander getrennt. Der Gelenkfortsatz ragt ziemlich steil nach oben, aber nur wenig stark nach hinten empor.

Betrachtet man den innern Bau der Schädelknochen des alten Gorillamännchens, so fallen daran zunächst die starken Stirnhöhlen ins Auge, welche sich namentlich im Bereiche des Nasentheils des Stirnbeins durch Weite auszeichnen. Alsdann findet man am Keilbein die flügelförmigen Fortsätze und die grossen Flügel innen hohl und hier mit nur wenigen besonders abgekammerten Räumen versehen. Diese Höhlungen stehen nicht nur untereinander, sondern auch mit den Keilbeinhöhlen in offener Verbindung. Im Jochbein findet sich eine weite mit Nebenkammern versehene Höhle, welche mit der sehr tief in die Fortsätze des Oberkieferbeins sich hinein ausbuchtenden Kiefer- oder Highmorshöhle communicirt. Endlich zeigen sich Höhlungen auch an derjenigen Stelle, an welcher der Scheitel- und der Hinterhauptskamm aufeinandertreffen.

Am jungen männlichen Gorillaschädel machen sich zwar schon ein beträchtliches Vorstehen der Kiefergegend nach vorn und eine unverkennbar deutliche kielförmige Hervorragung des Nasenrückens bemerkbar, allein es tritt die Entwickelung dieser Theile doch noch sehr gegen die beim alten Männchen stattfindende zurück. Der ganze Gehirnschädel ist oval, entbehrt jedoch der so charakteristischen hohen Kämme, welche das alte männliche Thier auszeichnen. Der schwedische Anatom und Anthropolog Anders Retzius hat bekanntlich die Schädel der verschiedenen Menschenstämme in Langköpfe *(Dolichocephali)* und in Kurzköpfe *(Brachycephali)* eingetheilt. Bei erstern ist der Unterschied zwischen der Länge und Höhe ein bedeutenderer, bei letzteren ist der Unterschied entweder geringer oder gar nicht vorhanden. Die Dolichocephalen sind lang und oval, die Brachycephalen dagegen sind kurz, rund oder viereckig. Neben dieser Eintheilung, welche für die schnelle, übersichtliche und doch treffende Classificirung der Rassenschädel stets einen hohen Werth behalten wird, schuf Retzius noch eine andere. Er nannte nämlich Schädel mit gerader oder der geraden sich nähernder Profillinie gerad- oder rechtzähnige *(Orthognathi)* und Schädel mit stark ausgebildeter vorragender Kieferpartie schiefzähnige *(Prognathi)*. Es gibt nun langköpfige und kurzköpfige orthognathe und prognathe Schädel.[1] Die Retzius'sche Eintheilung auf die Anthropoiden übertragend, hatte man bisher die Gorillas und die Chimpanses für dolichocephale, die Orang-Utans und die Gibbons für brachycephale Prognathen gehalten. Verschiedene Forscher hatten es als einen merkwürdigen Unterschied zu constatiren versucht, dass Afrika dolichocephale, Asien dagegen brachycephale Anthropoiden beherbergen solle. Dies verschiedenartige Vorkommen hielt man für ein mit den geographischen und ethnologischen Verhältnissen der betreffenden Festländer übereinstimmendes.[2] Virchow bemerkt nun in einer neuern Arbeit, dass der Gorillaschädel mit jedem Lebensjahr an Länge zunehme, dass dies aber weniger der Gehirnkapsel als solcher, als vielmehr den knöchernen Aussenwerken derselben (d. h. den sich stark entwickelnden Augenhöhlenbogen, den sich vergrössernden Stirnhöhlen u. s. w.) zuzuschreiben sei. Aus Messungen ergebe sich nunmehr, dass auch der jugendliche Gorilla brachycephal sei, dass mit zunehmendem Alter die Brachycephalie abnehme, wenigstens insofern die äussern Wülste mitgerechnet würden. Ganz anders gestalte sich das Bild, wenn man als weitern Messpunkt nicht den Nasenwulst, sondern die stärkste Vorwölbung der Stirn wähle. Hier werde sogar eine fortschreitende Brachycephalie constatirt.[3]

An solchen jüngern männlichen Schädeln wie die hier erwähnten erscheinen die (an den ausgebildeten Knochen-

---

[1] Ethnologische Schriften, nach dem Tode des Verfassers gesammelt von dessen Sohne Professor Gustav Retzius (Stockholm 1864), S. 33.

[2] Zur Kenntniss des Orangkopfes u. s. w., S. 3. Virchow bemerkt (Verhandlungen der Berliner Anthropologischen Gesellschaft vom 18. März 1876, S. 94): „Die Thatsache, dass auch der Gibbon wie der Orang-Utan brachycephal ist, hat ein grosses geographisches Interesse."

[3] Monatsbericht der Königlichen Akademie der Wissenschaften zu Berlin, vom 7. Juni 1880, S. 519.

kämmen der alten Thiere im Gebiete der Kämme selbst dicht aneinanderrückenden) Schläfenlinien zwar bereits in gewissen Zuständen ihrer fortschreitenden Entwickelung, aber sie bleiben hier doch immer noch weiter voneinander getrennt. Wir unterscheiden an jeder Scheitelseite des jungen Schädels zwei übereinander und mit beträchtlicher Parallelität zueinander verlaufende Schläfenlinien. Die obere derselben, welche unten und hinten sich in die Aussenfläche des schon in seiner Anlage vorhandenen Zitzenfortsatzes verliert, entspricht der Vereinigung der Sehnenhaube des Schädelmuskels *(Galea aponeurotica musculi epicranii)* mit der den grossen Schläfenmuskel einschliessenden sehnigen Binde. Die untere Linie, welche allmählich in den obern Rand des Jochfortsatzes des Schläfenbeins übergeht, bildet dagegen die Demarcation der Fleischbündel des Schläfenmuskels. Dies entspricht zugleich derjenigen Stelle, an welcher das den erwähnten Muskel von aussen her bedeckende Blatt der Schläfenbinde sich mit dem jenem Muskel innen anliegenden Blatte der letzterwähnten Haut vereinigt. Diese Schläfenlinien, bei sehr jungen Männchen nur erst in schwachen Lineamenten ausgedrückt, werden mit vorschreitendem Wachsthum kräftiger ausgeprägt und rücken auf der Scheitelhöhe näher, immer näher aneinander. Ich habe einen Schädel mit noch getrennten Nähten in Händen gehabt, an welchen der bereits entwickelte Scheitelkamm gewissermaassen aus zwei durch eine Längsfurche voneinander getrennten Blättern gebildet erschien. Der obere Rand jedes dieser Blätter entsprach den jeseitigen beiden nahe aneinandergeschlossenen Schläfenlinien. Hätte das Thier nicht schon in diesem Stadium seiner Entwickelung den Tod gefunden, so würden sich bei weiterm Wachsthum die beiden Blätter des Kammes wahrscheinlich zu einer einheitlichen Bildung verschmolzen haben. Denn das hier erwähnte Verhalten charakterisirt jedenfalls nur einen sich bei jedem Individuum wiederholenden, vorübergehenden Entwickelungszustand.

Da wo in der Scheitelmitte später der bereits vielerwähnte, von vorn nach hinten streichende Längskamm emporwächst, entsteht im Bereich der Pfeilnaht schon bei jüngern männlichen Schädeln häufig eine Längswulstung, die nur erst sehr allmählich sich heraushebt. Auch zeigt sich im Bereiche der obersten beiden halbkreisförmigen Nackenlinien *(Lineae semicirculares s. nuchae supremae)* der Hinterhauptsschuppe oder zwischen diesen und den beiden mittlern der eben erwähnten Linien schon frühzeitig ein Querwulst; letzterer reicht auch wol bis an die Lambdanaht oder zieht diese sogar noch in seinen Bereich. Der erwähnte, in der anatomischen Kunstprache *Torus occipitalis transversus* genannte Knochenwulst entspricht der ersten Anlage jenes beim alten Gorillamännchen so typischen Querkammes des Hinterhauptes. (Vgl. S. 54 und Fig. 15.)

Manche jüngern Gorillaschädel lassen im Bereiche der Kranznaht ein zwischen dem Schuppentheile des Schläfenbeins und dem grossen Keilbeinflügel befindliches, inselartiges Schaltknöchelchen (Virchow's *Os epiptericum*) erkennen. Dieses kann ganz und gar mit dem grossen Keilbeinflügel verschmelzen. Aber selbst dann besteht nicht selten oberhalb des erwähnten Schaltknochens noch eine directe Verbindung zwischen dem Schläfenbein und dem Stirnbein durch den bei den Anthropoiden gar nicht seltenen Stirnfortsatz des Schlüsselbeins (Virchow's *Processus frontalis squamae temporalis*), S. 54.[1] Dieser verdankt seine Entstehung nicht selten

---

[1] Virchow, Ueber einige Merkmale niederer Menschenrassen am Schädel (Berlin 1875), S. 41. — Zeitschrift für Ethnologie, 1880, XII, 23. — Monatsbericht der Königlichen Akademie der Wissenschaften zu Berlin, 1880, S. 523 fg. Der Schaltknochen ist auch an dem jungen zu Nr. 92 gehörigen Schädel der pariser Sammlung ausgeprägt. Man erkennt ihn noch ziemlich deutlich an der Fig. 4, S. 127 des Werkchens über Darwinismus und Thierproduction (München 1876), die ich nach jenem Schädel habe anfertigen lassen. Vgl. Bischoff, Schädelwerk.

dem oben beschriebenen Schaltknochen selbst, welcher schon frühzeitig auch mit dem Schläfenbein verwachsen kann. Ich komme auf diesen Stirnfortsatz später noch einmal zurück.

Die Augenhöhlen sind an jungen Schädeln gerundeter als an alten, die sich immer eckig zeigen, wenn auch die Ecken, namentlich die obern äussern, eine hier mehr, dort weniger ausgeprägte Abstumpfung erleiden. Virchow bemerkt, dass beim „kindlichen Gorillaschädel" die Höhe der Augenhöhle die Breite derselben übertreffe, dass also der Schädel in diesem Alter hoch (hypsikonch) sei. Beim alten männlichen Gorilla ist die Höhe der Augenhöhle nach verschiedenen von mir veranstalteten Messungen etwa zwischen 39—52 mm, die Breite zwischen 37—45 mm schwankend.

Das übrige Skelet des alten männlichen Gorilla (Fig. 17) entspricht in seiner mächtigen, massiven Beschaffenheit dem ganzen durch Höhe und Stärke hervorragenden Körperbau. Am Rumpfskelet finden sich 7 Hals-, 13 Rücken-, 4 Lendenwirbel, 13 Rippen und (auch beim alten Thiere) ein aus mehrern Knochenstücken gebildetes Brustbein. An den Halswirbeln fallen die langen Dornfortsätze auf, die aber erst am vierten bis siebenten Wirbel sich am stärksten entwickelt zeigen. Die Spitzen dieser kolossalen Gebilde erzeugen im Verein mit der nach hinten emporgethürmten Hinterhauptsregion eine nach hinten convexe Linie. Diese aber stellt die Ursprungs- und Ansatzstätte für das gewaltige Polster der Nackenmuskeln dar. Die in ihren Körpern von oben nach unten an Höhe, Breite und Tiefe zunehmenden Rückenwirbel verjüngen sich an diesen Theilen keilförmig nach vorn. Die Mittelstücke der 13 (auch wohl 14) weit gebogenen Rippen sind in diesem

---

Die nebenstehende Skeletabbildung ist Duvernoy's „Des caractères anatomiques des grands singes pseudo-anthropomorphes", Taf. II, entnommen. Das Bild hat deshalb seine Vorzüge, weil sich daran die so charakteristischen Dornfortsätze der Wirbelsäule und die verschiedenartige Stellung der Gliedmaassen verfolgen lassen.

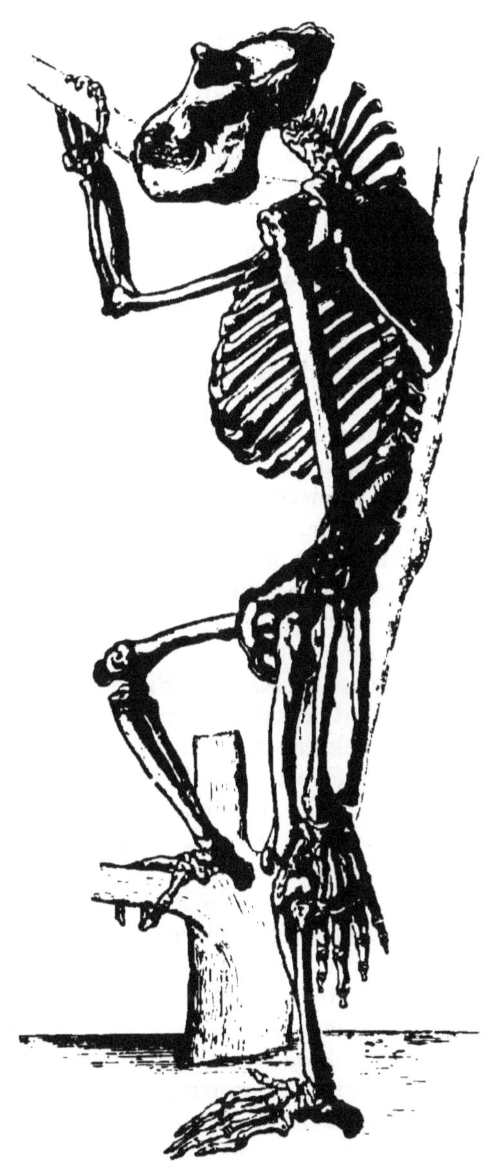

Fig. 17. **Skelet des alten männlichen Gorilla nach Duvernoy.**

Geschlecht und Alter sehr kräftig und dick. Es sind nur sieben Rippenknorpel jederseits mit dem Brustbein verbunden, zwei Rippenknorpel lehnen sich an darüber befindliche an. Die übrigen zeigen nur eine rudimentäre Beschaffenheit und enden frei in der Bauchmuskulatur. Freilich finden sich auch hier und da Abweichungen von diesem hier aufgestellten Typus, indem sich selbst von der 10. bis 11. Rippe aus zuweilen sehr dünne, an ihren Enden sehnig (d. h. faserknorpelig) werdende Streifen gegen das Brustbein hin emporziehen.

Von ganz besonderm Interesse ist die Bildung des knöchernen Beckengürtels bei diesem Thiere. Die Hauptstücke dieses Skelettheils, d. h. die Hüft-, Becken- oder ungenannten Beine, sind hoch, unten schmal, werden nach oben hin breit und flach und enden hier mit dem einen Kreisbogen beschreibenden Darmbeinkamm. Sie haben meist nur je einen (wenig bemerkbaren) obern Darmbeinstachel, ferner nach unten und etwas nach aussen gekehrte absteigende Sitzbeinäste mit breiten, lang ausgedehnten, von vorn nach hinten zugerundeten Sitzbeinhöckern und allermeist je nur einem grössern Sitzbeineinschnitt. Die horizontalen Aeste des Schambeins sind schmal, die absteigenden dagegen sind breit. Das Kreuzbein ist schmal, länglich-kegelförmig, steil abwärts gekehrt und erinnert an die Basalknochen eines wahren Schwanzes. Die Steissbeinknochen erscheinen wie ein echtes Schwanzrudiment.

Es zeigen auch die Knochen des Schultergürtels interessante Einzelheiten. Die Schlüsselbeine sind lang, schlank, mit einem blattförmig abgeflachten Schulter- und einem verdickten Brustbeinende versehen. Das Schulterblatt ist ein sehr grosser dreiseitiger Knochen von im ganzen menschenähnlicher Form, an dem die Ober- und Untergrätengruben eine nur unbeträchtliche Tiefe darbieten. Das lange starke Oberarmbein hat einen unter einem sechziggradigen Winkel gegen die Mittelstückachse geneigten Kopf. Häufig, nicht beständig, lässt sich beim Gorilla eine von vorn nach hinten führende Durchbohrung des untern abgeplatteten Endstückes des Oberarmbeines, einseitig oder beiderseitig oberhalb der Rolle gelegen und von Darwin das intercondyloide Loch genannt, erkennen.

Das Speichenbein besitzt einen starken Kopf, einen beträchtlich nach vorn und aussen gekrümmten Schaft, wogegen dieser beim Ellenbein sehr nach innen und hinten gekrümmt erscheint. Die Handwurzel-, Mittelhand- und Fingergliedknochen entwickeln eine hervorstechende Länge, Breite und auch Tiefe. Das Oberschenkelbein repräsentirt eine dem ganzen Skelet entsprechende Entwickelung. Sein Mittelstück oder Schaft ist nach vorn gekrümmt, auch von vorn nach hinten abgeplattet. Am Schienbein ist der Schaft meist abgerundet, zuweilen aber etwas seitlich zusammengedrückt.

An der Fusswurzel erscheint das Hackenbein schlank, in seiner Mitte nach aussen, mit dem hintern Höckerabschnitt dagegen nach innen gekrümmt. Am Sprungbein ist der Gelenkhöcker des Köpfchens, d. h. des vordern, in einem Kugelabschnitt endigenden Theils, mit einem querovalen, nach innen gewendeten Gelenkhöcker versehen. Das wie gewöhnlich mit diesem Höcker in Gelenkverbindung stehende Kahnbein nimmt nun eine ebenfalls dem innern Fussende zugewendete Stellung ein. Dieses eigenthümliche Drehungsverhältniss lässt die Fusswurzel des Gorilla fast so erscheinen, als erlitte sie eine Deviation, eine Knickung ihrer Längsachse.

Beim jungen Männchen und beim erwachsenen wie jungen Weibchen sind die Skeletknochen im allgemeinen schlanker und weniger massiv als beim alten Männchen gebildet. Dem weiblichen Skelet fehlen die stark ausgeprägten Vertiefungen und Kanten, namentlich der Gliedmaassenknochen. So ist z. B. der Oberarmbeinkopf beim weiblichen Geschlecht weniger tief abgesetzt, die Höcker desselben sind unbeträchtlicher als beim Männchen. Ferner zeigt sich am Speichenbein des erstern ein kleinerer Kopf, ein weniger deutlich dreiseitig-prismatisch aussehender Schaft als hier u. s. w. Die Beckenknochen des Gorillaweibchens sind breiter, flacher, an der sehr nach vorn gewendeten Innenfläche weniger ausgehöhlt. Sie weichen weiter voneinander, ferner divergiren hier die Sitzbeine beträchtlicher, der Schambogen ist nicht so stark nach unten geneigt als beim Männchen. Wenn die Dornfortsätze der Wirbel beim erstern Geschlecht auch eine gewisse Länge und Dicke erreichen, so bleiben sie in ihrer Massenentwickelung dennoch hinter denen des andern Geschlechts zurück.

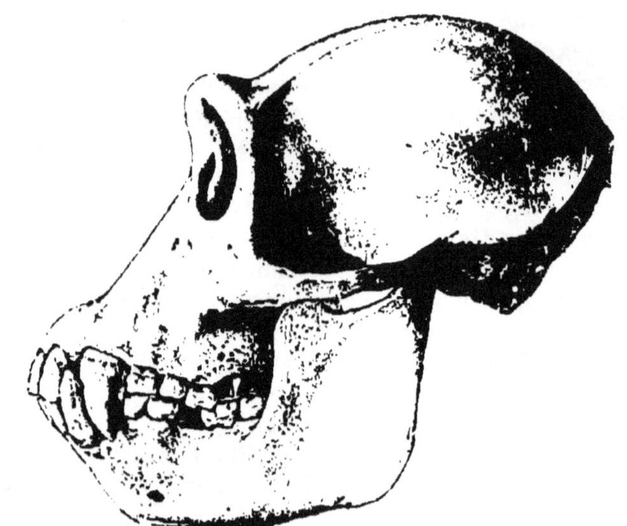

Fig. 18. Alter männlicher Chimpanseschädel.

Der Knochenbau des Chimpanse bietet im Vergleich zu demjenigen des Gorilla zwar viele ähnliche Merkmale dar, indessen zeigt derselbe doch auch wieder gewisse Abweichungen von dem anderer Anthropoiden. Zunächst bleibt, entsprechend der im allgemeinen geringern Körpergrösse des Chimpanse, auch die Skeletgrösse dieses Thieres hinter derjenigen des Gorilla zurück.

Beginnen wir mit einer allgemeinen Betrachtung des Chimpanseschädels. Derselbe ist bei beiden Geschlechtern in seinem Gehirntheile gestreckter, in seiner Scheitelgegend aber abgerundeter als beim Gorilla. Jenem fehlen die hohen Knochenkämme, die starke Ueberwölbung der Augenhöhlen; letztere bieten auch nicht so auffällig den Charakter von besondern, gegen die sonstigen Schädeltheile stärker abgesetzten, tubusähnlichen Knochenkapseln dar, sondern gehören unmittelbarer der Stirngegend an. (Vgl. Fig. 18.) Der knöcherne Nasenrücken[1] des Chimpanse ist concaver, die Kiefer sind niedriger, in ihrer Mitte mehr von oben nach unten zusammengedrückt als dort.

Treten wir nunmehr in ein noch näheres Detail der Beschreibung des Chimpanseschädels ein, so drängt sich uns die Nothwendigkeit auf, auch hier die knöchernen Köpfe erst der alten und jungen Männchen, dann diejenigen der alten und jungen Weibchen einer gesonderten Betrachtung zu unterwerfen. Denn auch hier entwickeln Geschlecht und Alter ihre unverkennbaren Merkmale. Der alte männliche Chimpanseschädel lässt an seiner obern (Scheitel-) Wölbung nicht sehr entwickelte Schläfenlinien erkennen. Diese gehen auf der Scheitelwölbung in einem Abstande von etwa 60—90 mm hinter den Augenhöhlenbogen zusammen und bilden daselbst einen nur niedrigen Scheitelkamm. Mit diesem vereinigt sich ein ziemlich entwickelter querer Hinterhauptskamm. Die Schläfenlinien laufen an ihrer Vereinigungsstelle mit dem Hinterhauptskamme des letztern, obere Ränder bildend, auseinander. In solcher Weise verhält sich nicht nur der oben abgebildete, vom Rio Quillu (Kuilufluss) stammende Schädel, sondern auch derjenige des angeblichen Troglodyte

[1] Vgl. ferner die Abbildungen von Chimpanseschädeln in meinen schon mehrfach citirten Aufsätzen im Archiv für Anatomie u. s. w., in meinem Werke Der Gorilla u. s. w., Taf. XX, Fig. 1, sowie auch das osteologische Werk Bischoff's.

Tschégo bei Duvernoy.[1] Dagegen lassen andere, alten männlichen Thieren angehörende Specimina, die Bildung eines Scheitelkammes nicht wahrnehmen. Hier bleiben vielmehr die sich nur zu sehr niedrigen Leisten ausbildenden Schläfenlinien in einem bald grössern, bald geringern Abstande voneinander getrennt. Während der quere Hinterhauptskamm hinten um den Gehirnschädel des Gorilla wie eine meist gleichmässige Höhe behauptende, wie eine völlig abgesonderte Leiste herzieht, erhebt sich dieser Theil an solchen Chimpanseschädeln, an denen er einen gewissen Grad von Entwickelung darbietet, nur wenig nach hinten und oben. Beim Gorillamännchen trennt diese Leiste die bald bretartig abgeflachte, bald leicht convexe Hinterhauptsschuppe ab, während dieser Theil beim alten Chimpansemännchen noch eine beträchtlichere Wölbung darbietet. Letzterer Schädeltheil bildet hier etwa die Hälfte eines liegenden Ovals. Die Zitzenfortsätze sind auch bei diesen Thieren ausgebildet. Der äussere Hinterhauptskamm und die Nackenlinien sind meist deutlich. Von Griffelfortsätzen finden sich erkennbarere Spuren als beim Gorilla. Beim letztern sowol wie beim erstern Affen findet sich ein stumpfer Drosselfortsatz des Schläfenbeins, dem ein vom Hinterhauptsbein ausgehender Knochenzinken gegenübersteht. Es ist dieser wol der von Virchow gesehene und von ihm Kopfschlagaderfortsatz *(Processus caroticus)* genannte Theil.

Die Augenhöhlen des Chimpanse sind meist abgerundeter, entschiedener kreisförmig begrenzt, die Nasenbeinchen aber sind auch so länglich und so schmal wie beim Gorilla. An der stark prognathen Kiefergegend zeigt sich die äussere Nasenöffnung niedriger, abgerundeter als beim letzterwähnten Affen. Die Eckzahnjoche auch des Chimpansemännchens stehen pfeilerartig hervor. (Fig. 18.) Der von ihnen und den Zahn-

---

[1] Duvernoy, a. a. O., Taf. VI, Fig. B.

fachrändern der Oberkieferbeine eingeschlossene dreieckige Raum ist hier öfter sehr breit und nach vorn convex, und zwar hier mehr als am Gorilla. Die Eckzähne, obwol kräftig entwickelt (vgl. Fig. 18), bleiben beim Chimpanse abgerundeter, kegelförmiger als beim Gorilla, wo sie fast die Gestalt dreiseitiger Pyramiden annehmen. Im übrigen Zahnbau finden sich bei beiden Thierarten gewisse, später näher zu erörternde Unterschiede.

Beim jungen männlichen Chimpanse zeigt sich die Hirnschale noch gewölbter als beim alten. Die Schläfenlinien stehen hier noch weit auseinander. Der quere Hinterhauptskamm lässt erst nahe den Zitzenfortsätzen befindliche flügelförmig gestaltete Andeutungen erkennen. An recht jugendlichen männlichen Schädeln entwickelt sich wol bereits der oben S. 59 erwähnte quere Hinterhauptswulst *(Torus occipitalis transversus).* Die Augenhöhlen sind hier deutlich gegen den Gehirnschädel abgesetzt, der Nasenrücken ist eingesenkt, die Eckzahnjoche sind entsprechend der noch geringen Entwickelung der Zähne selbst, weniger ausgeprägt, das von diesen Hervorragungen eingeschlossene vordere Kieferdreieck ist noch nicht so convex wie beim ältern Thiere.

Der Schädel des erwachsenen Chimpanse ist in seinem Scheitel- und Hinterhauptstheil gleichmässiger gewölbt, gestreckter, schmaler als beim alten männlichen Thiere. Der quere Hinterhauptswulst pflegt sich hier im Bereiche der obersten Nackenlinien oder in den zwischen den obersten und den mittlern dieser Linien eingeschlossenen Knochenfeldern auszubilden. Die Nasen- und Oberkiefergegend sind eingesenkt. Die Oberkiefer sind in ihren vordern, die Fächer der Schneide- und der Eckzähne enthaltenden Abschnitten niedrig. Der Unterkiefer zeigt — und das gilt von den Chimpanseschädeln des verschiedensten Geschlechts und Alters — einen im Verhältniss niedrigen Körper und zwei niedrige, aber breite Aeste, deren Kron- und Gelenkfortsätze durch je einen verhältnissmässig weiten Einschnitt voneinander getrennt werden. Auch stehen die Aeste des Unterkiefers beim Chimpanse noch schräger nach hinten, als dies durchschnittlich beim Gorilla der Fall ist.

Der ganz junge weibliche Chimpanseschädel lässt eine beinahe halbkugelige Form des Gehirnschädels, eine nicht sehr deutliche Absetzung der Augenhöhlen gegen die Stirn, das Fehlen erhabener Augenhöhlenbogen und eine geringere Prognathie der vom Nasen- und Stirnabschnitt durch eine tiefe Einsenkung getrennten Kiefergegend erkennen. (Fig. 19.)

Das schwammige Knochengewebe des Chimpanseschädels lässt ein ganzes System von miteinander communicirenden Hohlräumen wahrnehmen, die schon den Charakter der sogenannten Sinus oder weitern Knochenhöhlen haben, wie sich deren im Stirnbein, Keilbein, Siebbein und Oberkieferbein des Menschen vorfinden. Nur sind diese Höhlungen beim Chimpanse ausgedehnter als beim Menschen und selbst beim Gorilla. Dort communiciren die geräumigen Stirnhöhlen mit den Nasen- und Kieferhöhlen. Hoch und tief erscheinen die Siebbein- und die Keilbeinhöhlen. Die grossen Keilbeinflügel und die flügelförmigen Fortsätze dieses Knochens sind mit beträchtlichen Höhlungen versehen. Die Zitzentheilzellen der Schläfenbeine stehen mit den Zellen der grossen Flügel und flügelförmigen Fortsätze der Keilbeine in Verbindung, erstrecken sich ferner auch durch die Schuppentheile und Jochfortsätze der Schläfenbeine und verlieren sich nach oben in die engern schwammigen, zwischen äusserer und innerer Schädelwand befindlichen Knochenzellen. Letztere behaupten eine gleichmässigere Gestalt und Weite.

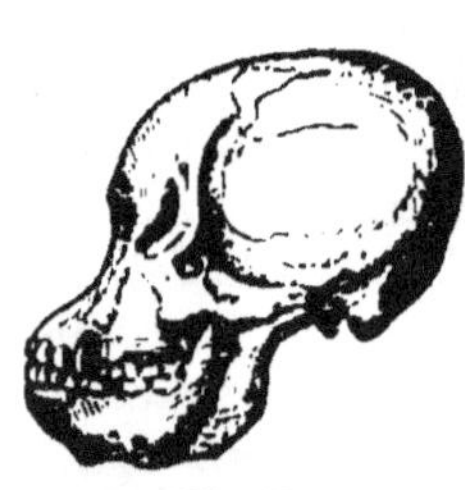

Fig. 19.
Ganz junger weiblicher Chimpanseschädel.

Das Skelet des Chimpanse bietet in Uebereinstimmung mit der geringern Grösse dieser Affenart kleinere

Verhältnisse dar als das Knochengerüst des Gorilla. Die sieben Halswirbel des erstern haben schwächere Dornfortsätze mit ungetheiltem Ende. Die Querfortsätze des fünften und sechsten Halswirbels sind völlig wie Halsrippen gebildet. Es sind 13 Rückenwirbel vorhanden, deren Körper seitlich zusammengedrückt erscheinen. Diese Zusammendrückung ist hier stärker als beim Menschen und beim Gorilla. Die vier Lendenwirbel des Chimpanse sind mit langen, dünnen, rippenähnlichen Querfortsätzen versehen. Die sogenannten Mamillarfortsätze der letztern Wirbel sind beim Männchen stark entwickelt. Die Zwischenwirbellöcher sind hier wie beim Gorilla und Orang nur klein. Die 13 Rippen des Chimpanse lassen einen menschenähnlichen Bau erkennen. Das Schlüsselbein ist wie beim Gorilla leicht gekrümmt. Hinsichtlich des Schulterblattes findet eine auffallende Differenz zwischen dem männlichen und dem weiblichen Geschlecht statt. Dort breit, dreiseitig, erscheint es hier schmal-blattförmig.

Die Armknochen haben gracile Schäfte und wohl entwickelte Höcker wie auch Leisten. Die Unterarmknochen sind stark gekrümmt, sodass ihr Zwischenknochenraum wie beim Gorilla eine gewisse Weite erreicht.

Fig. 20. Unterarm- und Handskelet des central-afrikan. Bam-Chimpanse.

a Ellenbein. *b* Speichenbein. *c* Kahnbein. *d* Mondbein. *e* dreiseitiges Bein. *f* Erbsenbein. *g* Grosses, *h* kleines vielwinkeliges Bein. *i* Kopfbein. *k* Hakenbein. *l* Daumengliedknochen. *m* Mittelhandknochen. *n* Fingergliedknochen.

Das Handskelet zeigt sich von der Wurzel bis zu den letzten Fingergliedern schlanker als beim Gorilla. (Fig. 20.)

Das Becken besitzt auch bei dieser Affenart hohe, schmale, nach oben stark verbreiterte und hier mit ihren Bauchhöhlenflächen nach vorn gekehrte Darmbeine, an welchen vordere Stachel namentlich beim männlichen Geschlecht stärker als beim Gorilla und beim Orang hervortreten. Die Sitzbeinknorren sind von weitgeschweifter Form und weichen beträchtlich auseinander. Der Schambogen ist tief gehöhlt, bietet aber eine erhabene Fuge dar. Das Kreuzbein ist wie beim Gorilla ähnlich dem Knochengerüst einer Schwanzbasis, aber doch nicht so ausgesprochen und nicht so gleichmässig kegelförmig gebildet als hier.

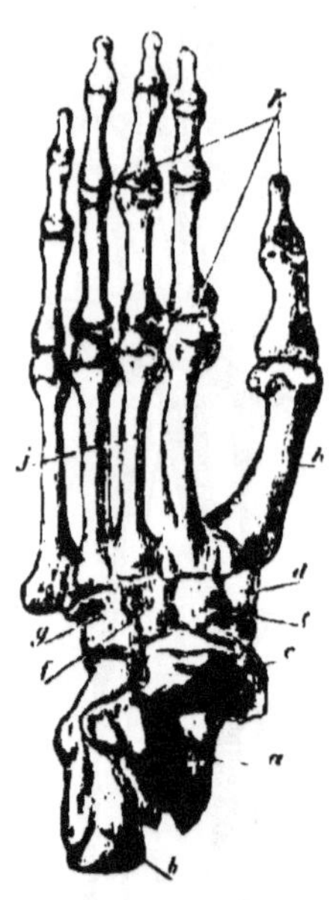

Fig. 21. Fussskelet des centralafrikanischen Bam-Chimpanse von oben.

a Sprungbein. b Hackenbein. c Kahnbein. d Erstes, e zweites, f drittes keilförmiges Bein. g Würfelbein. h Erster Mittelfussknochen. i Zweiter bis fünfter Mittelfussknochen. k Zehengliedknochen.

Das Steissbein macht beim Chimpanse ebenso wie bei den andern Anthropoiden durchaus den Eindruck eines von einer Seite zur andern zusammengedrückten Schwanzknochenrudiments. (S. 62.) Dies trifft namentlich bei jüngern Individuen zu, deren Steissknochen stets sehr schmal und verlängert erscheint. Bei ältern Individuen wird der Theil zwar allmählich etwas breiter, jedoch ohne dabei den einer Schwanzwurzel ähnlichen Charakter einzubüssen.

Das Oberschenkelbein hat einen Kopf von der Form eines Kugelabschnittes, dessen obere Seite zuweilen fehlt. Der nach vorn gebogene Schaft ist beim Weibchen viel schlanker als beim Männchen. Die Kniescheibe ist eirund. Am Schienbein fallen der schmale, in transversaler Richtung zusammengedrückte und einwärts gebogene Schaft sowie der nach hinten gerückte innere Fussknöchel auf. Der äussere vom Wadenbein gebildete Knochen erscheint nach aussen gekehrt.

An der Fusswurzel ist der Kopf des Sprungbeins sehr gewölbt und nach innen gewendet. Das Kahnbein ist dick und tief ausgehöhlt. Die Mittelfuss- und Zehenglieder sind beträchtlich nach oben gekrümmt. (Fig. 21.)

Das Orang-Skelet bietet wieder seine Eigenthümlichkeiten dar. Bereits weiter oben, als von der äussern Kopfform dieser asiatischen Anthropoiden die Rede war, wurde auf ihren von vorn nach hinten verkürzt aussehenden, thurmartig emporgebauten Schädel hingewiesen. Dieser Theil des Knochengerüstes zeigt beim alten männlichen Orang eine geringere Grössenentwickelung als beim alten Gorillamännchen. Das Schädelgewölbe des Orang ist kürzer und gerundeter als bei Gorilla und Chimpanse. Der mittlere Längskamm des Scheitels ist auch hier vorhanden. Aber der mehr ausgesprochenen Kugelgestalt des Scheiteltheils des Gehirnschädels entsprechend ist dieser Kamm beim Orang stärker nach oben ausgebogen als beim Gorilla, woselbst er mit schwacher Aufwärtsbiegung sich bis zu dem sich hoch und spitzig nach hinten emporthürmenden, queren Hinterhauptskamme erstreckt. Letztere Hervorragung ist beim Orang zwar entwickelt, aber weniger hoch und mehr nach hinten gekehrt. Infolge dieser Gestaltungsweise erscheint die obere hintere Schädelpartie beim Gorilla in der Seitenansicht steiler und spitzer als beim Orang. Auch ragen hier die Augenhöhlenbogen nicht so hoch und so steil, nicht so stark vom übrigen Schädel gesondert, hervor. Die Hinterhauptsschuppe senkt sich auch bei der asiatischen Form steil nach unten und vorn herab, besitzt aber durchschnittlich eine grössere Wölbung als beim Gorilla. Die bald mehr gerundeten, bald mehr viereckigen Augenhöhlen des

Orang werden durch eine nur schmale Scheidewand voneinander getrennt. Der zwischen ihnen und der vordern Nasenöffnung befindliche Raum ist niedriger als beim Gorilla. Während der zwischen der Nasenwurzel und den Zahnrändern der Oberkieferbeine befindliche Raum beim Gorilla convex, beim Chimpanse im allgemeinen gerade verläuft, zeigt sich dieser Theil

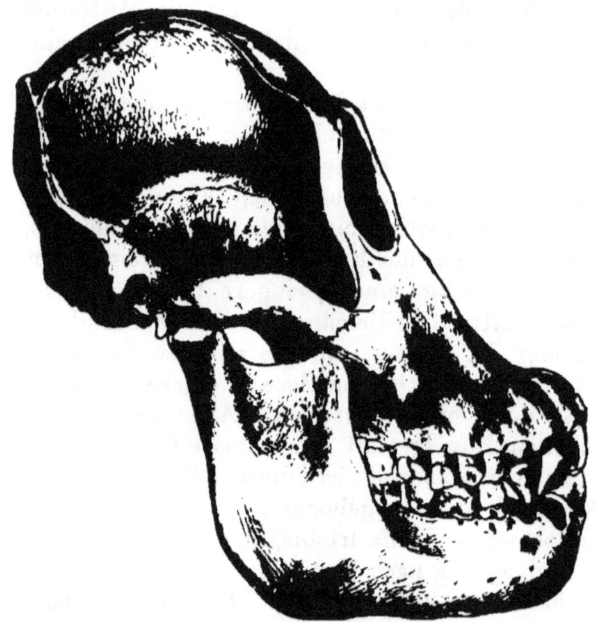

Fig. 22. Weiblicher Orangschädel mittlern Alters.

beim Orang eingesenkt. (Fig. 22.) Die mit starken Eckzähnen bewehrten Kiefertheile sind sehr prognath, obwol kaum je in dem Maasse, als dies bei Chimpanses beobachtet wird. Der Unterkiefer hat ein hohes Mittelstück und hohe, breite Aeste. Dem weiblichen Orangschädel fehlen die obenerwähnten Knochenkämme. Die Scheitelpartie und die Hinterhauptsschuppen erscheinen gewölbt, die Oberkiefer sind niedriger, der Unterkiefer ist nicht so mächtig ausgebildet als beim männlichen

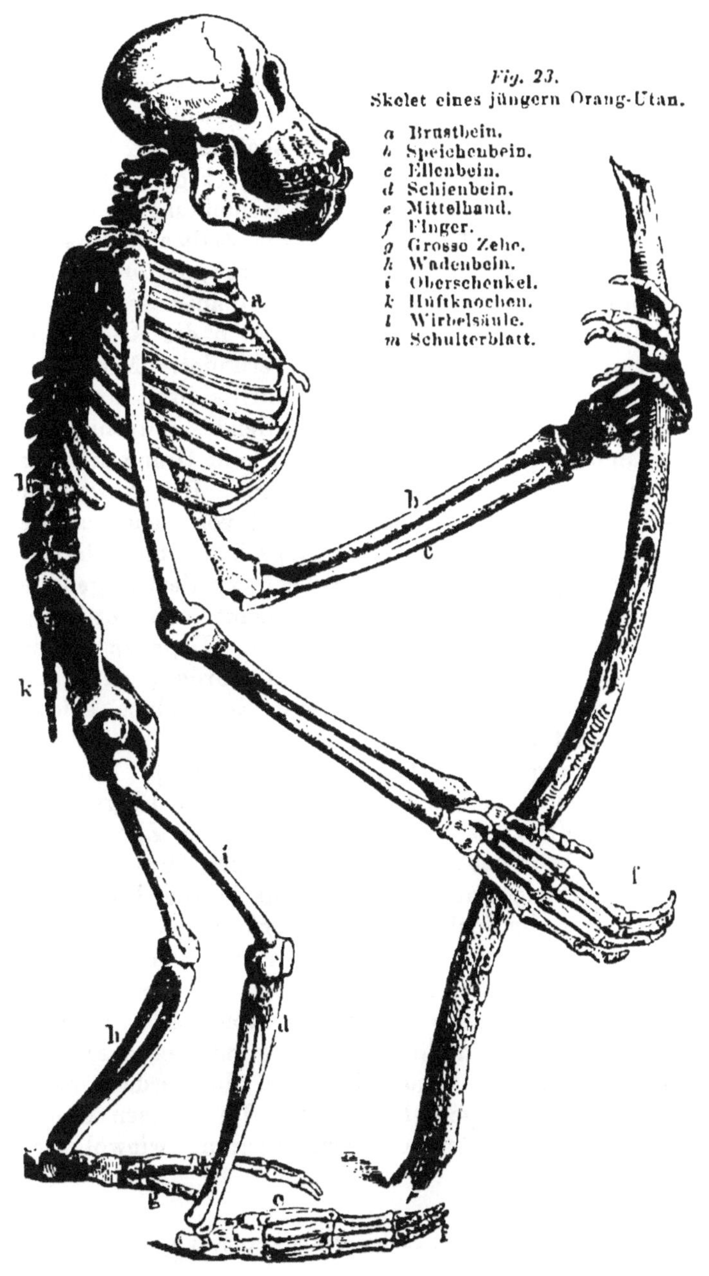

Fig. 23.
Skelet eines jüngern Orang-Utan.

Geschlecht. Sehr junge Thiere der asiatischen Form lassen ein Vorherrschen des stark gewölbten Gehirnschädels vor dem Antlitzschädel beobachten. Erst allmählich tritt letzterer mehr hervor. (Fig. 23.)

Die schon erwähnte vordere Nasenöffnung des Orang ist oben schmal und unten breit. Sie stellt eine entschiedener birnförmige Oeffnung *(Apertura pyriformis)* dar, als dies beim Gorilla und beim Chimpanse der Fall ist. Bei diesen Thieren nämlich zeigt sich die Apertur im ganzen breiter, gleichmässiger gerundet. Mit Recht führt Bischoff an, dass der beim Gorilla breit und zeltartig nach aussen und unten abfallende, unterhalb der Augenhöhlen gelegene Knochentheil beim Orang schmaler sei und mehr gerade heruntersteige. Die Nasenbeine des letztern Thieres sind hoch und von sehr geringer Breite. Brühl schreibt dem Orangschädel einen Griffelfortsatz zu, der nur im Vergleich zu demjenigen des Menschen etwas verkümmert erscheint. Er entspringt in einem ziemlich tiefen Grübchen. Dagegen konnte Brühl, wie bereits S. 54 bemerkt worden, an Schimpanse- und Gorillaschädeln keine Spur eines solchen Fortsatzes finden![1]

Der Orangschädel hat viele grobzellige Knochenräume. Deren zeigen sich in den grossen Flügeln und den Flügelfortsätzen des Keilbeins, im Zitzen- und Schuppentheile des Schläfenbeins, in den Thränenbeinen, im Grundtheile und in den Gelenktheilen des Hinterhauptsbeins, im Jochbein. Die vordern grössern Zellen der Schläfenschuppe hängen durch eine weite Oeffnung mit den Höhlen des grossen Flügels und der flügelförmigen Fortsätze des Keilbeins zusammen. Eine im grossen Flügel befindliche Höhlung mündet meistens durch ein grosses rundes Loch in die vordern Zellen der Schläfenschuppe. Die Höhlen des grossen Flügels und des Flügelfortsatzes communiciren, wiewol nicht

---

[1] Brühl, Zur Kenntniss des Orangkopfes u. s. w., S. 2 und 3.

beständig, mit der Nasenhöhle. Diese selbigen Höhlen communiciren zuweilen durch eine weite Oeffnung an der Basis des letztern auch noch miteinander. Die Schläfenschuppe hat eine zellige Höhlung, welche mit den Zellen des Warzenfortsatzes, nach unten aber mit der Paukenhöhle und nach vorn mit den Felsentheilzellen der untern Wand der Paukenhöhle zusammenhängt.[1] Die Kieferhöhle steht sogar mit Zellen des Thränenbeins in Zusammenhang. Selbst die Scheitelbeine zeigen auffallend weite Knochenzellen. Etwas dem Vidi'schen Kanal des Keilbeins Entsprechendes ist am Orangschädel nicht vorhanden, wol aber beim Gorilla und Chimpanse.

Die Wirbelsäule des Orang-Utan hat nicht jene kolossalen Dornfortsätze, welche diejenige des Gorilla auszeichnen. Es finden sich ferner noch mancherlei andere, jedoch weniger augenfällige Abweichungen vom Skeletbau des ebenerwähnten Anthropoiden und auch des Chimpanse. Der Orang hat meist 12 Rückenwirbel, deren Körper von oben nach unten an Grösse zunehmen und deren lange, dicke, knorrenreiche Querfortsätze stark emporgerichtet erscheinen. Die vier Lendenwirbel zeigen kurze Quer- und ziemlich unbedeutende, seitwärts von den obern Gelenkfortsätzen befindliche Mamillarfortsätze. Das Brustbein des jungen Orang wird meist von einem grössern obern und von sechs kleinern untern Knochen gebildet. Bei alten Thieren erschien der Körper des Brustbeins aus drei übereinander befindlichen Knochen zusammengesetzt. Die Rippen sind von menschenähnlichem Bau, das Schlüsselbein ist lang und gerade gebildet, das Schulterblatt wieder von einer sich der menschlichen sehr nähernden Form. Die flachen Beckenknochen auch dieses Thiers wenden sich nach auswärts, haben kurze Sitzbeine, schaufelähnlich gebildete Sitzbeinhöcker, eine hohe Schambeinfuge und einen

---

[1] Vgl. Brühl, a. a. O., S. 4—6.

schmalen, ovalen Eingang. Das Kreuz- und Steissbein machen hier nicht so sehr den Eindruck von Schwanzwurzelknochen wie bei den früher erwähnten Anthropoiden. Eine menschenähnliche Gestaltung fällt auch an den in ihren Mittelstücken meist stark nach hinten und aussen gebogenen Oberarmbeinen auf. Das Ellenbein ist sehr gracil und mit einem gestreckten, stiftförmigen Griffelfortsatz versehen. Das Speichenbein hat einen verdünnten Hals, einen wie die Elle gebogenen Körper, an welchem letztern die vordere und die mittlere Kante zugeschärft sind. Handwurzel, Mittelhand und Finger zeigen sich langgestreckt, schmal.

Am Oberschenkelbein des Orang fallen der grosse, einen Kugelabschnitt darstellende Kopf und der gracile Schaft ins Auge. Letzterer ist weniger gekrümmt als beim Gorilla. Die Kniescheibe, welche nach meinem Urtheil unter die sogenannten Sehnenknochen oder Sehnenbeine gehört, ist hier unregelmässig gebildet. Die Unterschenkel- und Fussknochen sind ungemein schlank gebaut. Das Kahnbein zeigt sich sehr verdünnt, der Sprungbeinkopf ist nicht so sehr gegen den innern Fussrand hingekehrt als beim Gorilla. Die Rückenflächen der Mittelfuss- und Zehenknochen wenden sich stark nach aussen.

Der Knochenbau der Gibbonaffen (S. 9) bietet zwar mancherlei artliche Verschiedenheiten dar, welche im einzelnen zu verfolgen unser Material noch zu kärglich erscheint, indessen lässt sich hier dies Organsystem immerhin von einem allgemeinern Gesichtspunkte aus wenigstens skizziren. Am Schädel dieser Thiere ist der Gehirntheil rundlich-oval und entbehrt jener für die übrigen Anthropoiden so charakteristischen Kämme, welche selbst bei den alten männlichen Langarmaffen zu einer kaum nennenswerthen Entwickelung gelangen. Das Hinterhauptsbein ist vielmehr bei den männlichen Individuen etwas gerundet, ja die ganze Hinterhauptspartie ist öfter unter gleichzeitig stattfindender Abplattung der Scheitelgegend, etwas von oben nach unten zusammengedrückt. Die Schädelkapsel erweitert sich allmählich nach hinten, sodass die Schädelform in der Ansicht von oben birnförmig erscheint. An dem nur niedrigen, stark nach hinten zurückweichenden Stirnbein lassen die alten männlichen Individuen kräftige Oberaugenhöhlenbogen, eine gewisse, sich vom übrigen Schädel abhebende knöcherne Umrahmung der rundlichen Augenhöhlen, keineswegs vermissen.

An dem nicht sehr prognathen Antlitztheil des Schädels bilden die kurzen breiten Nasenbeine eine eingesenkte breite Scheidewand für die Augenhöhlen. Die stark parabolisch gekrümmten Kieferränder bieten eine beträchtliche Längenausdehnung dar. Die Gaumenplatte ist demgemäss lang, schmal. Die Unterkieferäste zeigen sich breit, niedrig und mit nur schwach entwickelten Kronfortsätzen versehen. Die Zähne, namentlich die Eckzähne, ragen zwar bei alten Männchen lang und spitzig hervor, erreichen aber niemals verhältnissmässig jene beträchtliche Grössenentwickelung wie bei den übrigen Anthropoiden.

Die Anzahl der Wirbel scheint selbst innerhalb einzelner Arten beträchtlichen Schwankungen unterworfen zu sein. Die Angaben der Untersucher gehen in dieser Hinsicht auseinander. Während z. B. S. Müller bei einer Anzahl verschiedener Arten (*Hylobates syndactylus, Hylobates leuciscus, Hylobates variegatus* und *Hylobates concolor)* 13 Rücken-, 5 Lenden-, 4 Kreuz- und 4 Steissbeinwirbel zählte, fand Cuvier beim Siamang 13 Rücken-, 5 Lenden-, 4 Kreuzbein- und 3 Steissbeinwirbel. Ich selbst bemerkte beim Siamang 13 Rücken-, 5 Lenden-, 6 Kreuzbein- und 4 Steissbeinwirbel. Nach Cuvier besass *Hylobates leuciscus* 12 Rücken-, 5 Lenden-, 4 Kreuzbein- und 3 Steissbeinwirbel. Bei *Hylobates agilis* zählte ich 13 Rücken-, 6 Lenden-, 5 Kreuzbein-, 4 Steissbeinwirbel. *Hylobates syndactylus* hatte lange Steissbeinknochen. Das langgestreckte Kreuzbein auch dieser Thiere macht völlig den Eindruck, als diene es einem kurzen Schwanze (Steissbeine) zur Anheftung, d. h. es sieht selbst schon wie eine Schwanzwurzel aus. Uebrigens zeigen die Hals-, Rücken- und Lendenwirbel eine von der menschlichen nur wenig abweichende Bildung.

An dem sich brüsk nach abwärts erweiternden Brustkorbe sind die Rippen stark gebogen. Die untersten derselben stechen durch die Breite ihres Mittelstücks hervor. Am Brustbein findet meist ein Misverhältniss zwischen dem kleinen Körper und dem grossen breiten Handgriff statt. Der Schwertfortsatz dieses Organs ist lang, breit und endet unten schaufelförmig.

Am Schultergerüst sind die Schlüsselbeine sehr schlank und stark gebogen. Die Schulterblätter dagegen sind hoch und schmal, von schaufelförmiger Gestalt, mit steil hervorragender Schulterhöhe, entwickeltem Rabenschnabelfortsatz, tiefen Grätengruben versehen. Die obern Extremitäten wurden durch die in Uebereinstimmung mit dem ganzen Habitus dieser Affen ungemein gracilen und stark verlängerten Mittelstücke der Ober- und Unterarmknochen charakterisirt, deren Endstücke eine nur geringe Grössenentwickelung aufweisen. Ihre Knorren sind nur klein, namentlich ist dies der Knorren des Elnbogens. Auch Handwurzel-, Mittelhand- und Fingerglieder sind sehr verlängert, sehr schlank.

Die Beckenbeine zeigen sich mit hohen, unten schmalen, oben spatelähnlich verbreiterten, steil emporgerichteten Darmbeinen ausgerüstet. Diese kehren ihre nur wenig ausgehöhlten Innenflächen nach vorn. Die Sitzbeine sind niedrig, haben sehr breite, abgeplattete, knorrige Höcker und zugerundete Hüftlöcher. Die vordern aufsteigenden Sitzbeinäste wenden sich nicht auf-, sondern medianwärts. Sie halten eine beinahe wagerechte Stellung ein. An der Schambeinfuge ragen beim Siamang grosse Höcker hervor.

Die Beinknochen sind weit kürzer als die Armknochen. An den Oberschenkelbeinen heben sich die reine Kugelabschnitte darstellenden Köpfe scharf und deutlich gegen die kurzen Hälse und die grossen Knorren (Trochanteren) ab. Hier wie bei den übrigen Anthropoiden sind die beim Menschen häufig so deutlichen dritten Schenkelknorren *(Trochanteres tertii)* nur angedeutet. Die Unterschenkelknochen sind gebogen. Die Schienbeine sind öfter von einer Seite zur andern comprimirt, sodass ihr Querschnitt ein ungleichseitiges Dreieck bildet. Die Fussknöchel oder Malleolen sind von vorn nach hinten zusammengedrückt. Die verlängerten Hackenbeine erscheinen von einer Seite zur andern comprimirt, der Hackenbeinknorren ist schmal, hoch und nach oben emporgebogen. Der zwischen Sprung- und Hackenbein befindliche Kanal *(Sinus tarsi)* ist sehr weit. Die Mittelfuss- und Zehenglieder haben starke Basen, nach unten vorspringende Köpfchen und lange, schlanke Mittelstücke oder Schäfte. Lang und dünn sind auch die Zehenglieder, selbst die Nagelglieder.

Es verlohnt sich nunmehr der Mühe, den äussern Habitus der Anthropoiden mit demjenigen des Menschen in Vergleich zu ziehen. Wir fühlen uns nicht selten dazu geneigt, in dunkel gefärbten, nackt einhergehenden Naturmenschen die wahren Ebenbilder anthropoider Affen zu erblicken. Häufig sind solche Wilde schlecht genährt, sie zeigen eine runzelige Haut, ein schon in früherm Alter tiefgefurchtes Gesicht und eine nachlässige Haltung. Da hebt sich denn die dunkle Silhouette derartiger Leute gegen einen beliebigen hellern Hintergrund in einer so bestimmten Weise ab, ihr ganzer Habitus erscheint so barock, ihre Attituden machen einen so täppischen Eindruck, dass wir uns fast unwillkürlich zu Vergleichen wie die vorhin erwähnten aufgemuntert fühlen. Es bietet sich hierbei nun leider den Dilettanten und tendenziös beeiferten Naturschriftstellern ein weites Feld für Uebertreibungen dar. Der sorgfältige Forscher dagegen muss sich bei dergleichen ein Maasshalten auferlegen und einer zu grossen Verallgemeinerung bei Gelegenheit solcher Vergleiche wehren. Es wird z. B. so oft von der affenähnlichen Körperbeschaffenheit der afrikanischen Schwarzen im allgemeinen gesprochen; indessen darf dies doch nur von besonders hässlichen und physisch herabgekommenen Stämmen gelten. Denn viele Nigritier aus verschiedenen afrikanischen Gegenden zeichnen sich vielmehr durch einen wohlgeformten Körper und eine nicht unedle Haltung aus. Die kriegerische Tenue der Aschanti, Dahome und Ibos wird anerkannt. Selbst so plattnasige und dicklippige Hausaner, wie sie z. B. als Soldaten von Kapitän Glover's Force photographirt worden sind, in Husarenjacken gekleidet und mit Feldmützen ausstaffirt, den Rifle im Arm, den Cutlass im Wehrgehänge, lassen einen gewissen militärischen Anstand nicht vermissen. Die Schilluk, Nuehr, Bari, Niam-Niam, die A-Bantu stellen wahre Prachtexemplare von zwar roh und wild, aber doch forsch aussehenden Kämpen. Dabulamanzi, Feldherr der Amazulu bei den Gemetzeln von Isandlhwana und Ulundi, gewährt mit dem Gefolge seiner Unterhäuptlinge (nach mir vorliegenden Originalphotographien) einen bäuerischen, aber dennoch trotzig-kriegerischen Eindruck, der von vornherein ansprechend wirkt. In allen derartigen Fällen müssten Vergleiche mit den Anthropoiden völlig an den Haaren herbeigezogen werden. (Vgl. auch Fig. 24.)

Nächst den afrikanischen Schwarzen pflegen bei Gelegenheit solcher Parallelisirungen gewöhnlich die Papúa, namentlich des australischen Continents, an die Reihe zu kommen. Wir wollen zugeben, dass eine Horde Australneger, von Hunger und Strapatzen degradirt, abgemagert, schlotteriger Haltung, durch die schattenlosen Wälder, die Steppen oder dichten Skrubs ihrer Heimat strolchend, einen sehr bizarren, thierähnlichen Anblick darbieten mag. Geben sich nun diese Wilden, um ihren fremden Beobachtern für ein Glas Schnaps einen groben Spass zu gewähren, in deren Gegenwart ihren unkeuschen Trieben hin, so muss der Eindruck ein wahrhaft scheusslicher, abschreckend-bestialischer werden! Unter günstigern Lebensbedingungen wird es freilich um die Körperbeschaffenheit auch dieser dunkelgefärbten Wilden ganz anders bestellt.

Sie behalten dann zwar gedrungene, aber nicht unproportionirte Körper, gewinnen eine bessere Haltung und leichtere Manieren. So zeigen es einheimische Policemen,

Fig. 24. Der Zulukönig Cetchwayo in Kriegstracht (Jung) und zwei seiner Mannen.

Boten u. s. w. So präsentirten sich auch jene Queensland-Australier, welche ich im August d. J. (1882) im Zoologischen Garten zu Berlin den Bumerang werfen sah. Bei diesen zahmen Wilden bleiben dann nur die Kopfbildung mit den Oberaugenhöhlenwülsten, mit der tiefen Einbiegung zwischen Stirn und Nase, endlich die Plattheit des letztern Organs im obigen Sinne frappant. Es gibt alte, runzelige Buschmänner, Nigritier, Papúas auch aus andern Gegenden, ferner Malaien, Anamiten, Japaner und innerasiatische Mongolen von recht affenähnlicher Gesichtsbeschaffenheit. Lässt sich diese doch selbst in Europa nicht überall erst suchen.

Vor einigen Jahren wollte ein indobritischer Vermessungsbeamter, Mr. Bond, in den bergigen Dschungels der westlichen Ghats, das fehlende Verbindungsglied zwischen Menschen und Affen aufgefunden haben. Hier soll in der That eine angeblich sehr affenähnliche Menschenrasse leben. „Ihre Stirn ist niedrig und zurückweichend. Die untere Gesichtspartie springt wie eine Affenschnauze vor: die Schenkel zeigen sich kurz und nach auswärts gebogen. Rumpf und Arme sind verhältnissmässig lang. Den auffallendsten Charakter zeigen die Hände, insofern dieselben nebst den Fingern contrahirt sind, sodass sie nicht frei ausgestreckt werden können; die Hohlhand und die Finger, namentlich deren Spitzen, sind mit dicker Epidermis bedeckt; die Nägel sind klein und unvollkommen, während die Füsse breit und sowol auf der Rücken- wie auch auf der Sohlenseite mit dicker Haut bekleidet erscheinen. Dies Volk hat eine Art Naturanbetung. Es lebt ohne feste Wohnsitze, nährt sich hauptsächlich von Wurzeln und von Honig, tauscht übrigens letztern, Wachs und andere Erzeugnisse ihrer Wälder gegen Taback, Kleidungsstücke und Reis aus.“ [1]

Weiter ist nichts, soviel mir wenigstens bekannt, über den erwähnten Volksstamm in die Oeffentlichkeit gebracht worden. Die oben gelieferte Darstellung lässt leider vieles zu wünschen übrig. Unklar bleibt die Angabe hinsichtlich der contrahirten Finger. Ein solcher

[1] „The missing link“ in The Engineering and Mining Journal (New York), XX, 3.

Zustand würde gerade gegen eine Aehnlichkeit mit der leichtbeweglichen Affenhand sprechen.

Lassen wir nun diese noch zweifelhafte Gesellschaft ruhen und beschäftigen wir uns lieber mit den hier copirten Porträts eines Mannes und einer Frau aus dem Eingeborenenvolk, welches sich am Balonnefluss in Queensland aufhält. Es sind dies Aidanill, der Bruder, und Dewan, die Schwester, beide einer haarlosen Familie angehörend. Der unermüdliche Miklucho-Maclay hat dieselben zu Gulnarber, 140 Meilen von Tulba, untersucht und photographiren lassen.[1] Betrachtet man

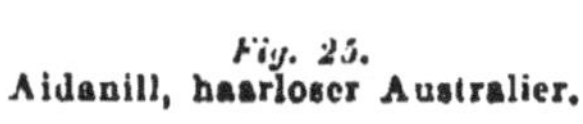

Fig. 25.
Aidanill, haarloser Australier.

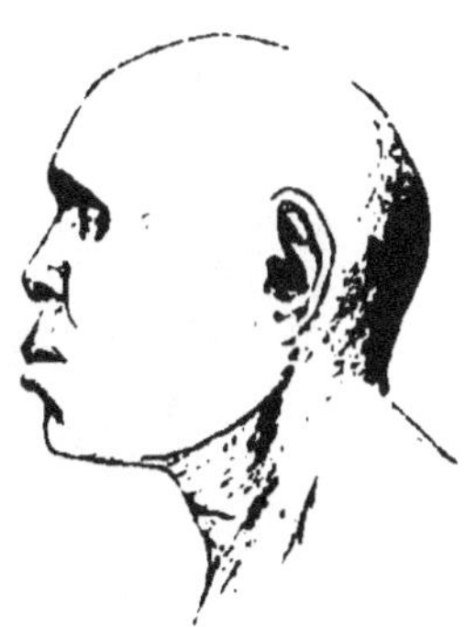

Fig. 26.
Derselbe von der Seite.

die kiel- oder dachförmige Schädelform, die ausgeprägten Oberaugenhöhlenbögen, die tiefe Stirnnaseneinbuchtung, den eingedrückten, nur in seinem Mitteltheil mit einer schmalen senkrechten Erhabenheit nur wenig vorspringenden Nasenrücken, ferner den breiten platten Flügeltheil der Nase, die tiefen Nasenlippenfurchen, den breiten wulstigen Mund und die grossen, seitlich abstehenden Ohren in der Vorderansicht, so fühlt man sich direct zu einem Vergleich mit einem enthaarten Chimpanse veranlasst. Einen solchen Kopf haben z. B.

---

[1] Sitzungsbericht der Berliner Anthropologischen Gesellschaft vom 16. April 1881.

6*

Gratiolet und Alix in ihrer Abhandlung über den *Troglodytes Aubryi* abgebildet (Fig. 25, 26, 27). Rechnet man hinzu die dunkelbraune Haut, die mancherlei Furchen im Gesicht und die dunkelbraunen Augen (nach Miklucho-Maclay's Beschreibung), so wird damit die Illustrirung des oben von mir über die äusserliche Affenähnlichkeit mancher Australier Gesagten eine genauere.

Abstehende Ohren sind unter Menschen verschiedener Nationalität weitverbreitet und habe ich dieselben auch bei sonst sehr wohlgebildeten Europäern wahrgenommen. Der Eindruck ist selbst bei letztern immerhin ein affenartiger. Man spricht überhaupt viel von einer angeblichen nicht selten zu beobachtenden Affenähnlichkeit des Menschenohrs. Bekanntlich variirt kaum ein Theil des Organismus in Bezug auf die Ausbildung seiner Einzelheiten so stark wie das äussere Ohr. Dies ist bei den Anthropoiden und fast mehr noch beim Menschen der Fall. Individuen mit mangelhafter Ausprägung dieser oder jener charakteristischen Krämpen, Ecken, Einschnitte und Rinnen, welche dem erwähnten Körpertheil eigenthümlich sind, Personen mit mangelhaft gebildeten oder fehlenden Ohrläppchen treten unter allen Nationen auf. Ich habe solche schlecht geformte, vom vollkommenen Typus abweichende Ohren, an denen man auch eine gewisse Affenähnlichkeit hätte constatiren können, namentlich häufig bei jenen verwitterten Landleuten in Deutschland, Skandinavien, in der Schweiz, in Frankreich, Italien und in Polen wahrgenommen, deren natürliches Erbtheil die Schönheit nicht genannt werden konnte.

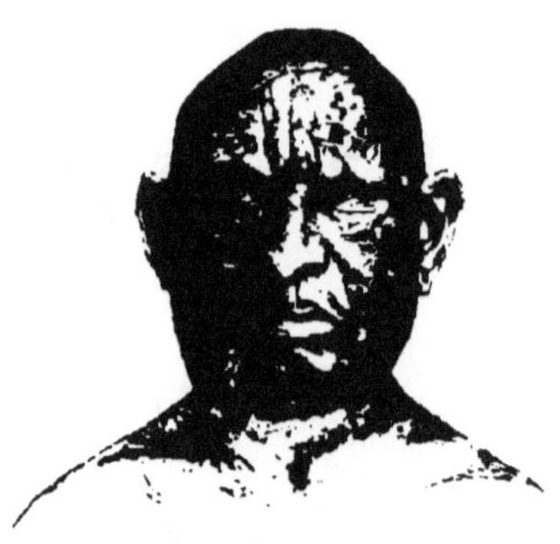

Fig. 27.
Dewan, Aidanill's Schwester.

In Afrika fand ich eine solche mangelhafte Bildung im Verhältniss weit häufiger bei dort lebenden Maltesern, Griechen und Türken, als bei Fellachin, Berabra und Nigritiern. Letztere sind von mancher Seite mit crassem Unrecht des durchgehenden Besitzes „hässlicher affenähnlicher“ Ohren beschuldigt worden. Vielmehr zeigt dieser Körpertheil gerade unter den afrikanischen Schwarzen eine überwiegend gefällige Bildung. In Bezug auf die Australneger, die Malaien, Mongolen und Indianer fehlt es mir für diese Sache an geeignetem eigenem Beobachtungsmaterial. Nach dem Wenigen, was ich darüber selbst in Erfahrung zu bringen vermocht, dürfte die individuelle Variation aber auch unter letztgenannten Völkern häufig vorkommen und dürften auch unter ihnen hässlich, affenähnlich gebildete Ohren nicht vergeblich gesucht werden. Die Affenähnlichkeit *in specie* wird freilich immer nur ein genauer Kenner des Organismus dieser Thiere herauszufinden im Stande sein. Laien werfen oft mit solchen und ähnlichen Begriffen herum, ohne dieselben eigentlich zu verstehen.

Darwin spricht von der menschenähnlichen Form der Ohren bei den Chimpanses und Orangs. „Mir haben“, sagt er weiter, „die Wärter in den zoologischen Gärten versichert, dass diese Thiere die Ohren nie bewegen oder aufrichten können, sodass also dieselben in einem gleichermassen rudimentären Zustande sind, soweit es die Function betrifft, wie beim Menschen. Warum diese Thiere ebenso wie die Voraltern des Menschen, die Fähigkeit ihre Ohren aufzurichten, verloren haben, können wir nicht sagen. Es könnte sein, doch bin ich nicht völlig mit dieser Ansicht zufriedengestellt, dass sie infolge ihres Lebens auf Bäumen und wegen ihrer grossen Kraft nur wenigen Gefahren ausgesetzt waren und deshalb während einer langen Zeit ihre Ohren nur wenig bewegten und dadurch allmählich das Vermögen, sie zu bewegen, verloren. Dies würde ein paralleler Fall mit dem jener grossen und schweren Vögel sein, welche das Vermögen, ihre Flügel zum Fluge zu gebrauchen, verloren haben infolge des Umstandes, dass sie oceanische Inseln bewohnen und daher den Angriffen von Raubthieren nicht ausgesetzt gewesen sind.

„Der berühmte Bildhauer Woolner theilte mir eine kleine Eigenthümlichkeit am äussern Ohr mit, welche er oft sowol bei Männern wie bei Frauen beobachtet und deren volle Bedeutung er erfasst hat. Seine Aufmerksamkeit wurde zuerst auf den Gegenstand gerichtet, als er seine Statue des «Puck» arbeitete, welchem er spitze Ohren gegeben hatte. Er wurde hierdurch veranlasst, die Ohren verschiedener Affen und später noch sorgfältiger die des Menschen zu untersuchen. Die Eigenthümlichkeit besteht in einem kleinen stumpfen, von dem innern Rande der äussern Falte, oder des Helix, vorspringenden Punkte. Diese Punkte springen nicht blos nach innen, sondern oft etwas nach aussen vor, sodass sie sichtbar sind, wenn der Kopf direct von vorn oder von hinten betrachtet wird. Sie sind in der Grösse oder auch etwas in der Stellung variabel, indem sie entweder etwas höher oder tiefer stehen; zuweilen kommen sie auch nur an dem einen Ohr und nicht gleichzeitig am andern vor. Meiner Meinung nach ist nun die Bedeutung dieser Vorsprünge nicht zweifelhaft: man könnte aber glauben, dass sie einen so unbedeutenden Charakter darbieten, dass sie kaum der Bemerkung werth sind. Dieser Glaube ist indess ebenso falsch wie natürlich. Jedes Merkmal, so unbedeutend es auch sein mag, muss das Resultat irgendeiner bestimmten Ursache sein. Der Helix besteht offenbar aus dem nach innen gefalteten äussern Rande des Ohres und diese Faltung scheint in irgendeiner Weise damit zusammenzuhängen, dass das ganze äussere Ohr beständig nach rückwärts gedrückt wird. Bei vielen Affen, welche nicht hoch in der ganzen Ordnung stehen, wie bei den Pavianen und manchen Arten von Macacus, ist der obere Theil des Ohres leicht zugespitzt und der Rand ist durchaus nicht nach innen gefaltet. Wäre aber der Rand in dieser Weise gefaltet, so würde nothwendig eine kleine Spitze nach innen und wahrscheinlich auch etwas nach aussen vorspringen. Dies konnte man thatsächlich an einem Exemplar des Ateles Beelzebuth im Zoologischen Garten beobachten; und wir können ruhig schliessen, dass es eine ähnliche Bildung, nämlich eine Spur früher gespitzter Ohren ist, welche gelegentlich beim Menschen wieder erscheint." [1]

Fig. 28. Menschliches Ohr.

Ich habe hierneben (Fig. 28) ein menschliches Ohr abbilden lassen, an welchem der von Darwin hervorgehobene Punkt * leicht aufgefunden werden kann. Aber auch am Anthropoidenohre lässt sich (wie oben S. 16 bereits erwähnt worden) jener Punkt wahrnehmen. Das ist namentlich beim Orang-Utan der Fall. [2] L. Meyer hat nachweisen wollen, dass das Darwin'sche Spitzohr nur durch Verkümmerung eines Theiles der Krämpe zu Stande komme. Es dürfe darin nicht eine affenartige Zuspitzung des Ohrrandes, sondern das Ergebniss eines pathologischen Zustandes der übrigen Krämpe, eine stellenweise Unterbrechung ihres Randes erkannt werden. (Virchow's „Archiv für pathologische Anatomie", 1871, LIII, 485.) Allein Darwin wendet sich in einer spätern Ausgabe seines Werkes über die Abstammung des Menschen gegen Meyer, indem er zunächst dessen Erklärung für viele (auch von diesem ab-

---

[1] Die Abstammung des Menschen und die geschlechtliche Zuchtwahl. Aus dem Englischen, I, 18.

[2] Vgl. Hartmann, Der Gorilla, S. 34, Tafel IV. Ehlers, a. a. O., S. 30.

gebildete) Fälle, wo sich mehrere sehr kleine Spitzen fanden oder wo der ganze Krämpenrand buchtig war, als richtig anerkennt. In einem Falle, über welchen Darwin eine Photographie vorlag, war der Vorsprung so gross, dass, wollte man im Einverständniss mit Meyer annehmen, das Ohr würde durch die gleichmässige Entwickelung des Knorpels, entlang der ganzen Ausdehnung des Randes, vollkommen werden, dieser ein ganzes Drittel des Ohres bedecken müsste. Zwei Fälle sind Darwin mitgetheilt worden, in denen der obere Rand gar nicht nach innen gefaltet, sondern zugespitzt ist, sodass er im Umrisse dem zugespitzten Ohre eines gewöhnlichen Säugethieres sehr ähnlich wird. An dem von Darwin an jener Stelle abgebildeten Ohre eines Orang-Fötus zeigt sich das zugespitzte Ohr, wogegen dieser Theil beim erwachsenen Thier dem menschlichen sehr ähnlich sieht. (Fig. 28.) Der Darwin'sche Punkt lässt sich übrigens auch an einem von Salvatore Trinchese in den „Annali del Museo Civico di Storia naturale di Genova" (1870) beschriebenen und abgebildeten Orang-Fötus erkennen. Das Gibbon-Ohr ist bei sehr jungen Individuen, namentlich von *Hylobates Lar*, oben an seiner Krämpe zugespitzt. Unter den niedern Affen ist das Spitzohr sehr verbreitet. (Vgl. Fig. 29.)

Fig. 29. Magot. (*Inuus ecaudatus.*)

Die äussern Augenlider der Anthropoiden zeigen eine der menschlichen sehr ähnliche Bildung. Bei diesen Thieren findet sich am innern Augenwinkel die beim erwachsenen Gorilla und Chimpanse stets mehrere Millimeter hohe halbmondförmige Falte *(Plica semilunaris)*, das dritte, einer Nickhaut entsprechende Augenlid. Beim Menschen existirt statt dessen nur ein rudimentärer Apparat, die Thränenkarunkel. Dieselbe kann bei manchen Individuen eine beträchtlichere Grösse erreichen, wie ich das namentlich bei Fellachin, Berabra, Funje, Schilluk, Denka u. s. w. wahrgenommen habe. Dagegen ist mir die Umwandlung der Karunkel in eine wirkliche, wenn auch nur rudimentäre *Plica semilunaris* im Menschenauge nirgends aufgestossen. Miklucho-Maclay beschreibt die Karunkel bei Melanesiern (Papúas von Neuguinea), bei Orang-Sakay (von der Malaiischen Halbinsel) und bei Mikronesiern (von der Insel Jap und vom Palau-Archipel) zwei bis dreimal so breit als beim Durchschnittseuropäer. (Sitzungsbericht der Berliner Anthropologischen Gesellschaft vom 9. März 1878.)

Das Auge des im berliner Aquarium 1876—77 lebend gehaltenen, jungen männlichen Gorilla zeigte, als ich dasselbe im Juni 1877 genauer untersuchte, eine weissliche Augapfelbindehaut, mit einem an ihrer Peripherie herumgehenden schwärzlichbräunlichen Ringe. Ein zweiter dunklerer, scharf gezeichneter Ring zog sich um die Stelle der Hornhautinsertion her. Die Iris war gelbbraun. Allmählich verfärbt sich jedoch die Bindehaut dergestalt, dass sie ein gleichmässig dunkelschwarzbraunes Colorit annimmt. Die Iris behält zwar auch später einen hellen, bräunlichen Ton, aber selbst dieser dunkelt mit der Zeit nach. Schliesslich findet sich beim alten Thier nichts Helles im Auge als der Reflex des auffallenden Lichtes (vgl. S. 13). Beim Chimpanse bleibt die Iris heller braun, in Ocherfarben spielend. Aehnlich verhält es sich mit dem Orang.

Es ist hier und da von dem ausdruckslosen indifferenten Blick der Anthropoiden gesprochen worden. Chimpanses und Orangs sehen allerdings meist ruhig vor sich hin. Indessen habe ich doch bei erstern den Blick im Affect lebhafter werden sehen. Auch W. L. Martin beobachtete hier ein Funkeln und Hellerwerden der Augen. Niemals würde ich den tückisch-wüthigen Ausdruck im Auge der (dresdener) Aeffin Mafuca vergessen können, sobald diese geneckt wurde. Auch der Gorilla des berliner Aquariums liess eine häufige Aenderung im Ausdruck seines Auges erkennen, namentlich dann, wenn er einen schalkhaften Streich auszuführen im Begriff war oder wenn er sich zornig geberdete. Es lag viel Menschliches im Blick dieses Thieres. Natürlich durfte hier nur an einen Vergleich mit dem dunkelpigmentirten Auge des Nigritiers u. s. w. gedacht werden. Im berliner Aquarium wurden im Jahre 1876 zwei sehr junge Orangs, ein behaarter und ein haarloser, gehalten. Beide Thiere verharrten in ununterbrochener inniger Umarmung. Trennte man sie voneinander, so wurde ihr Blick hell und unruhig, sie suchten sich unter Ausstossung von Klagelauten wieder zu umklammern. Kitzelte man eins der Thiere z. B. unter dem Kinn, so schnitt es eine süsssaure Fratze von unendlich komischer Wirkung. Dabei leuchteten die Augen, wie dies Martin in ähnlicher Situation bemerkt hat. Die von mir beobachteten Gibbons zeigten durchweg einen ruhigen milden Ausdruck des Auges, der selten durch etwas Feuer belebt wurde.

Der oben von uns mitgetheilte Fall vom Vorkommen haarloser Australier ist um so merkwürdiger, als gerade diese Eingeborenen sich im allgemeinen durch reichlichen Haarwuchs auszeichnen. Die Australneger und die Aïnos von Jezo sind vielleicht die normal am stärksten behaarten Leute der Erde. Partielle oder gänzliche Haarbedeckung des Körpers findet sich bekanntlich ausnahmsweise bei einzelnen Individuen der verschiedensten Länder und Klimate. Zuweilen betrafen solche Bildungen die Mitglieder ganzer Familien. Ueber dergleichen Haarmenschen sind neuerlich namentlich durch von Siebold, Ecker, Virchow, Bartels, Ornstein u. a. interessante geschichtliche und morphologische Untersuchungen veranstaltet worden. Wir sehen in manchen dieser Fälle entschieden thierähnliche Erscheinungen vor uns. Am meisten affenähnlich zeigte sich die Mexikanerin

Julia Pastrana. Andere der bekanntern Haarmenschen erinnerten auf den ersten Eindruck an Pintscher und sonstige Hunderassen. Die Frauen sind bei allen Rassen weniger behaart als die Männer. Nach Darwin ist bei einigen Affen die untere Seite des Körpers beim Weibchen weniger behaart als beim Männchen. Letzteres trifft auch für die Anthropoiden, namentlich den Chimpanse, zu.

Ein Bart kommt bekanntlich Menschen und Affen zu. Bei letztern ist er unter den Männchen stärker entwickelt als unter den Weibchen. Das ist gerade so wie beim Menschen. Darwin erinnert daran, dass der Bartwuchs sich bei Menschen und Affen zur Zeit der Geschlechtsreife entwickele, ferner dass in der Farbe des Bartes ein merkwürdiger Parallelismus zwischen dem Menschen und den Affen bestehe. Denn wenn beim Menschen der Bart in der Farbe vom Kopfhaar verschieden sei, wie ein solcher Fall ja häufig eintrete, so scheine er ausnahmslos von einer hellern Färbung und häufig röthlich zu sein. Darwin hat dies in England beobachtet. Hooker fand in Russland keine Ausnahme von dieser Regel. In Kalkutta beobachtete J. Scott sorgfältig die vielen Menschenrassen, die dort ebenso wie in einigen andern Theilen Indiens zu sehen sind, nämlich zwei Rassen in Sikkim, die Bhoteas, die Hindus, die Birmesen und die Chinesen. Obgleich die meisten dieser Rassen sehr wenig Haare im Gesicht haben, so fand Scott doch immer, dass wenn irgendeine Verschiedenheit in der Farbe zwischen dem Kopfhaar und dem Barte bestand, der letztere ausnahmslos von einer hellern Farbe war. Nun weicht bei Affen der Bart häufig in einer auffallenden Weise seiner Farbe nach von dem Haare auf dem Kopfe ab, und in derartigen Fällen ist er ausnahmslos von einem hellern Tone, oft rein weiss und zuweilen gelb oder röthlich.[1]

[1] Die Abstammung des Menschen und die geschlechtliche Zuchtwahl. Aus dem Englischen von J. V. Carus (Stuttgart 1871), II, 280.

„Es ist eine bekannte Thatsache“, sagt Darwin weiterhin (a. a. O., I, 168), „dass die Haare an unsern Armen von oben und unten am Elnbogen in eine Spitze zusammenzukommen streben. Diese merkwürdige Anordnung, welche der bei den meisten niedern Säuge-

Fig. 30. Kapuzineraffe. (*Cebus capucinus.*)

thieren so ungleich ist, findet sich in gleicher Weise beim Gorilla, dem Chimpanse, dem Orang, einigen Arten von *Hylobates* (vgl. Kapitel II) und selbst einigen wenigen amerikanischen Affen (vgl. hier z. B. Fig. 30). Aber bei *Hylobates agilis* ist das Haar am Unterarm abwärts gerichtet, oder nach der gewöhnlichen Weise nach der Hand zu, und beim *Hylobates Lar* ist es fast aufrecht mit einer nur sehr geringen Neigung nach vorn, sodass in dieser letztern Art das Haar sich in einem Uebergangszustand befindet. Es kann kaum bezweifelt werden, dass bei den meisten Säugethieren die Dichte des Haares und seine Richtung auf dem Rücken dem Zwecke angepasst ist, den Regen abzuhalten; selbst die querstehenden Haare auf den Vorderbeinen eines Hundes können zu diesem Zweck dienen, wenn er beim Schlafen sich zusammengerollt hat. Mr. Wallace machte die Bemerkung, dass das Convergiren der Haare nach dem Elnbogen zu an den Armen des Orang dazu dient, den Regen abzuhalten, wenn die Arme, wie es der Gebrauch dieses Thieres ist, gebogen und die Hände um einen Zweig oder selbst auf seinen eigenen Kopf zusammengefaltet sind. Wir müssen indessen auch beachten, dass die Haltung eines Thieres zum Theil vielleicht durch die Richtung seiner Haare bestimmt sein mag und nicht umgekehrt die Richtung der Haare durch die Haltung. Ist die eben gegebene Erklärung in Bezug auf den Orang correct, so bietet das Haar an unsern Vorderarmen ein merkwürdiges Zeugniss für unsern frühern Zustand dar; denn niemand kann die Vermuthung hegen, dass es jetzt von irgendwelchem Nutzen ist zur Abhaltung des Regens, es ist auch bei unserer jetzigen aufrechten Stellung für diesen Zweck entschieden nicht passend gerichtet."

Darwin bemerkt ferner, dass man irrthümlicherweise das Vorhandensein von Augenbrauen bei den Affen geleugnet habe. In der That findet man bei allen Anthropoiden deutliche lange, borstenartige Augenbrauen, die aber nicht dicht beieinander wie bei den Menschen stehen, sondern mehr vereinzelt sich aus der kürzern und dichter stehenden Haarbekleidung der Oberaugenhöhlenbögen erheben, auch keine bestimmte Richtung einhalten. Beim weisshändigen Gibbon zeichnen sich diese Augenbrauen durch besondere Länge und Steifheit aus. Uebrigens kann man eine den Augenbrauen entsprechende Haarbildung oberhalb der obern Augenlider durch die ganze übrige Säugethierreihe, bis zu den Robben und Dickhäutern hin, verfolgen. Auch lassen sich an den Oberlippen der Gorillas, Chimpanses und Orangs eine ganze Anzahl von etwas längern und steifern borstenähnlichen Haaren erkennen, die über die sonstige kurze Lippenbehaarung hinwegragen und den Eindruck von Tasthaaren hervorrufen. Bei *Hylobates albimanus* sah ich solche Tasthaare sogar eine beträchtlichere Länge erreichen (Fig. 10).

Der äusserliche Rumpfbau der Anthropoiden weicht im ganzen nicht sehr wesentlich vom menschlichen ab. Es fehlt jenem die beim wohlgeformten Torso des Menschen uns so anmuthig entgegentretende Taillenbildung, auch zeigt sich dort die schon oben (S. 18, 36) kurz erörterte Steissbildung neben auffallendem Mangel an Gesässfülle in unangenehmem, nicht eben menschenähnlichem Grade. (Vgl. Fig. 1 und 6.) Man wird überhaupt nicht leicht in die Lage gerathen, den Torso des belvederischen Apoll oder des olympischen Hermes mit demjenigen eines Gorilla oder Chimpanse in Vergleich zu ziehen. Allein man wird den enthaarten Torso eines kräftigen Gorillamännchens ganz wohl mit demjenigen eines jener vollbäuchigen, lendenarmen Schwächlinge parallelisiren dürfen, wie sie allerorts als lebende Caricaturen ihres Geschlechts umherlaufen. Ein solcher Vergleich würde schwerlich völlig zu Ungunsten des Gorilla ausfallen!

Der Hals der Anthropoiden erscheint im allgemeinen kurz und dick. Beim Gorilla zeigt sich die Nackengegend über den langen Dornfortsätzen der Halswirbel und deren Muskelbelag in der oben S. 16 beschriebenen Weise stark nach hinten emporgewölbt. Einen kurzen dicken Hals, eine beträchtliche Entwickelung der Nackengegend („Stiernacken“) wird auch bei vielen Menschen angetroffen. Sehr häufig wird der dicke kurze Hals, der starke Nacken, als eine nationale Eigenthümlichkeit des afrikanischen Schwarzen angesehen. „Die Dicke des Nackens“, sagt Burmeister, „wird übrigens beim Neger um so auffallender, als sie mit einer Verkürzung des Halses verbunden zu sein scheint. Ich maass bei allen Schwarzen den Abstand der Scheitelhöhe von der Schulterhöhe, welchen ich zwischen $9^1/_4 - 9^3/_4$ gefunden habe. Beim Europäer von normaler Statur beträgt dieselbe Distanz nicht leicht unter 10 Zoll; ich finde sie gewöhnlich zu 11 Zoll bei Frauen und zu 12 Zoll bei Männern. — Man darf ebenso sehr die Kürze des Halses, sowie die Kleinheit der Gehirnkapsel, oder die Grösse des Gesichts, für eine Annäherung an den Affentypus halten, weil alle Affen kurzhalsig sind, und relativ noch etwas mehr hinter dem Mohren, als er hinter dem Europäer zurückstehen. Auch erklärt die Kürze des Halses der Neger seine grössere Tragkraft und ihr Behagen am Tragen der Lasten auf dem Kopfe, welches den Europäern aus dem doppelten Grunde des längern und des schwächern Halses viel beschwerlicher werden müsste.“[1]

Diese Annahme Burmeister's ist aber viel zu allgemein gehalten. Sie passt auf viele Nigritier nicht, am wenigsten auf diejenigen der obern Nilgebiete. Bei Funje, Schilluk, Denka, Bari und andern grossen Stämmen dieser Regionen ist ein langer dünner Hals völlig charakteristisch. Man findet auch hier Distanzen zwischen Scheitel- und Schulterhöhe von 10—11 resp. 11 und 12 Zoll (240—260 mm und 260—286 mm). Burmeister hat hier ausschliesslich brasilianische Schwarze im Auge. Allein ich vermisse den „typischen“ kurzen Hals häufiger sowol an den bekannten Sklavenbildern von Moritz Rugendas[2] als auch an einer bedeutenden Zahl mir vorliegender photographischer Aufnahmen von Brasilnegern. Ja, diese Beschaffenheit fehlt selbst

[1] Geologische Bilder zur Geschichte der Erde und ihrer Bewohner (Leipzig 1851—53), II, 120.

[2] Voyage pittoresque dans le Brésil (Paris 1839).

vielen Porträts von westafrikanischen und von Mozambique-Schwarzen, welche ja doch für die Sklavenbevölkerung Brasiliens am meisten in Betracht kommen. Kurze dicke Hälse sind aber wieder Eigenthum vieler Mongolen, Malaien, Polynesier, Papúas, seltener wol der amerikanischen Ureingeborenen und der Europäer. Will man in dieser Formbildung eine Annäherung an den Affentypus anerkennen, so findet man dieselbe auf verschiedene Nationen vertheilt, nicht aber etwa auf die Nigritier allein oder etwa selbst nur im hervorragendsten Maasse beschränkt.

Die beträchtliche Verlängerung der obern Gliedmaassen der anthropoiden Affen lässt sich mit der Längenausdehnung der entsprechenden menschlichen Theile nicht in Vergleichung bringen. Denn wenn man auch bei Nigritiern und bei Angehörigen noch anderer Naturvölker hier und da ungewöhnlich lange Arme beobachtet hat, so sind das doch nur individuelle Erscheinungen, welche sich selbst bei Europäern wiederholen und als Rassencharakter nicht aufgenommen werden dürfen.

Die Hand des Orang und Gibbon ist zu lang und zu schmal, um einen directen Vergleich mit der menschlichen Hand auszuhalten. Am menschenähnlichsten ist noch dieser Theil des Gorilla und des Chimpanse, namentlich ersterer. Ein solches Organ von einem ausgewachsenen Gorillamännchen mag auf den ersten Blick an die schwielige Faust eines schwarzen Hafenarbeiters oder Aufladers erinnern, wie deren z. B. zu Rio de Janeiro, Bahia oder La Guayra die schweren Kaffeesäcke emporheben und auf die Köpfe oder herculischen Schultern werfen. Man hat ferner viel von der stark vergrösserten Verbindungshaut zwischen den Fingerbasen der Nigritierhand und von deren zugespitzten Fingerend- oder Nagelgliedern gesprochen. Van der Hoeven hat in seiner berühmten Abhandlung über „de natuurlijke Geschiedenis van den Negerstam“ die so geformte Hand eines Aschantiknaben beschrieben und abgebildet. Man ist nun geneigt gewesen, hierin einen prägnanten Charakter der „Negerrasse“ zu erkennen. Da sich auch an der Gorillahand sehr ausgedehnte Verbindungshäute zwischen den Fingerbasen vorfinden und da auch hier

Fig. 31. Hand eines sehr alten männlichen Gorilla.

eine gewisse terminale Verjüngung der Nagelglieder constatirt zu werden vermag, so ist man darauf geleitet worden, der „Negerhand“ einen ausgesprochenen anthropoiden Charakter zuzuschreiben. Allein jener oben erwähnte Fingerbau ist bei den Nigritiern durchaus nicht allgemein verbreitet. Ausgedehntere Verbindungshäute finden sich zwar keineswegs selten an der Nigritierhand, sie schwanken hier jedoch im Grade ihrer

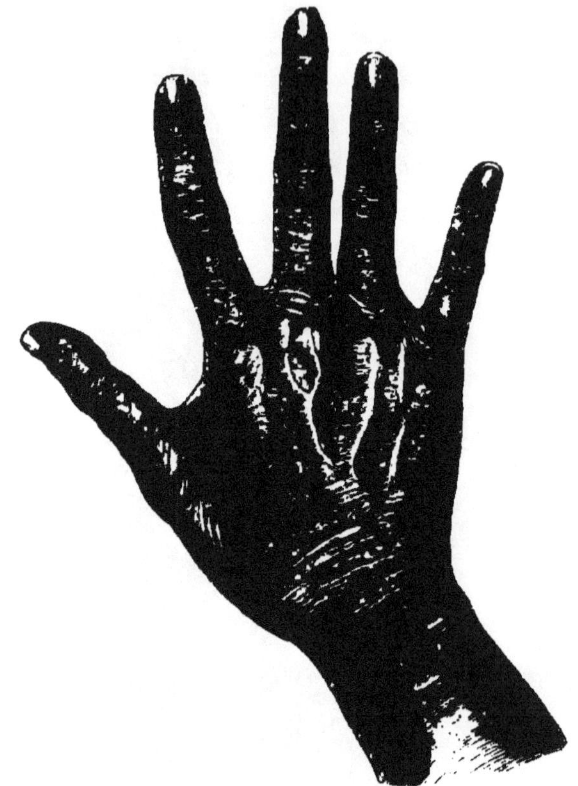

Fig. 32. Hand eines Hammegh aus dem Gebiete von Roseres am Blauen Nil.

Ausbildung nicht unbeträchtlich. Sie fehlen aber auch nicht den Händen anderer Rassen. Ein aufmerksamer Beobachter wird sie an denjenigen einer ländlichen europäischen Arbeiterbevölkerung keineswegs vermissen. Ich selbst habe sie z. B. zufällig häufig im Canton

Wallis, in der Lombardei und im Genuesischen wahrgenommen, woselbst ich in den Jahren 1869 und 1871 diesem Gegenstande bei Gelegenheit ausgedehnter Fusswanderungen eine wol erklärliche Aufmerksamkeit widmete. Ich habe hier eine Nigritierhand von dem Typus abbilden lassen, wie er unter den Schwarzen des innern nordöstlichen Afrika verbreitet erscheint (Fig. 32). Man wird dieser (gewiss nicht geschmeichelten) Handbildung die Eigenschaften einer durchgreifend menschlichen Organisation kaum absprechen dürfen. Hinsichtlich anderer Naturvölker, als der Nigritier, fehlt es vorläufig noch an Beobachtungsmaterial. Man hüte sich daher auch in Bezug auf diese vor unzeitigen Verallgemeinerungen!

Die dünnen wadenschwachen Unterschenkel vieler Naturmenschen, namentlich der afrikanischen und australischen Schwarzen, sind hinsichtlich ihrer affenähnlichen Bildung öfters, nicht mit Unrecht, in den Bereich der Discussion gezogen worden. In der That bildet die meistverbreitete Unschönheit der untern Beinpartien bei den beregten Stämmen ein bedeutungsvolles Merkmal.

Der Fuss der Anthropoiden, dem Fuss der übrigen Affen, selbst der Neuen Welt, so ähnlich gebaut (Fig. 33), zeigt sich durch die Beweglichkeit seiner grossen Zehe vom menschlichen Fuss im allgemeinen unterschieden. Man hat aber auch mit Recht die Fähigkeit mancher Individuen verschiedener Rassen, die grosse Zehe fast wie einen Daumen gebrauchen zu können, hervorgehoben. Derartig begabte Personen findet man überall. Man hat armlos Geborene oder während ihres Lebens armlos Gewordene beobachtet, welche sich gewissermaassen als Compensation für ihren Verlust ihrer Füsse gleich Händen zu bedienen vermochten. Das Wunderbarste in dieser Hinsicht leistet zur Zeit ein armloser Violinvirtuos, welcher sich hier und da in den continentalen Hauptplätzen vernehmen lässt. Ferner ein nur mit den Füssen arbeitender Kalligraph, welchen letztern unter andern Bär anführt. Aber auch Leute, die sich des vollen Gebrauches ihrer obern Gliedmaassen erfreuen, können öfters mit der grossen Zehe wie mit einem Daumen greifen, damit nicht zu umfangreiche Gegenstände vom Boden aufheben, dieselben zurei-

Fig. 33. Satansaffe (*Pithecia Satanas*), zeigt die Bildung und den Gebrauch der Füsse auch bei den Affen der Neuen Welt.

chen u. s. w. Fortgesetzte Uebung kann hierin eine gewisse Meisterschaft erzeugen. Nigritier, Malaien, Polynesier, Indianer u. s. w. bedienen sich beim Erklettern von Palmbäumen ihrer abgespreizten grossen Zehen ebenso geschickt zum Greifen wie gelegentlich auch unsere Jungen und Seeleute beim Ersteigen von Turnbäumen, Masten u. s. w. zu thun pflegen. Bei solchen Leuten ist der äusserliche Unterschied zwischen Menschen- und Affenfuss schon deshalb nicht so sehr beträchtlich, weil sie die grosse Zehe auch beim ruhigen Stehen gewohnheitsgemäss von den übrigen Zehen etwas abzuwenden pflegen. Man sehe sich hierauf z. B. die schönen A. Buchta'schen Photographien von centralafrikanischen Makraka u. s. w. an. Haeckel sagt sehr richtig, dass die physiologische Unterscheidung von Hand und Fuss weder streng durchzuführen noch wissenschaftlich zu begründen sei. Vielmehr müsse man sich dazu der morphologischen Charactere bedienen.[1]

Skeletbau. Will man nun eine Vergleichung des Anthropoidenschädels mit dem menschlichen Schädel (Fig. 34) unternehmen, so wird man sich hinsichtlich des Gorilla, Chimpanse und Orang-Utan zunächst an das knöcherne Kopfgerüst jüngerer, nicht ausgewachsener Thiere halten müssen. Denn bei den alten Affen dieser Arten erzeugen die kolossale Entwickelung der Knochenkämme des Schädeldaches und diejenige des Gebisses, das Heraustreten der Umrahmung der Augenhöhlen und die Abplattung des Hinterhauptsbeines Unterschiede von so durchgreifender Art, dass wir hierbei uns in einer Verfolgung der comparativen Methode die grössten Beschränkungen auferlegen müssen. Wohl aber treten uns während der Entwickelung des Anthropoidenskelets Zustände entgegen, die eine directe Vergleichung mit menschlichen erlauben. Schon die Rundung des Gehirnschädels jüngerer Anthropoiden gestattet eine Parallele zwischen ihnen und menschlichen Köpfen. Man wird zugestehen müssen, dass namentlich unter Naturvölkern Formen des Schädeldaches vorkommen, welche sich in ihrem ganzen plastischen Verhalten nur

---

[1] Anthropogenie (Leipzig 1874), S. 482.

wenig von dem Schädeldach junger Gorillas, Chimpanses und Orangs unterscheiden. Selbst die Abrundung des Hinterhauptsbeins findet öfters für junge Anthropoiden und für Menschen einen ähnlichen Grad der Ausbildung. Ja es zeigt sich sogar die Hinterhauptschuppe eines

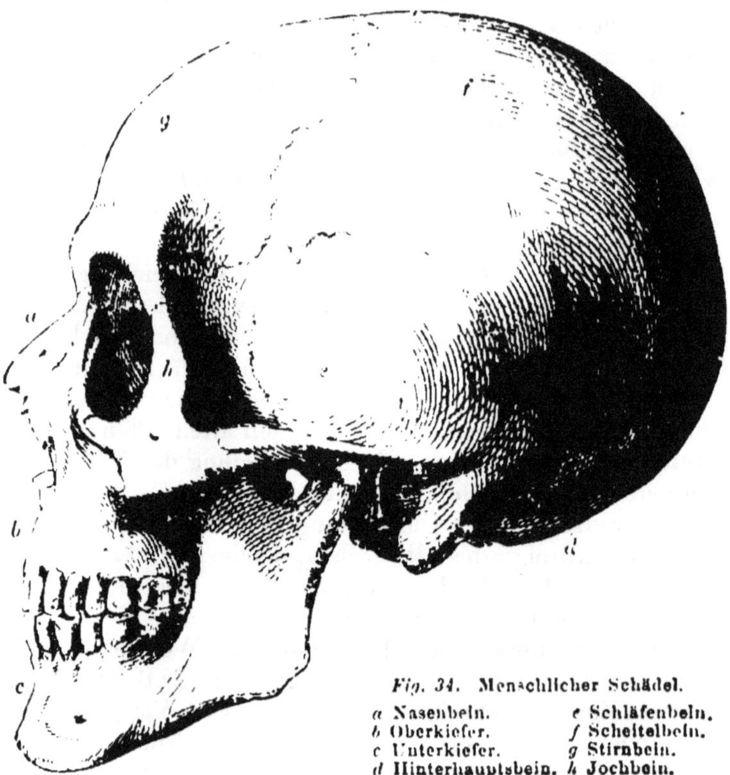

Fig. 34. Menschlicher Schädel.

a Nasenbein. *e* Schläfenbein.
b Oberkiefer. *f* Scheitelbein.
c Unterkiefer. *g* Stirnbein.
d Hinterhauptsbein. *h* Jochbein.

jüngern Nigritiers, Papúa und Malaien gar nicht selten flacher, abgeplatteter, als diejenige eines jüngern Gorilla oder Chimpanse. Freilich müssen wir davon absehen, hier eine völlige Gleichalterigkeit der verglichenen Individuen aufzunehmen, denn wo liesse sich wol eine solche leicht constatiren, wo fände sich selbst in einem grössern Museum das Material dazu, dergleichen Normen eines übereinstimmenden Lebensalters festsetzen zu können. Naturvölker sind selten im Stande, ihr Alter genau anzugeben, es beruht die Schätzung desselben leider nur zu häufig auf ungefähren Angaben. Die directe Schädeluntersuchung aber reicht hierbei nur in gewissem Grade aus. Die Wachsthumsverhältnisse der Anthropoiden sind aber noch nicht bekannt genug, um an ihnen irgend genauere Schätzungen vornehmen zu können. Diese fussen vielmehr auf der Feststellung des Eintritts des Zahnwechsels, der eintretenden Entwickelung der Knochenkämme am Kopf u. s. w., von wo ab dann höchstens die ungefähre Zählung der weitern Lebensjahre versucht werden kann.

An der Hinterhauptschuppe verhält sich die Anordnung der Nackenlinien, jener Begrenzungsleisten der Ansatzstellen verschiedener Nackenmuskeln, bei den Anthropoiden und bei den übrigen Affen ähnlich wie beim Menschen. In der absteigenden Reihe der Säugethierwelt dagegen zeigen sich nur noch Andeutungen dieser Leisten. Nun tritt am menschlichen Schädel zuweilen eine der Hinterhauptschuppe angehörende Bildung hervor, welche einen entschieden pithekoiden, d. h. affenähnlichen Charakter trägt. Es ist der schon erwähnte Hinterhauptswulst *(Torus occipitalis transversus)*, welcher entweder mit beiden obersten Nackenlinien zusammenfällt, oder zwischen diesen und den mittlern Nackenlinien auch wol nur im Gebiet der letztern, sich erstreckt. Dieser Wulst geht oben und unten allmählich in das benachbarte Knochenniveau über. Er ist bald stumpfer, bald schärfer gerandet, mehr kammartig entwickelt, er ist breiter oder schmäler, mit oder ohne mittlern Höcker. Immer aber stellt er eine auffallendere Erscheinung dar. Diese Bildung vertritt bei jungen männlichen und weiblichen Gorillas und Orangs, sowie bei jungen männlichen und bei weiblichen Chimpanses jeden Alters die queren, hauptsächlich an alten Männchen dieser Thiere ausgebildeten Hinterhauptskämme. Dergleichen Wülste zeigen sich nun aber an erwachsenen Menschenschädeln aller Zeiten und Völker. Sie sind sogar an gewöhnlichen berliner Anatomieschädeln keine so beträchtliche Seltenheit. Sie treten bei manchen Schädelgruppen mit bemerkenswerther Häufigkeit auf. So finden sie sich sehr oft an denjenigen meist der Unterkiefer beraubten Schädeln, welche der verstorbene Dr. Sachs auf einem mohammedanischen, dem 13. Jahrhundert n. Chr. angehörenden Kirchhofe der Umgebung von Kairo hat aufdecken lassen. Diese Reste gehören verschiedenen Bestandtheilen der mohammedanischen Bevölkerung an, obwol unter ihnen die gemischten Landeseingeborenen (Fellachen) vorherrschen. Ecker fand eine Spur von Sagittalkamm bei männlichen und dessen Fehlen bei weiblichen Australierschädeln. Auch mir sind zwar derartige Spuren von Knochenkämmen an den dachförmigen (scaphocephalen) Schädeln mancher Nigritier bekannt, indessen weiss ich hierbei nichts von einer entsprechenden Geschlechtsverschiedenheit mitzutheilen. Als menschliches Rassenmerkmal kann dieser Knochenwulst schwerlich in Anspruch genommen werden.

Broca hatte die durch Nähte hergestellte H-förmige Verbindung zwischen Scheitelbein, grossem Keilbeinflügel, Schläfenbeinschuppe und Stirnbein das Pterion genannt. Eine der häufigsten Störungen in der Symmetrie dieser Nahtverbindung, wie oben (S. 54) bereits kurz geschildert worden, geschieht durch die Einschaltung eines Stirnfortsatzes der Schläfenschuppe zwischen vorderm untern Winkel des Scheitelbeins, Stirntheil des Stirnbeins und grossen Keilbeinflügel. Dieser Fortsatz des Schläfenbeins kann höher oder niedriger sein, ein- oder beiderseitig vorkommen. Dieselbe Bildung ist bei Gorillas, Chimpanses, Macacos, Magots *(Inuus)*[1] und Pavianen häufig. Weniger zahlreich kommt sie bei

---

[1] Sehr verbreitet scheint z. B. diese Bildung beim japanischen Affen (*Inuus speciosus*) zu sein.

Orangs[1], Gibbons, bei Schlankaffen, Meerkatzen und bei Affen der Neuen Welt (Brüllaffen, Kapuzineraffen u. s. w.) vor.

Virchow hatte in Uebereinstimmung mit W. Gruber nachzuweisen gesucht, dass der Stirnfortsatz des Schuppentheils des Schläfenbeins eine Theromorphie, d. h. eine Thierähnlichkeit und zwar eine vorzugsweis pithekoide sei. Jener findet das Vorkommen dieser Störung der normalen Schädelausbildung ungleich häufiger bei gewissen Stämmen als bei andern. Keiner dieser Stämme scheint der arischen Rasse anzugehören, es ist das Vorkommen des Fortsatzes und Stenokrotaphie oder temporale Stenose, d. h. eine auf mangelhafter Ausbildung des grossen Keilbeinflügels und Zusammendrängung der Nachbarknochen beruhende Verengerung der Schläfengegend — überhaupt ein Merkmal niederer, jedoch keineswegs niedrigster Menschenrassen.

Neben Hyrtl, Gruber und Calori hatte sich Stieda dagegen ausgesprochen, in der Existenz des Schläfenfortsatzes einen Charakter niederer Rassen zu constatiren. Nach Stieda kommt jene Knochenpartie vielmehr ausnahmsweise bei allen Menschenrassen vor.[2] Durch Anutschin sind an ca. 10000 Menschenschädeln diese Anomalien des Pterion selbst geprüft und hat sich dieser Forscher auch durch Vermittelung anderer über dieselben unterrichten können. Er fasst das Vorkommen des Stirnfortsatzes beim Menschen im allgemeinen gleichfalls als eine Theromorphie und zwar als eine pithekoide, auf. Nach Anutschin neigen die verschiedenen menschlichen Rassen nicht in gleicher Weise zu dieser Anomalie. Bei den niedrig stehenden dunkelhäutigen und wollhaarigen Rassen (Australiern, Papúas und Negern) ist der vollständige Stirnfortsatz am meisten

[1] Schon Brühl macht auf das schwankende Vorkommen einer Verbindung zwischen grossem Keilbeinflügel und Schläfenbein aufmerksam. (A. a. O., S. 11.)

[2] Archiv für Anthropologie, 1878, S. 121.

verbreitet; weniger bei den Vertretern der malaiischen und mongolischen Rasse; am wenigsten bei den amerikanischen und weissen, meist um fünf bis sechsmal seltener als bei den dunklen Rassen. Bisweilen entsteht der Stirnfortsatz aus mit der Schläfenschuppe verschmelzenden Schaltknochen *(Ossa epipterica)*, bisweilen aber als Fortsatz, Auswuchs der Schläfenschuppe. Dagegen lässt Anutschin unvollständige Fortsätze oder Schaltknochen nicht als Theromorphien gelten, weil sie bei den Affen seltener erscheinen als beim Menschen.[1] Schlocker hat zu beweisen gesucht, dass der Stirnfortsatz der Schläfenschuppe, der (seltener vorkommende) Schläfenfortsatz des Stirnbeins und die Schläfenschaltknochen *(Ossa epipterica)* in genetischer Hinsicht gleichwerthig seien. Auch der eben genannte Autor hält den Stirnfortsatz der Schläfenschuppe und die unmittelbare Vereinigung der Schläfenschuppe mit dem Stirnbein für Thierbildungen, lässt aber das Vorkommen des betreffenden Fortsatzes nicht als ein Merkmal niederer Menschenrassen gelten.[2] Aehnlich äussert sich Ten Kate.[3] Wie dem aber auch sein möge, die Constatirung einer Thierbildung ist hierbei zunächst wichtig genug. Eine directe Verwerthung derselben zu Gunsten der Abstammungslehre bleibt, wie wir später sehen werden, auch ohne Vermittelung dazwischenliegender, niederer Typen nicht direct ausgeschlossen.

---

[1] О нѣкоторыхъ аномаліяхъ человѣческаго черепа и преимущественно объ ихъ распространеніи по рассамъ. (Aus den Nachrichten der k. Gesellschaft der Freunde der Naturforschung u. s. w. zu Moskau. Arbeiten der Anthropolog. Section, IV, 1—59. [Prof. Stieda in Dorpat hat sich durch Uebertragung dieser vortrefflichen Arbeit ins Deutsche ein grosses Verdienst erworben.] Vgl. Biologisches Centralblatt, Bd. II, Nr. 2—4).

[2] Schlocker: Ueber die Anomalien des Pterion. Inauguraldissertation (Dorpat 1879).

[3] Zur Kraniologie der Mongoloiden: Beobachtungen und Messungen. Dissertation (Heidelberg-Berlin 1882), S. 56.

Man hat in den stark wulstig entwickelten Oberaugenhöhlenbögen gewisser menschlicher Schädelfunde eine Aehnlichkeit mit den entsprechenden Verhältnissen der Anthropoiden zu finden geglaubt. In der That erinnern z. B. die sehr dolichocephale Gehirnschale und die hervorragenden, nur durch eine seichte Einbuchtung voneinander getrennten Oberaugenhöhlenbögen des berühmten Neanderthalschädels an dieselbe Bildung bei Anthropoiden, namentlich aber bei weiblichen Chimpanses. Auch am Neanderthalschädel hängt die Entwickelung der Augenhöhlenbögen mit derjenigen der Stirnhöhlen zusammen. An dem erwähnten vorgeschichtlichen Specimen, dessen nähere Besichtigung uns während des berliner Anthropologencongresses vom Jahre 1880 durch das persönliche Entgegenkommen des Professors Schaaffhausen ermöglicht wurde, weicht die Stirn stark gegen die abgeflachte Scheitelgegend zurück. Quatrefages und Hamy nennen den Schädel abgeflachtlangköpfig (dolichoplatycephal). Die (doppelten) Schläfenlinien sind nicht allein sehr ausgeprägt, sondern sie nähern sich auch einander im Bereiche des Scheitelgewölbes (Fig. 35). Dies Verhalten erinnert an dasjenige beim erwachsenen weiblichen Chimpanse, ja sogar beim jungen männlichen Gorilla, bei weiblichen alten Orangs, bei Gibbons.

Es muss bei dieser Gelegenheit hervorgehoben werden, dass die Meinungen unserer Forscher über die Herkunft und die ethnologische Bedeutung des Neanderthalschädels vorläufig noch weit auseinandergehen. Ich will aus diesen Meinungsdifferenzen hier nur einige Beispiele hervorheben. Pruner z. B. denkt dabei an Idiotismus.[1] Virchow erklärt das Specimen — und ebenso das ähnliche von Kailykke im kopenhagener Museum — für eine durchaus individuelle Bildung[2], für

[1] Bulletin de la Société d'anthropologie, IV, 305 fg.

[2] Verhandlungen der Berliner Gesellschaft für Anthropologie u. s. w., 1872, S. 164.

eine durch krankhafte Einwirkungen veränderte typische Form [1], für ein enpathologischen Schädel. [2] King be-

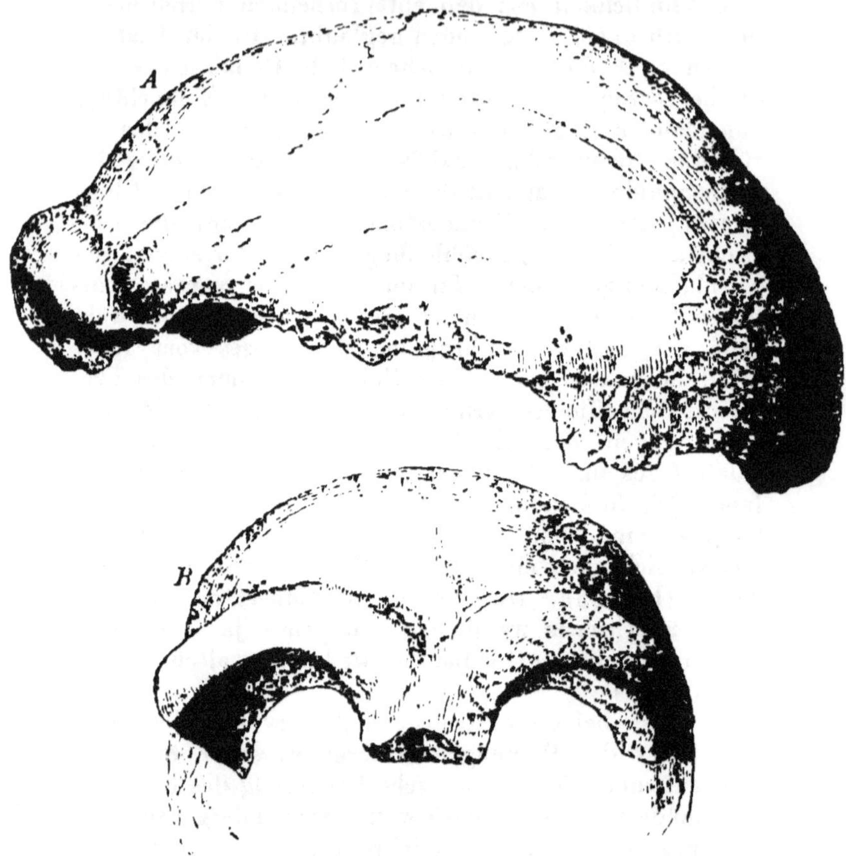

Fig. 35. Der Neanderthalschädel. *A* von der Seite, *B* von vorn gesehen.

trachtet das Stück als von einer menschlichen Urrasse *(Homo Neanderthalensis)* [3] herrührend. Schaaffhausen

---

[1] Die IV. Allgemeine Versammlung der deutschen Gesellschaft für Anthropologie u. s. w., S. 49.

[2] Die Urbevölkerung Europas, S. 46.

[3] Quarterly Journal of Science, Januar 1864. Vgl. auch

hat sogar den Versuch gemacht, das Porträt eines solchen Urmenschen auf künstlerischem Wege zu restauriren. Spengel sucht die „neanderthaloiden“ Schädelformen hauptsächlich in Europa.[1] Manche Beobachter behaupten, es gingen noch jetzt Individuen mit ganz ähnlicher Schädelbildung allerorts umher. Huxley hat sich dafür entschieden, dass die Neanderthalknochen in keiner Weise als Ueberreste eines zwischen Affe und Mensch in der Mitte stehenden menschlichen Wesens angesehen werden könnten. Höchstens bewiesen diese Funde die Existenz eines Menschen, dessen Schädel in etwas nach dem Affentypus zurückgehe — ebenso wie eine Brieftaube, Pfauentaube oder Purzeltaube zuweilen das Gefieder des ursprünglichen Stammthieres, der Feldtaube *(Columbia livia)*, anlege. Und wenn auch der Neanderthalschädel der affenartigste aller bekannten menschlichen Schädel sei, so stehe er doch keineswegs so isolirt, wie es anfänglich scheine, sondern er bilde nur den äussersten Ausdruck einer allmählich von ihm aus zum höchsten und bestentwickelten menschlichen Schädel führenden Reihe. Auf der einen Seite nähere er sich bedeutend den platten australischen Schädeln, von denen andere australische Formen allmählich zu Schädeln führten, welche vielmehr den Typus des Schädels von Engis hätten. Auf der andern Seite sei er selbst noch näher den Schädeln gewisser alter Stämme verwandt, welche Dänemark während der Steinzeit bewohnt hätten und entweder Zeitgenossen oder Nachfolger der Leute gewesen seien, denen die Abraumhaufen oder Kjökkenmöddings jenes Landes ihre Entstehung verdankt hätten.[2]

Huxley bemerkt an derselben Stelle mit Recht, dass einige von Busk gezeichnete, aus den Grabhügeln von

Fuhlrott, Der fossile Mensch aus dem Neanderthal (Duisburg 1865).

[1] Archiv für Anthropologie, VIII, 63 fg.

[2] Zeugnisse u. s. w., S. 157 fg.

Borreby stammende Schädel dem Neanderthalschädel glichen, namentlich in dem rapiden Zurückweichen der Stirn. Mit dem letztern Specimen lassen sich übrigens einige andere bekannter gewordene europäische Schädel, z. B. von Brüx, Staengenaes, Olmo, Louth, Clichy, Bougon, Cro-Magnon, Grenelle, Furfooz, Engisheim, Cannstadt, derjenige des Bischofs Saint-Mansuy von Toul, innerhalb gewisser Grenzen parallelisiren. Sie alle bieten interessante Eigenthümlichkeiten ihres Baues dar, stark entwickelte Oberaugenhöhlenbögen, zurückweichende Stirnen, Abplattungen des Schädelgewölbes u. s. w., indessen erreicht doch keiner von ihnen den so äusserst merkwürdigen Charakter des Neanderthalschädels. Der Beweis, dass letzterer einen bestimmtern Volkstypus repräsentire, ist aber bisjetzt noch nicht erbracht worden und bleibt hier die Annahme einer rein individuellen Bildung vorderhand die wahrscheinlichere.

Die Schädel der australischen Ureingeborenen unterscheiden sich, wie Spengel a. a. O. richtig angibt, von demjenigen des Neanderthales und von den neanderthaloiden Schädeln durch ihre ausgesprochene Scaphocephalie. Andererseits aber nähern die bei den Australiern so häufig entwickelten Oberaugenhöhlenbögen, die zurückweichende Stirn, die Compression des Schädels in der Schläfengegend, die im Verhältniss zum Europäer so geringe Höhe der Antlitzgegend und die Prognathie, die knöchernen Köpfe dieser Leute beträchtlich denjenigen der Anthropoiden. Wenn man z. B. das von Quatrefages und Hamy abgebildete, von Camp-in Heaven, Arnhems-Land (Nordaustralien) stammende Cranium [1], den Negritoschädel des Dr. Schadenburg [2] betrachtet, so muss doch der unverkennbare anthropoide Habitus dieser Stücke auch dem entschiedensten Zweifler imponiren!

---

[1] Crania ethnica, Taf. XXVI.

[2] Zeitschrift für Ethnologie, 12. Jahrg., Taf. VIII, Fig. 2.

Aehnliche Eigenthümlichkeiten, wie wir sie vorhin am Baue des Australierschädels hervorgehoben haben, lassen uns auch den anthropoiden Habitus der Schädel so vieler, den dunkelpigmentirten afrikanischen Rassen angehörender Individuen beurtheilen. Es bezieht sich dies hauptsächlich auf das Zurückweichen der Stirn, die Abflachung und Zusammendrückung des Scheitelgewölbes, die starke Prognathie und die sehr stumpfe Winkelbildung der Unterkiefergerüste so vieler Nigritierschädel. Dagegen ist das Hervorstehen der Oberaugenhöhlenbögen bei den Afrikanern selten in dem Maasse ausgeprägt, wie wir es bei den beregten Affenarten beobachteten. Betrachtet man aber, hiervon abgesehen, gewisse Specimina, wie unter anderm den von Quatrefages und Hamy dargestellten Congo-Schädel[1], so wird hier der Eindruck ein geradezu überwältigender. Schädel sehr intelligenter und kriegerischer, selbst hellgefärbter Rassen Central- und Westafrikas, wie der Monbuttu, Haussaua, Bakale, Fan u. s. w., überraschen durch ihren anthropoiden Habitus. Dieser erscheint unter allen Menschenrassen der Erde bei den Papúas und bei gewissen Schwarzen Afrikas am meisten ausgeprägt.

Eine nicht unbeträchtliche gegenseitige Annäherung der Schläfenlinien im Bereich des Scheitels aneinander zeigt sich bei Schädeln verschiedener Nationen. Besonders häufig begegnet man freilich dieser Bildung unter den langköpfigen Nigritier- und Papúaschädeln. Sie ist hier meist mit jener kurzen Beschaffenheit des zwischen den Schädelseiten gezogenen queren Durchmessers *(Stenocephalie)* verbunden.

Bei weiblichen erwachsenen Chimpanses dachen sich die Scheitelbeine sehr häufig schräg gegen die Pfeilnaht zu und hebt sich im Bereich der letztern ein länglicher Knochenwulst empor, dessen Seiten ganz allmählich in die äussern Scheitelbeinflächen übergehen. Die Pfeilnaht

---

[1] Crania ethnica, Taf. XXXVI.

kann dabei noch intakt gefunden werden. Häufig auch zeigt sich die letztere bereits in der Verwachsung begriffen. Es entwickelt sich der sogenannte Kielschädel (*Scaphocephalus*) mindern Grades. Eine solche Bildung wird auch bei Nigritiern und Papúas öfters, an Schädeln der übrigen Rassen dagegen seltener wahrgenommen. Man hat ferner das an Menschen- (namentlich Aïno- und Japaner-) Schädeln beobachtete Vorkommen eines getheilten Wangenbeins für eine Theromorphie erklärt, weil es an Affenschädeln hier und da vorkommt.[1] Ich habe bei Anthropoiden nur sehr wenige mal nicht völlig deutliche Spuren einer solchen Bildung gesehen.

Im Jahre 1863 fand Boucher de Perthes zu Abbeville in einer schwarzen eisenhaltigen, auf der Kreide ruhenden Thon- und Sandschicht einen halben menschlichen Unterkiefer, der, nach den vorhandenen meist mangelhaften Abbildungen zu urtheilen, abgesehen von dem schräg nach hinten ragenden Aste nichts besonders Merkwürdiges dargeboten hat (Fig. 36). Dies Specimen erregte aber damals ungeheueres Aufsehen und wurde von vielen, übrigens höchst achtbaren Forschern, dem diluvialen Urmenschen zugeschrieben. Später stellte sich leider heraus, dass man es hier mit einem kolossalen Schwindel zu thun gehabt![2]

Anders verhält es sich mit den Unterkiefern von Naulette, Aurignac und Arcy, welche sicherlich echt sind und ein hohes Alter beanspruchen dürfen. Der Fund

---

[1] Ten Kate, a. a. O., S. 17, 42. Virchow meint, dass die Verhältnisse noch zu wenig geklärt seien, um ein endgültiges Urtheil in Bezug auf diese Bildung beim Menschen abgeben zu können. (Auszug aus dem Monatsbericht der Akademie der Wissenschaften zu Berlin, 1881, S. 258.) Auch die Ausschliessung des Wangenbeins von der untern Augenhöhlenspalte ist bei den Anthropoiden bisjetzt zu selten beobachtet worden, um hier ernstlich berücksichtigt werden zu können.

[2] Joly, Der Mensch vor der Zeit der Metalle (Leipzig 1881), S. 56.

von Naulette ist zwar sehr unvollständig, lässt aber doch eine Beschaffenheit der Kinnsymphyse erkennen (Fig. 37), die zum Vergleich mit den Unterkiefern vieler Anthropoiden, namentlich der Gorillas und Chimpanses, herausfordert. Es betrifft dies hauptsächlich

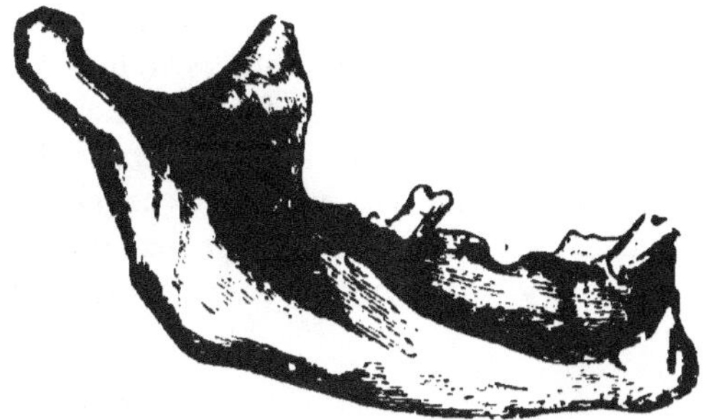

Fig. 36. Unterkiefer von Moulin-Quignon.

die steile Beschaffenheit der Vorderfläche, namentlich des Unterkieferbein-Körpers. Zwar weicht bei den Anthropoiden dieser Theil von vorn und oben (d. h. vom Zahnfachrande aus) noch stark nach unten und hinten

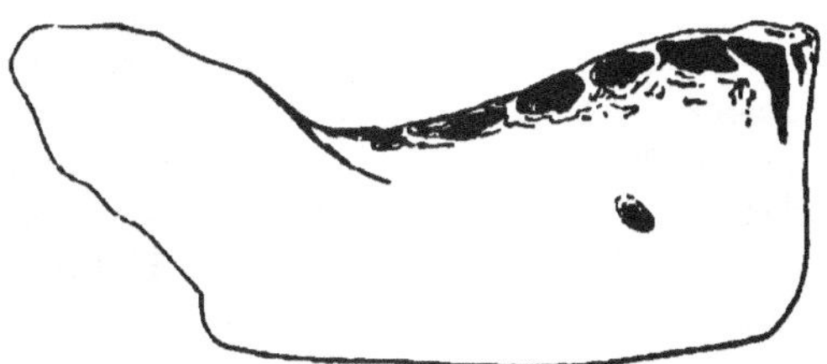

Fig. 37. Unterkiefer von Naulette.

(zum Unterrande des Unterkieferbein-Körpers hin) zurück (Fig. 38), indessen findet doch am Specimen von Naulette sowie an den Unterkiefern einiger moderner Papúaschädel (von den Neuen Hebriden u. s. w.) wenigstens eine gewisse Annäherung an den Affentypus statt. Auch ein fossiler Affe *(Dryopithecus Fontanii)*, ein aus dem mittlern Miocän von Saint-Gaudens stammender, angeblich sehr hochstehender Anthropoid, zeigt ein nur geringes Zurückweichen jenes Theils. Nach Gaudry kam der *Dryopithecus* an Grösse etwa dem Menschen gleich. Seine Schneidezähne waren nur klein. Die hintern Backzähne besassen weniger abgerundete Höcker als bei den Europäern, indessen ähnelten dieselben desto mehr den Backzahnhöckern der Australier. Man hat angenommen (es aber freilich nicht sicherzustellen vermocht), dass beim *Dryopithecus* der letzte Backzahn erst nach dem Eckzahn hervorgebrochen sei, ähnlich wie dies mit dem menschlichen Weisheitszahn geschieht. Gaudry hat neben dem Unterkiefer des

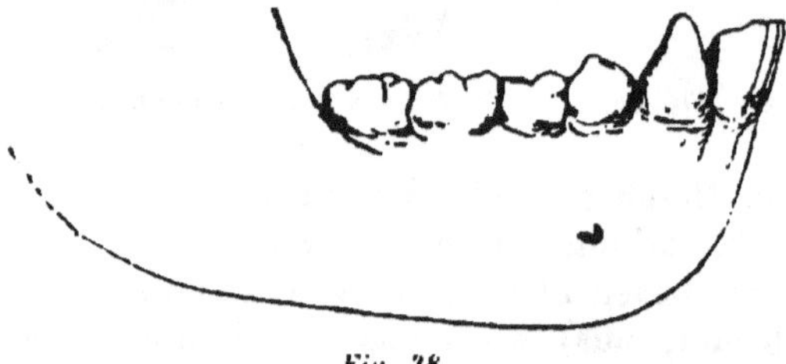

Fig. 38.

Dryopithecus Fontanii denjenigen eines elf- bis zwölfjährigen Tasmaniers abbilden lassen. An letzterm erscheint der erste Backzahn grösser als beim *Dryopithecus*, dagegen erscheinen dort der Eckzahn und die Prämolaren weit schwächer. Dieser Unterschied ist wichtig genug, denn die Verkleinerung der Vorderzähne steht in Beziehung zu jenem geringen Vorspringen des Angesichts, was immer ein Zeichen menschlicher Superiorität darstellt. Obwol nun der Eckzahn des *Dryopithecus* abgebrochen ist, so lässt sich doch erkennen, dass er die andern Zähne beträchtlich überragt haben musste. Der männliche Affe trug sogar gewaltige Eckzähne. An den Zähnen dieses Thiers soll sich ferner eine leichte den menschlichen Organen mangelnde Wulstung finden. *Mesopithecus* aus dem Miocän von Pikermi

(Attica) war ein den menschenähnlichen weniger nahe stehender Affe mit dem Kopfbau eines Schlankaffen *(Semnopithecus)* und dem Gliederbau eines Macaco *(Macacus)*. *Pliopithecus* von Sansan stand nach Gaudry den Gibbons nahe. Ein von Baker und Durand im obern Miocän der Sewalikberge aufgefundener Affe von Grösse des Orang-Utan gehört dagegen zu den Schlankaffen *(Semnopithecus subhimalayanus)*. [1]

Bei Gelegenheit vergleichender Studien über die Organisation des Menschen und diejenige der anthropoiden Affen ist es von Wichtigkeit, auch Durchschnitte, vor allem Längsdurchschnitte, charakteristischer Schädel in den Bereich der Beobachtung zu ziehen. [2] Virchow hat Zeichnungen von Längsdurchschnitten eines Gorilla, Chimpanse, Orang-Utan und einer Australierin nach Exemplaren der berliner Museen anfertigen lassen. Der Gorillaschädel [3] erscheint im Vergleich mit dem Schädelraum des weiblichen Australiers so eng, dass der Raum wie zusammengedrückt aussieht. Trotzdem ist dieser Australierschädel im Vergleich zu Menschenschädeln ausserordentlich klein, er hat nur 1150 ccm Inhalt. Beim Gorilla (d. h. dem alten Männchen, welches hier abgebildet worden) wirken ferner die ungeheuere Grösse der Stirnhöhlen und der sie bedeckenden Stirnnasenwülste sowie die mächtige Entfaltung des Gebisses zusammen, um den Eindruck der Grösse zu verstärken. „Alles was den Schädel gross macht“ — sagt Virchow — „ist bestial, nicht menschlich.“ Ziemlich ähnlich verhält es sich mit dem Orang-Utan. Nur beim Chimpanse tritt der Schädelraum in ein etwas günstigeres Verhältniss. Dadurch nähert er sich dem

---

[1] Gaudry, Les enchainements du monde animal (Paris 1878), S. 232 fg.

[2] Hartmann, Der Gorilla, S. 68, 109.

[3] Correspondenzblatt der Deutschen Anthropologischen Gesellschaft, 1878, S. 148, mit Tafel.

(an derselben Stelle abgebildeten) Schädel eines Mikrocephalen, eines geborenen Rheinpfälzers, welcher allerdings um ein ganz erhebliches Stück unter die australische Form heruntergeht, und dem Affen um ein ganzes Stück näher kommt.

Auch der Schädelraum des erwachsenen weiblichen Gorilla und Orang tritt dem menschlichen gegenüber in ein günstigeres Verhältniss.

Die bereits S. 74 hervorgehobene ausgedehnte Höhlen- und Zellenbildung in den Schädelknochen der Anthropoiden, welche hierin die menschlichen Schädelbeine übertreffen, ist ungefähr aus der unten folgenden

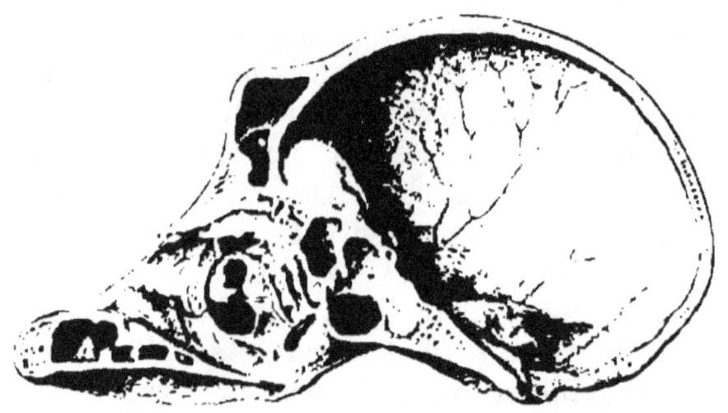

Fig. 39. Sagittaler Durchschnitt durch den Schädel eines Bam-Chimpanse.

Abbildung eines in Richtung der Medianebene geführten (sagittalen) Längsschnittes durch einen Chimpanseschädel ersichtlich. (Fig. 39.) Die Länge dieses Schädels *a*) zwischen der Nasenscheidewand und dem hervorragendsten Theile des Hinterhauptbeins beträgt 128 mm, *b*) diejenige des innern Schädelraums dagegen 108 mm. Die Zahlendifferenz ist mit 10 mm auf die Tiefe der Stirnhöhlen, im übrigen auf die Dicke der Schädelknochen zu verrechnen. Beim alten Gorillamännchen betrug die Distanz *a* = 153, *b* = 115 mm. Beim alten Gorilla betrug *a* = 183, *b* = 117 mm, beim ältern Orangmännchen *a* = 140, *b* = 114 mm. Merkwürdig ist die verhältnissmässig grosse Dünnheit der Mitte der Hinterhauptsschuppe beim alten Gorillamännchen. Beim erwachsenen Chimpanse erstrecken sich die groben Zellen des Schuppentheils des Schläfenbeins noch über diesen Knochen hinaus und zwar ohne Unterbrechung in das zugehörende Seitenwandbein. Zur Veranstaltung derartiger Untersuchungen passen übrigens besser die dünnwandigen leichten Knochen in der Wildniss erlegter Individuen als die schweren, sehr fetthaltigen der nach längerer Gefangenschaft gestorbenen Exemplare.

E. Zuckerkandl macht darauf aufmerksam, dass beim Europäer das orbitale, d. h. zwischen den Augenhöhlen befindliche Stück der Nasenhöhle länger als das infraorbitale, unterhalb der Augenhöhlen gelegene Stück sei. Bei den Anthropoiden überwiege das infraorbitale Stück das orbitale in grossem Maassstabe, jedoch nur im ausgewachsenen Zustande. Denn im Verlaufe der Entwickelungsperiode gebe es Stadien, wo jene Thiere Verhältnisse zeigten, die denen eines ausgewachsenen Europäers, ja selbst denen eines Kindes gleich seien. Bezüglich dieser Proportionen stehe der Malaienschädel vermittelnd zwischen dem Europäer- und Affenschädel. Das Wachsthum seines infraorbitalen Nasenstücks arte nicht in dem Grade aus wie bei den letztern, aber es weiche von dem des Europäers in vielen Fällen wesentlich ab. Verfasser sucht dies in geschickter Weise durch Zahlen zu belegen.

Interessant ist ferner dasjenige, was derselbe Forscher über das Verhältniss der Höhe zur Breite der Augenhöhle gibt. Er bemerkt, dass, verglichen mit den Maassen der Affen, zwischen den ausgewachsenen Schädeln derselben und der Menschen im ganzen grössere Unterschiede zu bemerken seien als an jugendlichen Exemplaren derselben Organismen. Auch die Augenhöhle des Kindes und Erwachsener, insbesondere die des Europäers, zeigten mehr Aehnlichkeit mit der eines jungen als eines ausgewachsenen Affen. Beim Chimpanse und Orang-Utan verhielten sich die Proportionen wie beim Menschen, d. h. die Orbitalbreite überrage die Orbitalhöhe. Für den Menschen scheine die Ursache in der ausnehmend stark entwickelten Wulstung der Oberaugenhöhlenränder zu liegen. Es sei höchst wahrscheinlich, dass es bei ganz jungen Anthropoiden eine Phase gebe, in der die Breite der Augenhöhle bedeutender als ihre Höhe erscheine.[1] Wenn nun Zuckerkandl ferner behauptet, dass bei den Anthropoiden der Höhendurchmesser der Augenhöhlen den Breitendurchmesser derselben Höhle übertreffe, und zwar um so mehr, je älter das Individuum sei, so ist das nicht unbedingt richtig, da es auch bei alten Thieren hin und wieder Schwankungen gibt, wie denn auch, obwol selten, ganz dieselbe Höhe und Breite der Augenhöhle beobachtet werden.

Wenden wir uns nunmehr zu einer Vergleichung der Wirbelsäule der Anthropoiden und des Menschen. Rosenberg hat nachzuweisen gesucht, dass der erste Kreuzbeinwirbel embryonal als Lendenwirbel angelegt, in einem spätern Entwickelungszustande von den Darmbeinen erfasst und in die Bildung des Kreuzbeins hineingezogen werde. Jener Forscher hat ferner eine Theorie der Homologien oder genetischen Gleichwerthigkeiten der Wirbel aufgestellt, welcher wir gerade hier einige Beachtung schenken müssen. Dieser Theorie zufolge ist — wie Welcker[2] treffend bemerkt — der zwanzigste Wirbel eines Thieres *A*, dem zwanzigsten Wirbel eines andern Thieres *B*, es ist der dreissigste Wirbel des einen Thieres dem dreissigsten Wirbel des andern Thieres homolog, mag dieser dreissigste Wirbel hier Lendenwirbel, dort Beckenwirbel, in einem dritten Thiere Schwanzwirbel sein. Die hintern Lendenwirbel der niedern Affen haben in deren Descendenten, dem

---

[1] Zur Morphologie des Gesichtsschädels (Stuttgart 1877), S. 73, 85, 89.

[2] Welcker in His und Braune, Archiv für Anatomie, 1881. S. 176. — Rosenberg, Gegenbaur's Morpholog. Jahrbuch, I, 172.

Menschen, eine dreimalige Metamorphose durchgemacht und stellen sich, nachdem sie die Beschaffenheit der Kreuzbeinwirbel aufgegeben, in ihrer vierten Form als Schwanzwirbel dar.

P. Froriep, ein Anhänger Rosenberg's, bemerkt, dass die Lumbo-Sakral- oder Lenden-Kreuzbeinwirbel, d. h. die an der Uebergangsstelle von den Lenden- zu den Kreuzbeinwirbeln gelegenen Elemente der Wirbelsäule, durch Rosenberg's Hypothese ein erneuertes Interesse erhalten hätten. Je nach ihrer Stellung in der Gesammtwirbelsäule seien sie als zu früh oder zu spät in die Umbildung des Kreuzbeins hineingezogene Lendenwirbel zu betrachten. Sei es der vierundzwanzigste Wirbel, der dem Kreuzbein assimilirt werde und dadurch ein oberes Promontorium oder Vorgebirge entstehen lasse, so stelle diese Varietät den Uebergangszustand zu einer Zukunftsform (!?) dar, bei welcher dieser Wirbel normalerweise der erste Kreuzbeinwirbel sein, die Wirbelsäule nunmehr 23 freie Wirbel aufweisen würde. Sei der Uebergangswirbel dagegen der fünfundzwanzigste der ganzen Reihe, also derjenige, der gegenwärtig der Haupt-Kreuzbeinwirbel sein sollte, so sei das im Sinne Rosenberg's ein individueller, hinter der Stammesentwickelung zurückbleibender, ein Atavismus.[1]

Nach Welcker's Ansicht entspricht dagegen der Haupt-Kreuzbeinwirbel oder Stützwirbel eines Thieres dem Stützwirbel des zweiten Thieres, möge die Nummer dieser Wirbel sein, welche sie wolle. Die Halswirbel des einen Thieres, hier fünf, dort sieben, ja elf, entsprächen den Halswirbeln des andern Thieres. Die Wirbelsäule des einen Thieres entspräche der (ganzen) Wirbelsäule, nicht aber etwa zwei Dritteln oder drei Vierteln der Wirbelsäule des andern Thieres. Je nach den verschiedenen Leistungen des bestimmten Thieres gliederten sich der dem Brust- und dem Lendenabschnitte

[1] Beiträge zur Geburtshülfe, S. 161.

zufallende Theil des Beines hier reichlicher, dort weniger reichlich, aber die Wirbel seien einander den Regionen, nicht den Nummern nach homolog.

Holl hat festgestellt, dass namentlich ein Wirbel mit dem Darmbein in nähere Beziehung tritt, sich in grösster Ausdehnung mit demselben verbindet, dass immer einer es ist, der gleichsam als Beckenträger erscheint. Dieser Wirbel ist unter normalen Verhältnissen stets der erste eigentliche Kreuzbeinwirbel oder der fünfundzwanzigste Wirbel der Reihe nach. Er kann mit Welcker der Stützwirbel, die *Vertebra fulcralis*, genannt werden. Solch ein Stützwirbel ist nach Holl an jeder Wirbelsäule vorhanden, möge sie anomale Verhältnisse aufweisen oder nicht. Dieser Stützwirbel kann nur in der Zahl der Reihe der Wirbel eine Verschiebung erfahren. Derselbe Knochen gibt uns eine natürliche Grenze für die Eintheilung der Wirbelsäule ab. Was vor diesem Wirbel oder oberhalb desselben liegt, ist praesakraler Abschnitt der Wirbelsäule. Der Stützwirbel bleibt immer als der erste Kreuzbeinwirbel anzusehen. Er ist es, welcher die ganze Reihe der Kreuzbeinwirbel beginnt und schon in Hinsicht auf seine spätere wichtige Stellung ist er primär als solcher angelegt. Holl fand ihm stets vier Wirbel nach abwärts folgend, die mit ihm in den Rahmen des Kreuzbeins aufgenommen waren. Wenn bei der primären Anlage der Fulcralis der fünfundzwanzigste Wirbel ist, so besteht das Kreuzbein aus dem fünfundzwanzigsten bis incl. neunundzwanzigsten Wirbel. War primär als Fulcralis der sechsundzwanzigste Wirbel angelegt, so ist das Kreuzbein aus dem sechsundzwanzigsten bis einschliesslich dreissigsten Wirbel aufgebaut. Aus allem geht hervor, dass das Heiligenbein als solches ein, von den ersten Stufen der Entwickelung her, fertiges Gebilde ist, welches mit dem fünfundzwanzigsten oder sechsundzwanzigsten Wirbel der Reihe beginnt und vier weitere Wirbel folgen lässt. Die lumbo-sakrale, d. h. zwischen Lenden- und Kreuzbeinwirbel stehende Form des letzten Lendenwirbels deutet nach Holl nicht auf die stufenweise Ueberführung desselben in einen Kreuzbeinwirbel hin, sondern beweist nur sein Stehenbleiben in der Entwickelung.[1]

Betrachtet man ein menschliches Kreuzbein, so sieht man, wie dessen erster Wirbel, der fünfundzwanzigste der Reihe in seinem obern Theile, abgesehen von den seitlichen zu den Kreuzbeinflügeln umgewandelten Abschnitten der Bogenschenkel, noch den Lendenwirbeln ähnlich gebildet erscheint. Die den Darmbeinen zur Anlagerung dienenden Kreuzbeinflügel verdanken aber ihre Hauptmasse dem ersten Kreuzbeinwirbel. Dieser wird dadurch und dass er die ganze Last der praesakralen Wirbel zu tragen hat, in der That zu einem wahren Stützwirbel.

Sehr richtig sagt Holl, dass man (beim Menschen) wenige Fälle antrifft, in welchen das Heiligenbein aus weniger als fünf Wirbeln besteht; die Zahl derselben beträgt dann mindestens vier. Aber auch dann bestimmt der erste Kreuzbein- oder Stützwirbel den prae- und postsakralen Abschnitt der Wirbelsäule.

Bei den Anthropoiden senkt sich der untere Abschnitt der Lendenwirbelsäule noch tief zwischen die sehr erhabenen, breiten und abgeflachten, sich gegen die Wirbelsäule eng zusammenbiegenden Darmbeinschaufeln hinein, während beim Menschen die letztern nicht so sehr die Kreuzbeinbasis überragen und zugleich mit den Darmbeinkämmen sich auch mehr von der Wirbelsäule abbiegen. Die Kreuzbeinflügel der grossen Affen gewinnen erst verhältnissmässig tief unten die Gelenkverbindung mit den Beckenbeinen. Beim alten Gorillamännchen z. B. stossen die Querfortsätze der beiden untern Lendenwirbel öfters noch an die hintern Umfänge der Darmbeinschaufeln, obwol sich der zweitunterste Lendenwirbel schon etwas über die Höhe der Darmbeinkämme hinaus

---

[1] Sitzungsberichte der Akademie der Wissenschaften zu Wien, 1882, LXXXV, 1 fg.

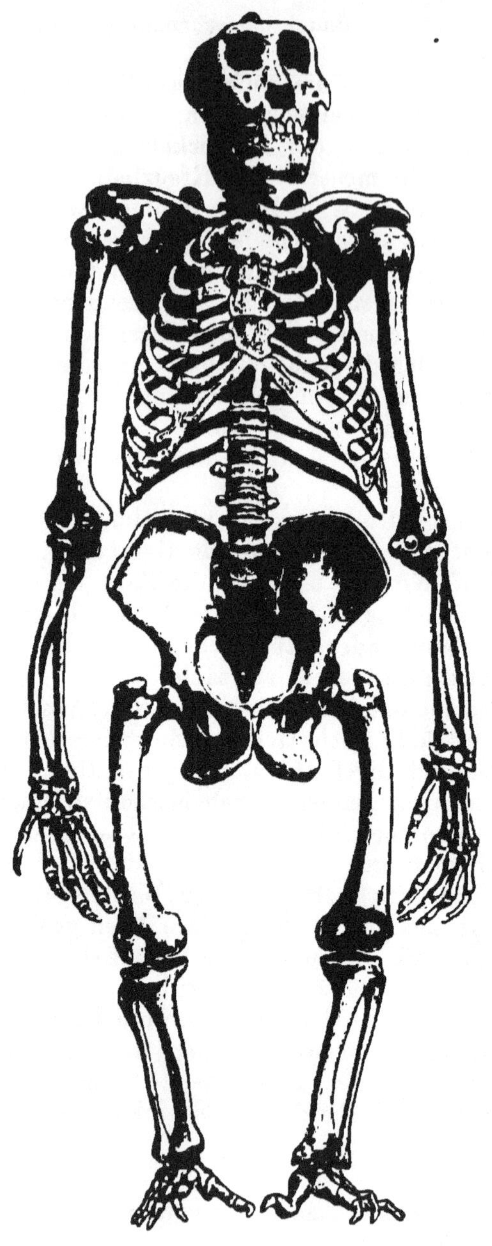

h
scl
letz
wirb
wirbe
dar, w
(Vgl. F
Der k
det sich
so stark,
Es hefte

Fig. 41. **Skelet des alten männlichen Gorilla.**

divergirenden Beckenbeine die zu einer tonnenartigen Rundung sich einigenden Bauchdecken, denen jene bekannte gefällige Plastik der entsprechenden menschlichen Körpertheile abgeht.

Gewisse Eigenthümlichkeiten an den Knochen des Schultergerüstes und der Extremitäten der Anthropoiden, auch deren Abweichungen von den entsprechenden menschlichen Verhältnissen sind bereits früher (S. 62 fg.) erörtert worden.

Hinsichtlich des Oberarmbeins des Gorilla hatte Aeby behauptet, dass uns hier am Kopfe des Knochens ein quergestelltes Cycloid entgegentrete. Beim Menschen dagegen liege an derselben Stelle ein Kugelabschnitt zu Grunde. Ich glaube aber nachgewiesen zu haben[1], dass der (anatomische) Oberarmbeinkopf des Gorilla in seiner Grundform nicht unerheblich variirt, dass derselbe bald cycloidisch, verticalcycloidisch, bald wie ein reines Kugelsegment gebildet sein kann. Auch ist wohl zu beachten, dass derselbe Knochentheil beim Chimpanse, Orang und Gibbon je einem Kugelsegment entspricht, während eine solche Gestaltung am Oberarmbeine des Menschen nicht einmal immer genau zutrifft. Aeby bemerkt ferner, dass die von ihm hervorgehobene quercycloidische Beschaffenheit des Oberarmbeinkopfes des Gorilla uns zu dem Schlusse berechtige, dass das Thier sich im Gebrauch seiner vordern Gliedmaassen vorzugsweise einer transversalen Drehachse bediene. Allein jede unmittelbare Beobachtung eines lebenden Anthropoiden, jede Untersuchung des Cadavers eines solchen lehrt uns hier das Vorhandensein eines vorzüglich ausgebildeten Freigelenks kennen, vor dessen vollendeter natürlicher Mechanik jedes theoretische Bedenken schwinden muss.[2]

So hochgradige Krümmungen, wie die Unterarm-

---

[1] Morphologisches Jahrbuch, IV, 299.

[2] Hartmann, Der Gorilla, S. 134.

knochen des Gorilla und des Chimpanse sie im ganz natürlichen Zustande darbieten, sind beim Menschen nur selten anzutreffen, und dann auch nur als Formabweichungen vom normalen Verhalten, als pathologische Erscheinungen, aufzufassen.

Der Orang-Utan besitzt constant einen neunten, dem *Os intermedium* Blainville's und dem *Os centrale carpi* Gegenbaur's entsprechenden Handwurzelknochen. Ich fand an einem sehr jungen Thiere dieses Beinchen mit einem besondern Knochenkern versehen. Die Verknöcherung der Handwurzel zeigte sich hier der Reihe nach am weitesten vorgeschritten 1) am Kopf- und am Hakenbein. Dann folgte 2) das Kahnbein, 3) das grosse vielwinkelige Bein, 4) das Mondbein, 5) das dreiseitige Bein, 6) das *Os centrale carpi*, 7) das kleine vielwinkelige Bein. Das Griffelbein und das zwischen dem grossen vielwinkeligen sowie dem Kahnbein eingelagerte Sehnenbein, dessen Beziehungen zur Muskulatur später noch erörtert werden sollen, zeigten erst eine rein knorpelige Anlage.

Ich habe diesen neunten Handwurzelknochen beim Gorilla und Chimpanse bisjetzt vergeblich gesucht, er kommt hier nur ausnahmsweise vor. Beim Gibbon ist er sehr deutlich zwischen Kahnbein, Mondbein, kleinem vielwinkeligen und Kopfbein eingelagert. Gegenbaur erkennt in seinem *Os centrale* ein aus einem frühern Zustande stammendes, echtes Element der Handwurzel, hat aber über dessen spätern Verbleib nichts ermitteln können. Durch Rosenberg ist nun der unumstössliche Nachweis dieses Knochens auch im embryonalen Zustande des Menschen geführt worden. Hier wird er meist wieder aufgesogen, verharrt jedoch auch zuweilen und wird dann als wohlausgebildetes neuntes Bein der Handwurzel selbst beim Erwachsenen vorgefunden. Fälle vom Verbleib des *Os centrale carpi* beim Menschen sind hauptsächlich von dem fleissigen petersburger Anatomen W. Gruber gesammelt und veröffentlicht worden. Es fragt sich nun, ob das *Os centrale* sich nicht auch in der Handwurzel der Gorilla- und Chimpanse-Embryonen werde nachweisen lassen. Leider fehlt es bisjetzt an dem zu solchen Untersuchungen nöthigen Material.

Ich halte es für eine verfehlte Speculation, das *Os centrale carpi* nur als einen (losgerissenen) Theil des Kahnbeins anzusprechen. Bei einem sehr jungen Chimpanse zeigte sich zwar das letztere durch zwei Querfurchen oberflächlich segmentirt, allein die drei Segmente liessen nur einen einheitlichen Knochenkern erkennen. Auch sprechen die gesonderte Verknöcherung und das beim Menschen meist nur zeitlich begrenzte Auftreten des *Os centrale* für dessen Selbständigkeit. Nach Rosenberg ist dieser Knochen nicht nur dem *Os centrale* der Säugethiere, sondern sogar den beiden *Ossa centralia* der fossilen Fischechsen *(Enaliosauria)* homolog. Es ist aber nach Maassgabe der eingetretenen Reduction incomplet geworden.[1] Ein Zurückführen dieses Knochens bis zu fernliegenden Wirbelthiertypen, ja selbst bis zu den Schwanzlurchen *(Urodela)* Ostasiens (Wiedersheim) findet keine besondern Schwierigkeiten.[2] Die Persistenz dieses Knochens beim Menschen ist deshalb als eine Rückschlags-, nicht aber als eine Hemmungsbildung anzusehen. (Vgl. Fig. 42.)

Am Oberschenkelbein verschiedener Säugethiere, sehr ausgesprochen beim Pferd, Esel, beim Nashorn und Tapir, andeutungsweise auch bei Fleischfressern und andern Familien, findet sich ausser den beiden Knorren (Trochanteren) noch ein dritter, der von Waldeyer näher beschriebene[3] *Trochanter tertius*. Eine solche Bildung, niedrig, stumpf und meist im Beginn der äussern Lefze der hintern Kante *(Linea aspera)* des Schaftes dieses Knochens liegend, zeigt sich auch an Skeleten aller

---

[1] R. Hartmann im Archiv für Anatomie u. s. w. von Reichert und Du Bois-Reymond, 1876, S. 639—643.

[2] Wiedersheim im Morphologischen Jahrbuch, II, 421.

[3] Archiv für Anthropologie, 1880, S. 463.

möglichen Menschenrassen, fehlt aber den Anthropoiden oder ist hier doch nur sehr schwach angedeutet. Virchow betrachtet dies Vorkommen mit Recht als eine Thierähnlichkeit, aber nicht etwa als eine Besonderheit wilder oder geradezu niederer Rassen.[1]

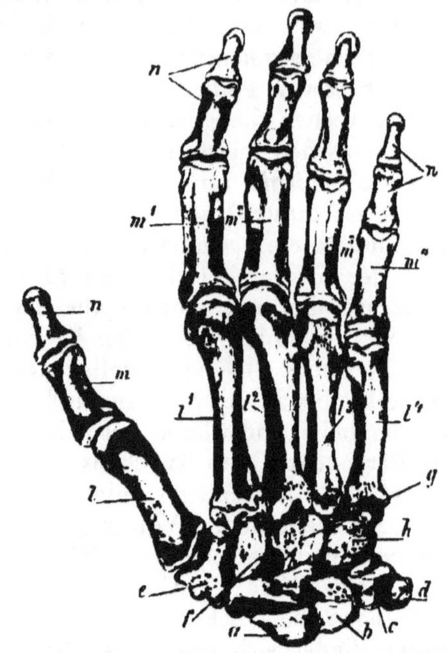

Fig. 42. Rückenansicht des Handskelets des Menschen.
a Kahnbein. *b* Mondbein. *c* Dreiseitiges Bein. *d* Erbsenbein. *e* Grosses, *f* kleines vielwinkeliges Bein. *g* Kopfbein. *h* Hakenbein. *l*—*l*⁴ Mittelhandknochen. *m*—*m*⁴ und *n*, *n* Fingerglieder.

Das Schienbein menschlicher Individuen zeigt nicht ganz selten eine Compression, eine seitliche Abplattung seines Schaftes oder Mittelstückes, dessen

[1] Alttrojanische Gräber und Schädel. Aus den Abhandlungen der Königl. Akademie der Wissenschaften zu Berlin, 1882, S. 47.

Querdurchmesser dadurch in ein auffallendes Misverhältniss zu seinem Tiefendurchmesser gelangt. Man nennt solche Schienbeine schwertklingenförmig oder platycnemisch. Derartig geformte Knochen wurden besonders an alten Fundstätten aufgedeckt, so z. B. bei Gibraltar, zu Perthi-Chwareu, im Wiltshire, in der Lozère, zu Clichy, Saint-Suzanne (Sarthe), in sehr hervorragendem Grade aber zu Cro-Magnon (Fig. 43), Janischewek u. s. w.

Man beobachtet auch zuweilen solche Specimina aus der Reihe der ältern und modernen Culturvölker. Virchow z. B. entdeckte solche Knochen in Transkaukasien (3. und 4. Jahrhundert n. Chr.) und zu Hanai-Tepe in der Troas. Jede grössere europäische Anatomie wird einzelne Schienbeine aufzuweisen haben, an denen ein gewisser Grad der Platycnemie zu demonstriren ist. Dergleichen lassen sich auch an den Skeleten von Naturvölkern der Jetztwelt erkennen, so z. B. an denen von Negritos, Kanakas, afrikanischen Schwarzen u. a. Während einzelne Forscher die Platycnemie als einen krankhaften Zustand, als eine Wirkung der Rhachitis, auffassen wollten, glaubten andere mit mehr Recht denselben einer kräftigen, nach einer einseitigen Richtung hin geübten Muskelthätigkeit zuschreiben zu sollen. Die von Busk u. s. w. ausgesprochene Idee, dass die in alteuropäischen Fundstätten aufgedeckten platycnemischen Schienbeine einer bestimmten niedern, über unsern ganzen Erdtheil verbreitet gewesenen Menschenrasse angehört hätten, verliert gegenüber der weiten Verbreitung dieser Eigenthümlichkeit, auch in der Jetztzeit, ihren Halt. Es fragt sich überhaupt, ob die Platycnemie absolut einem niedern Zustande entspreche. Virchow fand zu einem bei Janischewek aus einem kujawischen Grabe der Steinzeit ausgehobenen extrem platycnemischen Schienbein (S. 129) gehörig einen Schädel, der sich durch ungewöhnliche Schönheit und Grösse auszeichnete, sodass er, für sich betrachtet, bei jedem Anatomen den Eindruck einer hoch organisirten Bevölkerung machen würde.[1]

Es ist hier für uns von besonderm Interesse, dass man die Platycnemie als einen affenähnlichen Zustand hat auffassen wollen. Darauf hin hat man denn auch jene niedere Stellung vorwiegend platycnemischer Bevölkerungen zu begründen versucht. Boyd-Dawkins bemerkt bereits, dass die Schienbeine des Gorilla und des Chimpanse zwar in gewissem Grade platycnemisch seien, aber doch nicht so sehr wie die menschlichen

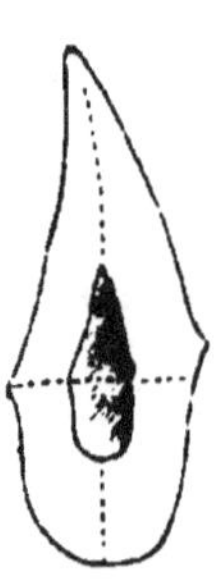

Fig. 43. Durchschnitt durch ein platycnemisches Schienbein von Cro-Magnon.

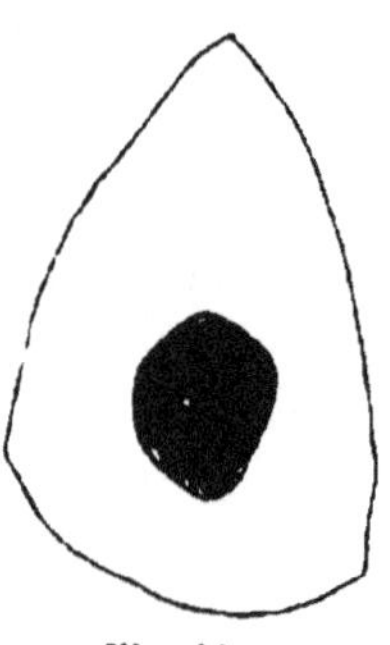

Fig. 44. Durchschnitt durch das Schienbein eines männlichen Gorilla.

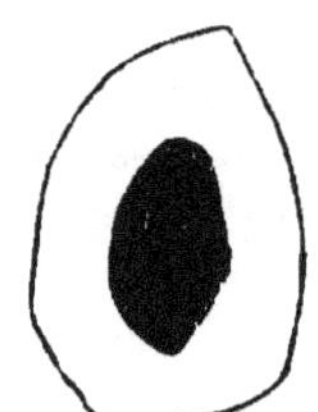

Fig. 45. Durchschnitt durch das Schienbein eines männlichen Chimpanse.

platycnemischen Knochen. Das Schienbein eines männlichen Gorilla im College of Surgeons habe einen Breitenindex von 68,1, das eines Weibchens von 65,0, während der Index der Chimpansentibia 61,1 betrage oder gerade so viel, wie im Mittel die Tibien von Perthi-Chwareu angeben. Es sei unnöthig, auf die übrigen ausgeprägten Unterschiede zwischen der Affen- und der Menschentibia hinzuweisen; wenn man jedoch die Platycnemie genetisch erklären wollte, so müsste man zugeben, dass der Mensch in dieser Beziehung die Affen

[1] Sitzungsbericht der berliner Anthropologischen Gesellschaft vom 17. April 1880, S. 174.

bei weitem überholt hätte.[1] Virchow bemerkt a. a. O., dass die höher organisirten Affen nicht platycnemisch seien. Weder der Gorilla, noch der Chimpanse, noch der Orang-Utan besässe eine oben oder in der Mitte abgeflachte Tibia, so wenig als der Pavian. Bei allen diesen Affen sei namentlich die Mitte des Knochens mehr oder weniger gerundet, zum Theil drehrund u. s. w. Nach meinen eigenen Erfahrungen ist der Grad der Platycnemie bei den Anthropoiden gewissen Variationen unterworfen. Am wenigsten ausgeprägt erschien mir dieselbe beim alten männlichen Gorilla (Fig. 44) und bei Gibbons *(Hylobates agilis, syndactylus)*, bei welchen letztern Thieren der Querschnitt der Tibia sogar nahezu ein gleichschenkeliges Dreieck darstellte. Stärker ausgeprägt war die Platycnemie bei einem fast ausgewachsenen Gorillaweibchen, noch entschiedener bei einem alten Chimpansemännchen (vom Kuiluflusse stammend), ferner bei einem alten Chimpanseweibchen. Dagegen war die Mitte des Tibiaschaftes eines andern alten männlichen Loango-Chimpanse (Fig. 45) wieder nicht platycnemisch, sondern mehr abgerundet. An den von mir untersuchten Schienbeinen erwachsener Orang-Utans zeigte sich die Platycnemie durchweg ausgesprochen. Im Anschluss an Boyd-Dawkins bemerke ich aber, dass mir eine so grossartige Platycnemie wie z. B. diejenige des Schienbeins von Cro-Magnon (Fig. 43) und des andern von Troja bisjetzt bei einem Anthropoiden n i c h t begegnet ist.

Wirft man einen auch nur oberflächlichen Blick auf die hintern Affengliedmaassen, so sehen wir an der Fusswurzel der letztern alle diejenigen Elemente ausgeprägt, welche auch die menschliche Fusswurzel charakterisiren. Hier sind Sprungbein, Hackenbein, Kahnbein, drei Keilbeine und ein Würfelbein vorhanden.

---

[1] Die Höhlen und die Ureinwohner Europas. Aus dem Englischen von J. W. Spengel (Leipzig und Heidelberg 1876), S. 140.

Allerdings sind hier auch manche von den gleichen menschlichen Verhältnissen abweichende Eigenthümlichkeiten ausgeprägt. Der erste Mittelfussknochen ist am ersten Keilbein mittels eines vom Fussrücken zur Fusssohle verlängerten Freigelenks eingesetzt. Dieses Fussglied spielt hier also eine ähnliche Rolle wie der Daumen der menschlichen Hand. (Fig. 20 und 46).

Fig. 46. Fusskelet des Menschen von oben gesehen.
a Sprungbein. *b* Hackenbein. *c* Kahnbein. *d* Erstes, *e* zweites, *f* drittes keilförmiges Bein. *g* Würfelbein. *h* Mittelfussbeine. *i*, *i* Zehenglieder.

Nach Huxley's Darstellung endet die hintere Gliedmaasse des Gorilla in einen wahren Fuss mit einer sehr beweglichen grossen Zehe. Es ist allerdings ein Greiffuss, aber doch in keiner Weise eine Hand: es ist ein Fuss, der in keinem wesentlichen Charakter, sondern nur in blos relativen Verhältnissen, im Grade der Beweglichkeit und der untergeordneten Anordnung seiner Theile von dem des Menschen abweicht. Man dürfe indess nicht glauben (fährt Huxley fort), dass er den Werth dieser von ihm nicht für fundamental erachteten Differenzen zu unterschätzen suche. Sie seien in ihrer Art wichtig genug, da in jedem Falle der Bau des Fusses in strenger Beziehung zu den übrigen Theilen des Organismus stehe. Auch könne nicht bezweifelt werden, dass die weiter gehende Theilung der Arbeit beim Menschen, sodass die Funktion des Stützens gänzlich dem Beine und Fusse übergeben wurde, für ihn ein Fortschritt im Bau von grosser Bedeutung sei, nach allem aber seien, anatomisch betrachtet, die Uebereinstimmungen zwischen dem Fusse des Menschen und dem Fusse des Gorilla viel auffallender und bedeutungsvoller als die Verschiedenheiten. Der Fuss des Orang weiche noch mehr ab, seine sehr langen Zehen und kurze Fusswurzel, kurze grosse Zehe und in die Höhe gerichtete Ferse, die grosse Schiefe der Gelenkverbindung mit dem Unterschenkel und dem Mangel eines langen Beugemuskels für die grosse Zehe trennten denselben noch viel weiter vom Fusse des Gorilla, als der letztere vom Fusse des Menschen entfernt sei. Bei einigen der niedrigen Affen entfernten sich Hand und Fuss noch weiter von denen des Gorilla, als sie es beim Orang thäten. Bei den amerikanischen Affen hörte der Daumen auf, gegenüberstellbar zu sein; beim Klammeraffen (*Ateles*) sei er bis zu einem blossen, von Haut bedeckten Rudiment verkümmert (Fig. 47); bei den Sahuis sei er nach vorn gerichtet und wie die übrigen Finger mit einer gekrümmten Kralle versehen — sodass in allen diesen Fällen kein Zweifel darüber bestehen könne, dass die Hand von der des Gorilla verschiedener sei, als die des Gorilla von der des Menschen.[1]

Flower bemerkt, dass der Hauptunterschied zwischen Menschen- und Affenfuss darin bestehe, dass letzterer zu einem Greiforgan umgewandelt sei. Fusswurzel-, Mittelfuss- und Zehenknochen zeigten sich bei beiden Ordnungen in gleicher Zahl und in gleicher gegenseitiger Stellung, nur sei beim Affenfusse die Gelenkfläche des ersten keilförmigen Beins für die grosse Zehe sattelförmig und schief gegen die innere oder Tibialseite des Fusses gekehrt. Die grosse Zehe stehe deshalb getrennt von den übrigen und sei so angeordnet, dass, wenn sie gebeugt werde, sie sich zur Sohle herabbiege und den andern Zehen sich entgegensetze, weit mehr,

---

[1] Zeugnisse u. s. w., S. 101. — Derselbe, A Manual of the Anatomy of vertebrated Animals (London 1871), S. 481.

als dies mit dem Daumen der menschlichen Hand geschehen könne.[1] Auch Owen spricht über die charakteristische Umgestaltung der grossen Zehe des Affenfusses in einen entgegenstellbaren, zum Greifen geeigneten Daumen.[2]

Fig. 47. Coaita (*Ateles paniscus*).

K. E. von Bär mag nun Huxley nicht beistimmen, wenn dieser den Unterschied zwischen dem Menschen und dem Gorilla geringer erachtet als den der verschiedenen Affen untereinander. „Man kann", sagt Bär,

---

[1] An Introduction to the Osteology of the Mammalia (London 1870), S. 310.

[2] On the Anatomy of the Vertebrates, II, 551. Ferner meine eigenen Arbeiten im Archiv für Anatomie u. s. w., 1876, S. 648, Anm. 2.

„Unterschiede verschiedener Art unter den Affen finden. Bei einigen ist der Daumen nur ein Stummel, bei den andern, wie beim Orang-Utan, sind die Finger der hintern Extremität so lang und gekrümmt, dass sie auf ebenem Boden gar nicht ausgestreckt werden können; bei vielen kleinern Affen sieht die Hinterhand noch mehr handähnlich aus, als bei den grossen, schweren Affen, und die Finger können sehr gut auf dem Boden ausgebreitet werden. Hier ist nämlich das Fussgelenk ein viel weniger scharf ausgebildetes, und es erlaubt daher mannichfache Beugungen, sodass auch die Sohlenfläche, welche eigentlich nach innen gerichtet ist, auf den Boden zu liegen kommt. Je schwerer der Körper wird, desto schärfer muss das Fussgelenk ausgebildet werden, und desto weniger kann es daher die freien Bewegungen gestatten, die dem Handgelenk zukommen. Alle diese Modificationen sind aber nur Modificationen eines Kletterfusses oder eines greifenden Gliedes, d. h. einer Hand, nicht aber Modificationen eines festen, den ganzen Rumpf auf dem Boden tragenden Fusses.

„Man darf überhaupt nicht vergessen, dass der Bau des Knochengerüstes von mechanischen Gesetzen bedingt wird, was sich durch die ganze Reihe der Thierwelt erweisen lässt. Das glauben wir hier bei Gelegenheit des menschlichen Baues recht anschaulich machen zu müssen.

„Der Fuss des Menschen tritt mit dem grössern Theile seiner Länge, d. h. mit dem Hinter- und Mittelfusse, die zusammen ein festes Gewölbe bilden, auf den Boden auf. Die Fusswurzel besteht aus dem Sprungbeine, ferner aus dem Fersenbeine, welches beim Menschen einen stark vorspringenden, nach hinten und unten gerichteten Fersenhöcker bildet, und noch fünf andern Knochen. Der Mittelfuss besteht aus fünf Knochen, woran die fünf Zehen sitzen. Diese Mittelfussknochen sind beim Menschen bedeutend länger als die einzelnen Zehenglieder. Das Gewölbe, auf welches der Mensch beim Auftreten sich stützt, reicht also vom Fersenhöcker bis an die Spitzen der Mittelfussknochen. Die einzelnen Knochen sind zwar ein wenig beweglich untereinander, aber sehr feste Bänder bewirken doch, dass sie nur äusserst wenig auseinander weichen können, ohne dass irgendein Muskel dazu verwendet wird. Um die Zehen an den Boden zu drücken, ist aber Muskelthätigkeit nöthig. Das feste Gewölbe gibt noch den Vortheil, dass an die kleinen Unebenheiten der Erdoberfläche der Fuss besser angedrückt werden kann. Es ist augenscheinlich, wie kurz die Zehen (in der Seitenansicht des menschlichen Fussskelets) im Verhältniss zu dem langen, festen Gewölbe sind. Die Sohlenfläche ist in jeder natürlichen Stellung, auch wenn der Mensch nicht geht oder steht, nicht nach innen gerichtet, sondern nach der Gegend, welche die untere Seite wird, wenn der Mensch sich erhebt.“ „Die Zehen des Gorilla zeigen deutlich die Form einer Hand, indem die grosse Zehe wie ein Daumen absteht, die übrigen Zehen aber nach der äussern Seite gedreht sind. Die Fusswurzel ist beim Gorilla verkürzt, der Fersenhöcker ist nach innen gekrümmt. Die einzelnen Knochen des Fusses vom Menschen finden sich allerdings in der Hinterhand des Gorilla wieder, aber es ist ein ganz anderes Organ geworden, ein Organ zum Greifen, d. h. eine Hand. Es ist diese letztere aus denselben Elementen gebildet wie der Fuss des Menschen, aber zu einem andern Organ. Das Verhältniss ist also dasselbe wie in den Mundtheilen der Insekten, die bei einigen gegeneinander bewegliche Kiefer bilden, bei andern aber dünn und lang sind und einen Stachel formen. Wenn man behauptet, die Affen hätten keine hintere Hand, sondern einen Fuss, so ist das ganz ebenso, als wenn man sagte, die Mücke habe keinen Stachel, sondern verdünnte Kiefern.“ [1]

---

[1] Studien aus dem Gebiete der Naturwissenschaften (Petersburg 1876), II, 316.

Alle Affen, auch die Anthropoiden, bedienen sich ihrer hintern Extremitäten gelegentlich zum Ergreifen von Gegenständen. Sie gewinnen damit besondern Halt beim Klettern. Wenn sie bei solchen Veranlassungen eine ergriffene Frucht vor dem Futterneide von ihresgleichen sichern wollen, so nehmen sie diese wol zwischen die Zehen der einen hintern Extremität, um dann mit der andern und mit den beiden Händen schneller davonkommen zu können.

Man ersieht übrigens aus obiger Darstellung, wie schwer es hält, eine Verständigung der verschiedenen Beobachter über eine passende Benennung der hintern Extremität der Affen herbeizuführen. Gegen die Aufrechthaltung einer Bezeichnung „hinterer Hände“ spricht einmal der anatomische Grundbau und zweitens auch der Umstand, dass eine wirkliche Hand jenen höhern Grad von Rotationsfähigkeit beanspruchen darf, den zwar die Vorder-, nicht aber die Hinterextremitäten der Affen in dem erforderlichen Grade an den Tag legen. Ich habe deshalb schon früher die passendere, jeden Zweifel ausschliessende Bezeichnung „Greiffuss“ für jenen Theil adoptirt.[1] In Uebereinstimmung mit Häckel möchte ich daher auch die noch vielfach gebräuchliche Unterscheidung der Affen als Vierhänder oder *Quadrumana* für unberechtigt erklären.

Die das Knochengerüst der Anthropoiden zusammenhaltenden, dessen einzelne Elemente zu einer beweglichen Maschinerie vereinigenden Bänder oder Ligamente weichen im Ganzen nur wenig von denselben Bildungen des Menschen ab. Eine detaillirte Darstellung dieser Verhältnisse dürfte sich für die Zwecke dieses Buches aus verschiedenen Gründen nicht eignen. Es sollen hier vielmehr nur einzelne interessantere Verschiedenheiten und Eigenthümlichkeiten Platz finden. So ist z. B. beim Gorilla das Nackenband ungemein kräftig, ganz entsprechend der starken Entwickelung

---

[1] Hartmann im Archiv für Anatomie u. s. w., 1876, S. 653.

der Dornfortsätze der obern Halswirbel und der Abplattung der Hinterhauptsschuppe. Bei der tiefen Einschiebung der Kreuzbeinwirbel zwischen die hohen Darmbeinschaufeln (S. 121) erreichen die Lenden-Darmbeinbänder *(Ligamenta iliolumbalia)* und die Kreuzbein-Darmbeinbänder *(Ligam. iliosacralia)* eine beträchtliche Grösse. In Uebereinstimmung mit dem tiefen Herabragen der Höcker der hohen, schmalen Sitzbeine sind die zwischen erstern und dem Kreuzbein sich ausdehnenden Knorren-Kreuzbeinbänder *(Ligamenta tuberoso-sacra)* beim Chimpanse von sehr bedeutender Länge. Obgleich hier der Sitzbeinstachel nur durch eine Knochenrauhigkeit ersetzt wird, so erstreckt sich dennoch zwischen dieser und dem Heiligenbein jederseits ein kräftiges Spitzen-Kreuzbeinband *(Ligamentum spinoso-sacrum)*.

Der berühmte Anatom J. F. Meckel hatte den Chimpanses und Orang-Utans eine dem runden Hüftbande zur Insertion dienende Vertiefung des Oberschenkelbein-Kopfes *(Fovea capitis)* abgesprochen und bemerkt, dass das erwähnte Band nicht nur den vorhin angeführten Affen, sondern auch noch den Gibbons fehle. Welcker fand nun an dem mit Bändern präparirten Skelet eines jungen Chimpanse mit Milchgebiss ein vollständig entwickeltes, fast in die Mitte des ein Kugelsegment bildenden Schenkelbeinkopfes eingepflanztes, rundes Hüftband. Dies stimmte in allen Beziehungen mit derselben Bildung beim Menschen überein. Dagegen liess die Hüftgelenkkapsel eines jungen Orang-Utan nicht eine Spur eines runden Hüftbandes auffinden. Der Knorpelüberzug des Schenkelkopfes war überall platt, ohne Andeutung einer Einpflanzungsstelle des Bandes. In Uebereinstimmung hiermit fand Welcker die Oberschenkelbeine eines alten männlichen Orang-Utan ohne die obenerwähnte Grube. Auch zeigten die Oberschenkelbeine eines andern alten (als *Simia Morio* bezeichneten) Orang-Utan keine Spur der Grube. Welcker glaubt feststellen zu dürfen, dass das runde Hüftband dem Orang-Utan fehle, dass es aber beim Gorilla,

Chimpanse und Gibbon vorhanden sei. Derselbe Forscher bemerkt, dass wenn der vollständige Mangel einer Grube des Schenkelbeinkopfes einen sichern Schluss auf das Fehlen des runden Bandes gestatte, umgekehrt die Anwesenheit einer Grube in der Hüftbeinpfanne *(Fovea acetabuli)* an sich keinen Beweis für ein dort eingepflanzt gewesenes rundes Band liefere. Die von Welcker untersuchten Hüftbeine erwachsener Orang-Utans zeigten zwischen den beiden Schenkeln der halbmondförmigen Gelenkfläche eine nur kleine, von dem Hüftpfanneneinschnitt aus rinnenförmig in die Gelenkpfanne eindringende, für den Gefässeintritt bestimmte Grube.[1]

Welcker bemerkt in einem Nachtrage hierzu, dass das Fehlen des runden Bandes beim Orang-Utan und das Nichtfehlen desselben beim Chimpanse bereits früher durch Camper[2] und Owen[3] bestätigt worden sei.[4] Owen fand bei drei frisch erworbenen Exemplaren des Orang das runde Hüftband auf beiden Seiten mangelhaft ausgebildet. Der Chimpanse soll sich dadurch vom Orang unterscheiden, dass ersterer eine Grube am Oberschenkelbein-Kopfe besitzt. Beim Gorilla hat diese Grube nach Owen fast dieselbe Lage, Tiefe uud Stellung wie beim Menschen. Auf Welcker's Ansuchen bestätigte Professor Dippel in der darmstädter Naturaliensammlung die Anwesenheit der Grube an den Oberschenkelbeinen eines daselbst vorhandenen Gorillaskelets. Saint-George Mivart sah an einem Orangskelet jedes Oberschenkelbein mit einer kleinen, aber deutlich ausgeprägten Grube an derjenigen Stelle versehen, an welcher sich sonst das runde Band anzuheften pflegt.

---

[1] Welcker in His und Braune's Archiv, Jahrg. 1, S. 71.

[2] Camper, Oeuvres, I, 152. — Naturgeschichte des Orang-Utan u. s. w. Deutsch von Herbell (Düsseldorf 1791), S. 187.

[3] Owen. Transactions of the Zoological Society of London, I, 365—368. Ibid., V, 15.

[4] Welcker in His und Braune's Archiv, Jahrg. 2, S. 106.

Welcker glaubt nun annehmen zu können, dass das runde Band bei einzelnen Exemplaren des Gorilla nur schwach entwickelt sei und auch nicht so selten fehle. Dieser Forscher beobachtete an mehrern Oberschenkelknochen von Gorillas nur zweifelhafte Spuren der beschriebenen Gruben. Duvernoy fand bei Gorilla und Chimpanse das runde Band sehr stark. Vrolik vermisste es beim Orang-Utan, bestätigte dagegen sein Vorkommen beim Chimpanse. Gratiolet und Alix sahen es bei ihrem *Troglodytes Aubryi* sehr entwickelt.

Der Verfasser dieses Werkchens bemerkt zu diesen zum Theil voneinander abweichenden Angaben, dass einzelne von ihm untersuchte Hüft- und Oberschenkelbeine der Gorillas bald deutliche, bald weniger deutliche Gruben für das runde Band zeigten. Das letztere wurde am Gorillacadaver selber präparirt. Aehnliche Verhältnisse liessen sich an Skeleten und an Cadavern von Chimpanses erhärten. — Was Orangskelete betrifft, so zeigten sich an dem linken Schenkelkopfe des einen nur schwache Spuren einer Grube. An den andern Knochen der übrigen Individuen fehlten auch solche Spuren. Ein grosser im berliner Aquarium verstorbener Orang-Utan liess nur in der rechten Hüftpfanne kurze flockige Bündel von gestreiftem Bindegewebe erkennen, welchem letztern einzelne oder gruppenweis beieinanderstehende Knorpelzellen eingemischt waren. Dieselben verhielten sich ähnlich wie die Knorpelkörperchen der Gelenkzotten. Es lässt sich aus den oben mitgetheilten Angaben der Schluss ziehen, dass das runde Band beim Gorilla und beim Chimpanse zwar in der Mehrzahl der Fälle — nicht völlig constant — vorhanden sei, dass jenes aber dem Orang-Utan durchgängig fehle. Bei den Gibbons ist es wieder im vorherrschender Menge vertreten. Ich selbst beobachtete sein Vorkommen bei *Hylobates agilis*, *leuciscus* und *syndactylus*. Owen hält das Fehlen dieses Ligaments beim Orang für eine der Ursachen des schwankenden Ganges dieses Affen Die Stichhaltigkeit einer solchen Annahme wird jedoch durch den nicht seltenen Mangel auch bei den andern Anthropoiden mindestens zweifelhaft gemacht. Uebrigens zeigt die Gangart aller dieser hauptsächlich auf das Baumleben, auf das Klettern, angewiesenen Thiere etwas höchst Ungeschicktes.

Sehr interessant ist die Muskulatur der menschenähnlichen Affen. Es kann hier natürlich nicht meine Aufgabe werden, eine Uebersicht der gesammten Myologie der Anthropoiden zu gewähren. Ich wollte vielmehr nur einige wichtige, dies Organsystem betreffende Punkte und ihr Verhalten zu entsprechenden Punkten der menschlichen Muskulatur hervorheben. Ich stütze mich hierbei erstens auf fremde, zweitens auf eigene Untersuchungen. Leider ist das gesammte uns bisjetzt vorliegende Material immer noch zu dürftig, um daraus für alle Fälle genügende Schlüsse ziehen zu können. Wir vermögen daher häufig noch nicht zu entscheiden, was in dem vorliegenden Verhältnisse des Muskelbaues eines Anthropoiden Norm, was Variation sei. Ist doch auch die Statistik der Muskelvarietäten beim Menschen noch bei weitem nicht sichergestellt. Meine eigenen Arbeiten sind in dieser Hinsicht noch nicht zum Abschluss gelangt. Das aber, was von sogenannten Autoritäten in dieser Hinsicht in die Welt geschickt und von dieser auch als maassgebend anerkannt wurde, hat sich zum Theil schon jetzt als hinfällig erwiesen. Daher wird selbst das Wenige, was ich hier zu geben vermag, nicht vollständig die Probe bestehen können. Wie richtig sagt Brühl, dass in keinem Theile der Anatomie mehr als in der Muskellehre die Regel gelten solle, erst nach einer grössern Reihe von Untersuchungen über Norm und Ausnahmen eines Gebildes abzuurtheilen. [1]

Der Schädelmuskel dieser Thiere ist bis auf wenige, nicht erhebliche Eigenthümlichkeiten demjenigen des Menschen ähnlich gebildet. (Vgl. z. B. Fig. 48 und

[1] Wiener medicinische Wochenschrift, 1871, S. 4 fg.

Fig. 50.) Ich sah nicht vom Augenschliessmuskel aus auf die Wange und Schläfe übertretende Bündel sich abzweigen, diese dagegen an dem von mir präparirten Kopfe eines Monjalo-Negers eine sehr beträchtliche Entwickelung erreichen. (Fig. 49, 3, 3'.) Am Augenschliessmuskel der

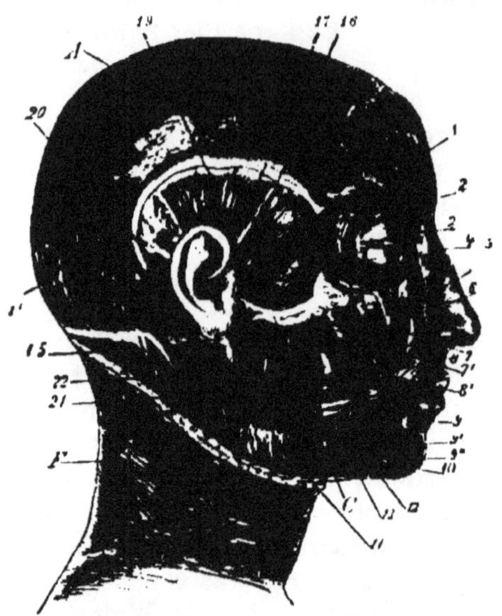

Fig. 48. Kopfmuskeln eines Europäers.

1 Stirnmuskel. 1' Hinterhauptsmuskel. 2, 3 Augenschliessmuskel. 4 Nasenrückenmuskel. 5 Gemeinschaftlicher Hebemuskel des Nasenflügels und der Oberlippe. 6 Zusammendrücker der Nase. 7 Hebemuskel der Oberlippe. 7' Kleiner Jochmuskel. 8 Hebemuskel des Mundwinkels. 8' Grosser Jochmuskel. 9 Schliessmuskel des Mundes. 9' Kinnheber. 9" Niederziehmuskel der Unterlippe. 10 Derjenige des Mundwinkels. 11 Kaumuskel. 12 Lachmuskel und 13 der davon bedeckte Trompetermuskel. 15 Kapuzinermuskel. 16 Anzieher, 17, 19 Heber, 20 Rückwärtszieher des Ohrs. 21 Kopfnicker. 22 Bauschmuskel. *A* Sehnenhaube des Schädelmuskels. *C* Jochbogen (die Ohrspeicheldrüse ist abgelöst). *F* Halshaut.

Affen zeigte sich namentlich die den Oberaugenhöhlenbogen deckende Portion stark ausgeprägt. (Fig. 50, 3.) Die an der Nase und Oberlippe befindliche Muskelschicht ist meist sehr stark. Ich konnte sie sowol bei den menschenähnlichen wie auch bei andern Affen, selbst solchen der Neuen Welt, in ihre einzelnen Züge, d. h.

in die Jochmuskeln, in den Hebemuskel der Oberlippe, den gemeinschaftlichen Hebemuskel des Nasenflügels und der Oberlippe, zerlegen. Dasselbe haben Duvernoy, Alix und Gratiolet an den von ihnen zergliederten Anthropoiden auszuführen vermocht. In ähnlicher Weise

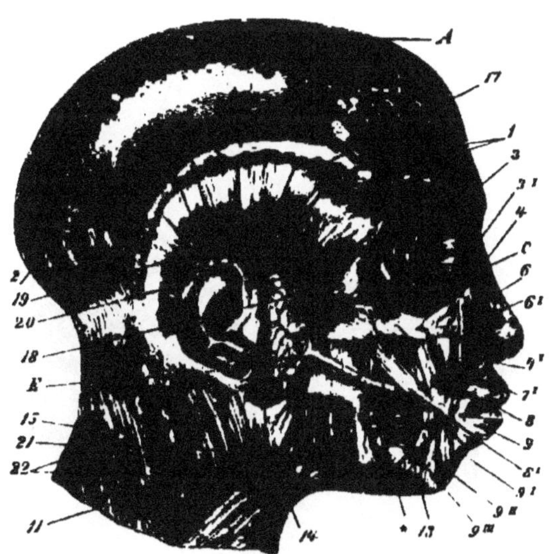

Fig. 49. Kopfmuskeln eines Monjalo-Negers.

1 Stirnmuskel. 2 Hinterhauptsmuskel. 3, 3′ Augenschliessmuskel. 4 Nasenrückenmuskel. 4′ Hebemuskel der Oberlippe. 6 Gemeinschaftlicher Hebemuskel des Nasenflügels und der Oberlippe. 6′ Zusammendrücker der Nase. 7′ Hebemuskel des Mundwinkels. 8 Kleiner, 8′ grosser Jochmuskel. 9 Schliessmuskel des Mundes. 9′ Kinnheber. 9″ Niederziehmuskel der Unterlippe. 9‴ Niederziehmuskel des Mundwinkels. 11 Kaumuskel. 13 Trompetermuskel. 14 Unterhautmuskel des Halses. 15 Kapuzinermuskel. 17 Emporheber, 18 Anzieher des Ohrs. 19 Der in der Tiefe gelegene Schläfenmuskel. 20 Rückwärtszieher des Ohrs. 21 Kopfnicker. 22 Tiefere Halsmuskeln. *A* Sehnenhaube des Schädelmuskels. *C* Jochbogen. *E* Ohrspeicheldrüse. * Stenson'scher Gang.

sind auch Macalister und Bischoff verfahren. Letzterer Forscher möchte beim Orang einen breiten Jochmuskel nur mit dem kleinen Jochmuskel des Menschen identificiren. Ich selbst habe bei Orangs, beim Gibbon, beim Pavian, dem Hutaffen *(Innus sinicus)* und bei Klammeraffen *(Ateles)* die Trennung in kleinen und grossen

Jochmuskel wohl durchführen können. Der gemeinschaftliche Emporheber der Oberlippe und des Nasenflügels war an dem von mir zergliederten Gorilla sehr breit. (Fig. 50, 6.) Ehlers präparirt den kleinen Jochmuskel, ferner die Aufheber der Oberlippe sowie des Nasenflügels des Gorilla einheitlich nach der von

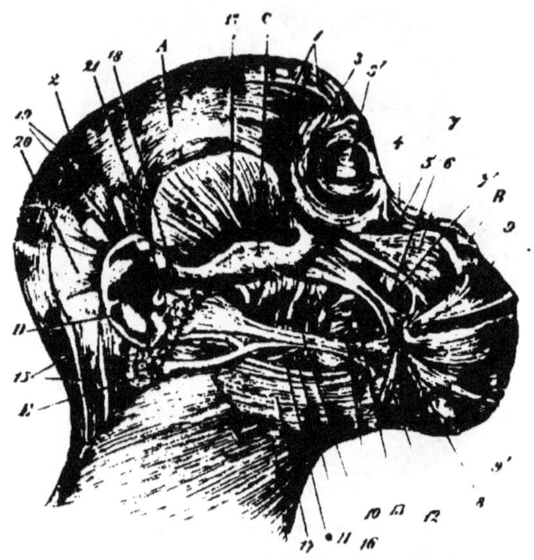

Fig. 50. Kopfmuskeln des S. 20 abgebildeten Gorilla.

1 Stirnmuskel. 2 Hinterhauptsmuskel. 3, 3′ Augenschliessmuskel. 4 Nasenrückenmuskel. 5 Hebemuskel des Nasenflügels. 6 Gemeinschaftlicher Hebemuskel des Nasenflügels und der Oberlippe. 7 Kleiner Jochmuskel. 7′ Hebemuskel des Mundwinkels. 8 Grosser Jochmuskel. 9, 9′ Schliessmuskel des Mundes. 10 Lachmuskel. 11, 16 Kaumuskel. 1′ Trompetermuskel. 12 Niederziehmuskel des Mundwinkels. 13 Trompetermuskel. 14 Unterhautmuskel des Halses. 15 Kapuzinermuskel. 17 Schläfenmuskel. 18 Anzieher, 19 Heber, 20 Rückwärtszieher des Ohrs. 21 Kleinerer Leistenmuskel. *A* Sehnenhaube des Schädelmuskels. *B* Nasenflügelknorpel. *C* Jochbogen. *D* Acusseres Ohr. *E* Ohrspeicheldrüse. * Stenson'scher Gang.

Henle eingeführten Methode als viereckigen Oberlippenmuskel *(Musculus quadratus labii superioris)*. Beim Gorilla beobachtete ich einen Heber oder Spanner des Nasenflügels (Fig. 50, 5) neben dem oben erwähnten Heber des Nasenflügels und der Oberlippe gelegen, vermisste aber einen besondern Heber der Oberlippe. Der ungemein breite Nasenknorpel nimmt hier einen guten Theil Muskulatur für sich in Anspruch. Der Orang dagegen zeigte alle diese Muskeln zwar entwickelt, aber doch nur schmal und jeden derselben wieder in einzelne Bündel zerfallend. Der Nasenrückenmuskel ist überall zu erkennen, namentlich beim Gorilla (Fig. 50, 4) und Orang. Er ist schwächer beim Schimpanse und Gibbon, übrigens auch bei nichtanthropoiden Formen, z. B. beim Pavian und Klammeraffen, vorhanden.

Ich selbst befolge die althergebrachte Trennung der zum Nasenflügel und zur Oberlippe tretenden Muskeln in Uebereinstimmung mit den Principien der Duchenne [1], Darwin [2], Gamba [3] und anderer um so lieber, als eine ebenso mannichfaltige wie lebhafte mimische Action gerade in dieser Gegend des Affenkopfes unverkennbar ist. Das verschiedene Acte bildende Verziehen der Oberlippe und des Nasenflügels, die Blähung des letztern, die Thätigkeit auch eines sehr entwickelten Mundwinkelhebers (Fig. 50, 7') sind gerade beim Gorilla charakteristisch, sie sind aber selbst beim Chimpanse und Gibbon noch wahrnehmbar. In physiognomischer Hinsicht am ruhigsten verhält sich der Orang. Ich fand den Lachmuskel beim Gorilla sehr lang, vorn am Mundwinkel in kleinere, hinten aber in drei verschieden breite Bündel auseinanderweichend. Das unterste Bündel deckte den Hautmuskel des Halses, ohne dass man doch den obenerwähnten Muskel als einen Theil des letztern hätte in Anspruch nehmen dürfen. Ich fand den Lachmuskel in nur mässiger

---

[1] Mécanisme de la physiognomie humaine (Paris 1876), 2. Aufl.

[2] Der Ausdruck der Gemüthsbewegungen (Stuttgart 1877).

[3] Lezioni di anatomo-fisiologia applicata alle arti belle (Roma 1879), 2. Aufl.

Ausbildung bei einem Chimpanse und vermisste ihn bei andern Thieren dieser Art. Alix und Gratiolet bilden (Taf. IX, Fig. 1, 15) von ihrem Aubry-Chimpanse einen sehr entwickelten Lachmuskel ab. Ich beobachtete dieses Gebilde weder beim Orang noch beim Gibbon, wohl aber bei einem Klammeraffen (*Ateles leucophthalmos*). Der Muskel deckte neben dem Unterhautmuskel des Halses den Stenson'schen Gang, d. h. den Ausführungsgang der Ohrspeicheldrüse. (Fig. 50*.)

Ich war eine Zeit lang geneigt, den Lachmuskel dieser Affen nur als Ausstrahlung des Unterhautmuskels des Halses zu betrachten, bin aber in dieser Annahme wieder schwankend geworden.

An der Unterlippe liessen sich beim Gorilla ein schwacher Niederzieher des Mundwinkels und ein ebenso schwacher Niederzieher der Unterlippe bemerken (letzterer zum Theil überdeckt von dem grosse Dimensionen beherrschenden sehr starken Schliessmuskel des Mundes. (Fig. 50.) Beim Chimpanse und Orang sind die erstern Muskeln deutlich zu erkennen. Beim Gibbon war wenigstens der zuvörderst genannte Muskel entwickelt. Der Unterhautmuskel des Halses, die erwähnten Niederzieher und der deutlich kreisförmig entwickelte Schliessmuskel haften hier fest an- und theilweise auch zwischeneinander. A. Froriep's Angabe, dass diese Unterlippenmuskeln einer Kreuzung der entgegengesetzten, auf das Gesicht übertretenden Theile des Unterhaut-Halsmuskels ihre Entstehung verdanken, gewinnt mehr und mehr an Wahrscheinlichkeit. Der Trompetermuskel der Anthropoiden verhält sich im allgemeinen ähnlich wie derjenige des Menschen und wird wie hier von dem Stenson'schen Gange der vor dem Ohr gelegenen Ohrspeicheldrüse durchbohrt. (Fig. 50.) Auch der Kaumuskel ist dort ähnlich wie hier (vgl. Fig. 50, 11 und Fig. 50, 16) gebildet. Am äussern Ohr besitzen die Anthropoiden einen Anzieher, Emporheber und Rückwärtszieher. (Fig. 50.) Der Emporheber ist im Gegensatz zum Weissen (Fig. 48, 19) und namentlich zum Schwarzen (Fig. 49, 17) vergleichsweise nur schwach entwickelt. Die äussern Ohrknorpelmuskeln sind höchst dürftig und fehlen (wie auch zuweilen beim Menschen) theilweise gänzlich. Ich fand die Leistenmuskeln noch am kräftigsten beim Gorilla ausgeprägt. (Vgl. z. B. Fig. 50, 21.) Bischoff's Schwager Tiedemann in Philadelphia hat bei einer aufmerksamen Beobachtung zweier lebender Chimpanses während eines halben Jahres niemals eine Ohrbewegung wahrgenommen. Ich kann diese und die oben (S. 85) angeführten Bemerkungen Darwin's über die Unfähigkeit der Anthropoiden, ihre Ohren zu bewegen, aus eigener Anschauung bestätigen. Individuelle Ausnahmen sind mir nicht bekannt geworden. Es erscheint dies um so merkwürdiger, als doch einzelne Menschen die Fähigkeit zu einer willkürlichen Bewegung des Ohrs erhalten haben, wie denn auch gewisse Arten Meerkatzen, Paviane, Makakos und Magots dasselbe Vermögen bewahren.

Es scheint mir hier am Platze zu sein, die früher (S. 89—90) angeführten Einzelheiten über den physiognomischen Ausdruck am Kopfe der menschenähnlichen Affen noch etwas auszuführen. So soll z. B. der Gorilla im Affect die Kopfhaut verschieben und zugleich die diesen Theil bedeckenden Haare emporsträuben können. Auch bei Chimpanses habe ich eine Veränderung der Kopfhaut beobachtet, ohne dabei ein auffälliges Haarsträuben zu sehen. Der grosse männliche, 1876 im berliner Aquarium gehaltene Orang sträubte, wenn er sehr böse war, Haare und Kopfhaut. Bekanntlich steht diese Thätigkeit auch einzelnen Menschen zur Verfügung.

Ueber den Ausdruck der Augen dieser Thiere habe ich bereits früher (S. 90) gesprochen. Ich will hier noch hinzufügen, dass das Augenspiel schwer leidender, todtkranker Anthropoiden aller Arten auf mich nicht selten einen wahrhaft erschütternden Eindruck gemacht hat.

Die Stirn dieser Thiere furcht sich nicht selten der

Quere nach und zwar, wie Darwin richtig angibt, besonders dann, sobald sie ihre Augenbrauen erheben. Derselbe grosse Forscher findet die Gesichter der Anthropoiden im Vergleich mit den Menschen im allgemeinen ausdruckslos, und zwar hauptsächlich infolge des Umstandes, dass sie die Stirn bei keiner Seelenerregung runzeln sollen. Das Stirnrunzeln, welches eine der bedeutungsvollsten aller Ausdrucksformen bei dem Menschen ist, ist eine Folge der Zusammenziehung der Corrugatoren (Augenlidrunzler), durch welche die Augenbrauen herabgezogen und einander genähert werden, sodass sich auf der Stirn senkrechte Falten bilden. Man gibt freilich an, dass der Orang und Chimpanse diesen Muskel besitzen [1], er scheint aber nur selten in Thätigkeit versetzt zu werden, wenigstens in einer deutlichen Weise. Darwin fand bei Chimpanses, welche er aus ihrem dunkeln Zimmer plötzlich in hellen Sonnenschein versetzte, nur einmal ein sehr unbedeutendes Stirnrunzeln. Als derselbe Forscher die Nase eines Chimpanse mit einem Strohhalm kitzelte und dabei das Gesicht leicht runzelig wurde, erschienen auch unbedeutende senkrechte Furchen zwischen den Augenbrauen. Niemals sah Darwin das Stirnrunzeln bei einem Orang. [2] Ich selbst habe ein Zusammenziehen der nur borstig behaarten Brauengegend und eine Runzelung der über dem Nasengrunde gelegenen Haut bei Gorilla und Chimpanse nicht allein deutlich gesehen, sondern selbst durch Zeichnung zu erläutern vermocht.

Wenn nach Darwin ein junger Chimpanse gekitzelt wird — und ihre Achselhöhlen sollen wie bei Kindern für das Kitzeln besonders empfindlich sein —, so wird ein kichernder oder lachender Laut ausgestossen, ob-

---

[1] Macalister führt in den Annals and Magazine of Natural History, 1871, VII, 342 an, der Corrugator sei vom Augenschliessmuskel nicht zu trennen. Mir selbst ist dies ebenso wenig gelungen.

[2] Der Ausdruck der Gemüthsbewegungen, S. 129.

schon das Lachen auch zuweilen von keinem Laut begleitet wird. Die Mundwinkel werden dann zurückgezogen und dies verursacht zuweilen, dass die untern Augenlider leicht runzelig werden. Aber diese Runzeln, welche für unser eigenes Lachen so charakteristisch sind, zeigten sich bei einigen andern Affen noch deutlicher. Die Zähne im Oberkiefer werden beim Chimpanse nicht exponirt, wenn er seinen lachenden Laut ausstösst, in welcher Hinsicht er von uns abweicht. Darwin bemerkt ferner, dass wenn das „Lachen" gekitzelter junger Orangs aufhört, ein Ausdruck über ihr Gesicht geht, welcher nach Wallace's Bemerkung ein Lächeln genannt werden kann. Darwin hat etwas Aehnliches beim Chimpanse beobachtet.[1]

Ich selbst kann das oben über das Kichern gekitzelter Chimpanses Gesagte aus eigener Anschauung bestätigen. Eine dem Lächeln ähnliche, wiewol etwas sardonische Verzerrung der Mundwinkel, bei welcher beide Zahnreihen entblösst wurden, zeigten gewisse im berliner Aquarium gehaltene Chimpanses, sobald der Director dieser Anstalt, Dr. Hermes, mit ihnen Kurzweil trieb. In diesem Lächeln excellirte kein Exemplar so sehr als der muntere August, welcher im Jahre 1879 die Besucher durch seinen unerschöpflichen Humor begeisterte. Auch der Fig. 3 abgebildete Gorilla verzog, dank der S. 144 geschilderten Muskulatur, seinen Mundwinkel in behaglicher Stimmung.

Der gereizte Gorilla fletscht beide Zahnreihen des geöffneten Mundes, während er sich, unter Ausstossung wüthender Laute, zum Kampfe bereit macht. Bekannt ist die Fähigkeit der Anthropoiden, ihre Lippen weit vorzustrecken und zuzuspitzen. „Sie thun dies nicht blos, wenn sie leicht geärgert, mürrisch und enttäuscht sind, sondern auch, wenn sie sich über irgendetwas beunruhigen" — sagt Darwin.

---

[1] Der Ausdruck u. s. w., S. 120.

Häufiger habe ich bei Chimpanses ein kurzes Kräuseln, ja selbst ein Vibriren der seit- und oberwärts vom Nasenknorpel befindlichen Gegenden wahrgenommen. Jedenfalls gerathen dabei alle die S. 145 geschilderten, auf Nase und Oberlippe wirkenden Muskeln in einige Thätigkeit.

Der Unterhautmuskel des Halses, welcher beim Menschen sich oben bis in die Gegend der untern Zähne und nach unten etwas über die Unter-Schlüsselbeingrube hinaus erstreckt, hält beim Gibbon und bei den übrigen Affen ungefähr den gleichen Verbreitungsbezirk wie dort ein. (Fig. 50.) Dagegen erstreckt sich dieser Muskel beim Chimpanse mit seinen obern Bündeln bis an den Jochbogen, ja noch darüber hinaus. Auch beim Orang sah ich diesen Theil verhältnissmässig hoch am Antlitz hinaufgehen. Obere Bündel dieses Gebildes scheinen sich bei Chimpanses, Orangs und Gibbons ähnlich den Lachmuskeln zu verhalten. (S. 147.) In einem Falle sendete der Halsmuskel ein etwa 18 mm breites Bündel bis zum Beginn der untern Schläfenlinien empor. Beim Gorilla sah ich die obersten Bündel des Hautmuskels zum Theil vom Lachmuskel bedeckt. (S. 145, Fig. 50, 10.)

Von dem entsprechenden Muskel des Orang ziehen untere Bündel weit ab nach hinten und verbinden sich hier mit dem den Deltamuskel bedeckenden Abschnitt der Armbinde. Bekanntlich hebt dieser Muskel die Halshaut empor und hilft den Unterkiefer abwärts ziehen. Da wo er sich weit nach oben hin erstreckt, wie in den vorhin erwähnten Fällen, wirkt er wol zu der bei solchen Thieren in der That charakteristischen, seitlichen Dehnung der mittlern und untern Gesichtshaut, sowie zur grinsenden Verzerrung der Mundwinkel mit. Ja er vermag zugleich bei den kollernden, aus den Kehlsäcken dringenden Lauten, welche im Affect aus dem plötzlich geöffneten und schnell wieder geschlossenen Maule vorgestossen werden, mit in Action zu treten.

Der starke Kopfnickermuskel dieser Thiere lässt sich, namentlich beim Orang und Gibbon, ohne Zwang in eine Brustbein- und eine Schlüsselbeinportion sondern. Beide Portionen gehen nach unten hin auseinander. Wie Bischoff richtig angibt, lassen alle vier Anthropoidenarten einen bisjetzt beim Menschen noch nicht beobachteten Muskel erkennen, welcher sich vom äussern Schlüsselbeintheil aus bis zum Querfortsatz des ersten Halswirbels erstreckt. Bischoff hat denselben Schulternackenmuskel *(Musculus omocervicalis)* genannt. Er findet sich mit wechselndem Ursprung (auch an der Schulterhöhe, Schultergräte) bei den andern Affen. Unser münchener Anatom betrachtet diesen Muskel gegen Huxley als einen „glänzenden Beweis der Verwandtschaft aller Affen untereinander". Ich gebe diese Aeusserung hier ohne Commentar wieder.

Die zwischen Kopf, Brustbein und Schlüsselbein sich erstreckenden Muskeln, ferner die Zungenbein-Schulterblattmuskeln decken von aussen her den Kehlsack, dessen Beschreibung ich mir für weiterhin vorbehalte. Der grosse Brustmuskel des Gorilla zerfällt wie beim Menschen in eine Schlüsselbein- und eine Brustbein-Rippenportion. Erstere wird vom Deltamuskel durch eine breitere, mit Bindegewebe und Fett ausgefüllte Lücke getrennt. Aber auch diese Portion und die untere desselben Muskels lassen eine ziemlich weite Lücke zwischen sich, in welche sich nach Bischoff's Ansicht der Kehlsack hineindrängt. Dies glaube ich nun zwar nicht, denn das eben erwähnte Organ würde zwischen jenen Muskelportionen bei deren Action eine Klemmung, eine Strangulation, erleiden müssen. Dagegen liesse sich annehmen, dass durch die Lücken eine Raumvergrösserung für den in den Zustand der Aufblähung gerathenden Kehlsack vermittelt zu werden vermöchte. Bischoff spricht mit Recht dem Orang-Utan eine Schlüsselbeinportion des grossen Brustmuskels ab. Die obere desselben entspringt bereits am Handgriff des Brustbeins. Die untere Brustbein-Rippenportion des Thieres hängt mit der untern des kleinen Brustmuskels zusammen. Chimpanse und Gibbon zeigen eine deutliche Theilung der für Schlüsselbein und Brustbein bestimmten Abschnitte des in Rede stehenden Fleischgebildes.

Der kleine Brustmuskel dieser Affen bietet ein sehr interessantes Verhalten dar. Beim Gorilla zerfällt derselbe in eine obere, mehr einheitlich gebildete, schwieriger in Bündel zerlegbare, von der dritten bis fünften Rippe entspringende, und in eine untere Portion. Letztere entspringt mit drei Bündeln von der vierten bis siebenten Rippe und legt sich mit ihrem obern Abschnitte breit über den untern Abschnitt der obern Portion. Beim Chimpanse entspringt eine obere schwächere Portion von der zweiten bis vierten und eine untere mit drei Zipfeln oder Bündeln von der vierten bis siebenten Rippe. Diese zweite untere Portion kann auch fehlen. Ich sah die obere Portion sich an den Rabenschnabelfortsatz des Schulterblattes, die andere an die Gräte des grossen Oberarmbein-Höckers heften. Beim Orang entspringt eine obere dreizipfelige Portion von der zweiten bis fünften Rippe und heftet sich an den Rabenschnabelfortsatz. Eine untere, ebenfalls dreizipfelige Portion kommt von der fünften bis siebenten Rippe und heftet sich an den grossen Oberarmbein-Höcker, sowie auch an dessen Gräte; letztere Portion ragt über den grossen Brustmuskel nach unten hinaus vor. Beim Gibbon *(Hylobates albimanus)* entspringt die obere Portion von der zweiten, die untere von der dritten bis fünften Rippe. Es möge hier die Bemerkung platzgreifen, dass der kleine Brustmuskel auch beim Menschen zuweilen eine Theilung in Bündel erkennen lässt, welche sich sowol an den Rabenschnabelfortsatz als auch an das Kapselband des Schultergelenks anheften können. Bei den Anthropoiden sind die Anheftungssehnen dieses Gebildes auffallend schlank.

Nach Duvernoy bedeckt eine sehnige Haut kapuzenartig die ganze Hinterhaupt-Nackengegend des Gorilla. Dieselbe soll beim erwachsenen Männchen 20 mm Dicke besitzen. Bei dem S. 6 erwähnten Weibchen finden sich auch bereits die Anfänge einer solchen kapuzenähnlichen Nackenbinde. Jener französische Anatom gibt mit Recht an, dass diese Sehnenhaut beim jungen Gorilla noch nicht entwickelt, vielmehr durch die Lage von Bindegewebe und Fett ersetzt werde. In diesem Alter sah ich den Kappenmuskel (des Gorilla) durch Fettlagen in distincte Fleischbündel gesondert. (Fig. 50, 15.) Obiger Sehnenhaut entspricht die mächtige Entwickelung des Kappenmuskels, dem es übrigens auch bei den übrigen menschenähnlichen Affen an kräftiger Ausbildung nicht fehlt. Das erwachsene Gorillamännchen zeigt an starken langen Dornfortsätzen der Halswirbel ein sehr festes Nackenband, ferner kräftige Zwischendornmuskeln, Nackendornmuskeln, Halbdornmuskeln des Rückens, des Nackens und des Kopfes. Aber auch die immerhin noch sehr energisch ausgebildeten Dornfortsätze der Rückenwirbel der Gorillas (Fig. 17), sogar der Chimpanses und Orangs, bedingen die Ausbildung kräftiger Halbdornmuskeln, starker viertheiliger Rückgrat- und Zwischendornmuskeln. Die sämmtlichen übrigen vom Kappenmuskel bedeckten Fleischgebilde des Nackens des ausgewachsenen Gorillamännchens sind sehr voluminös, vor allen der bauschähnliche Muskel des Kopfes und Halses *(Musculus splenius capitis et colli)*, der lange Nackenmuskel *(Musculus longissimus cervicis)*, der lange Kopfmuskel *(Musculus longissimus capitis)*, die auch von mir nur als Theile des langen Rückgratstreckers angesehen werden, endlich die hintern schrägen und geraden Kopfmuskeln. Letztere möchte ich mit Chappuy für Umänderungen der Dorn- und Zwischendornmuskeln ansehen.

Der Schulterblattheber der Anthropoiden ist wie beim Menschen getheilt. Der Unterschlüsselbeinmuskel ist hier schwach bis auf den Gorilla, woselbst er mit einer Sehne schrägüber an den Hakenfortsatz geht.

Der Deltamuskel ist überall besonders entwickelt. Beim Gorilla spitzt er sich nach vorn und seitwärts zu, um sich erst beinahe an die Mitte des Oberarmbeins anzuheften. Er trennt sich hier in nicht sehr kenntlicher Art vom innern Armmuskel. Beim Gibbon reicht er etwa ebenso weit, desgleichen beim Orang, wogegen er beim Chimpanse seinen Ansatz nicht so weit abwärts nimmt. Bischoff bemerkt, dass, wie auch schon Vrolik angegeben habe, der Hakenarmmuskel beim Chimpanse an seinem Ursprunge eine ziemlich starke zweite Portion besitze, welche sich über den kleinen Oberarmbeinhöcker herabziehe und an dessen Gräte ansetze. Ich dagegen sah die beiden in der That vorhandenen Portionen des Muskels derselben Affenart sich an den Hakenfortsatz des Schulterblattes anheften. Beim Gorilla, Orang und Gibbon verhielt sich der Muskel demjenigen des Menschen entsprechend.

Chapman und Bischoff nennen einen allen Affen zukommenden Muskel, welcher von der Ansatzsehne des breiten Rückenmuskels an der Gräte des kleinen Oberarmbeinhöckers entspringt und an der hintern innern Seite des Oberarms herabzieht, den Breitenrücken-Gelenkknorrenmuskel (*Musculus latissimo-condyloideus* — so wenigstens glaube ich dies Anatomenlatein übersetzen zu sollen). Dieser Muskel geht nach weiterer Angabe Bischoff's theils in die den zweiköpfigen Armmuskel bedeckende Sehnenhaut, theils setzt er sich, wie beim Pavian, an das innere Zwischenmuskelband und an den innern Gelenkknorren des Oberarms fest. Beim Gibbon geht er nur bis zur Mitte des Oberarms herab; beim Orang aber ganz bis an den Knorren, wo er vom Elnbogennerven durchbohrt wird. Dem Menschen fehlt dieses Gebilde nach Bischoff.

Das Verhalten desselben bei den Anthropoiden ist in der That merkwürdig genug. Der Muskel entspringt meist seitwärts von der Insertion des breiten Rückenmuskels. Nur beim Gorilla sah ich ihn mit den beiden Portionen des kleinen Brustmuskels zugleich vom Rabenschnabelfortsatz des Schulterblattes kommen, dann sich eine Strecke weit mit dem Hakenarmmuskel verbinden, und sich endlich im obern Theile des letzten Oberarmbeindrittels auf das zwischen innerm Arm- und dreiköpfigem Oberarmmuskel befindliche Zwischenmuskelband anheften. Beim Chimpanse entspringt er dagegen vom breiten Rückenmuskel und trennt sich in eine vordere an den innern Gelenkknorren des Oberarmbeins tretende und in eine hintere, entweder an den medialen Kopf des dreiköpfigen Oberarmmuskels oder an den innern Knorren gehende Portion. Beim Orang kann ebenfalls eine Theilung dieses Muskelgebildes stattfinden. Hier sah ich einmal eine vordere halbhäutige, sehr dünne Portion mit äusserst schmaler Sehne vom Hakenfortsatz (des Schulterblattes) und eine hintere vom breiten Rückenmuskel herabkommen. Beide vereint verbanden sich mit dem dreiköpfigen und dem innern Armmuskel. Bei andern Exemplaren war der Muskel nur auf die hintere, vom breiten Rückenmuskel kommende Portion beschränkt. Beim weisshändigen Gibbon entsprang der Muskel von der Stelle, an welcher die Sehnen des breiten Rücken- und des grossen runden Armmuskels zusammengehen, und inserirte sich an das zwischen dem zweiköpfigen und dem innern Armmuskel befindliche Sehnenband. Dieser Ansatz findet übrigens noch im mittlern Bereiche des Oberarmbeinschaftes statt. Chapman und Chudzinsky haben dieses Gebilde als Anomalien bei farbigen Menschen gesehen.[1]

Der zweiköpfige Armmuskel des Menschen setzt sich bekanntlich mit einer vordern plattrundlichen Sehne an den Speichenbeinhöcker. Gewisse, den Muskel scheidenartig umhüllende Bindegewebsbündel aber gehen als sogenannte *Aponeurosis bicipitis* in die sehnige Vorderarmbinde über. Beim Gorilla setzt sich die erwähnte Aponeurose als besonders starksehniges Bündel der Vorderarmbinde bis zur Hohlhandbinde fort. Beim

---

[1] Proceedings of the Academy of Natural Sciences of Philadelphia, 1879, S. 388. — Revue d'Anthrop., 1873 u. 1874.

Gibbon entspringt der kurze Kopf des Muskels nicht immer, wie es sonst wol heisst, vom kleinen Oberarmbeinhöcker oder von der Sehne des grossen Brustmuskels (Huxley), sondern auch an der Gräte des kleinen Höckers, hier mit dem breiten Rückenmuskel, dem Kappenmuskel, dem mehr seitwärts verschobenen innern und dem dreiköpfigen Armmuskel zusammenhängend. Der innere Armmuskel des Gorilla und des Chimpanse lässt sich ohne jene in zwei, ja selbst in drei Bündel sondern. Am Vorderarme reicht der Armspeichenmuskel (*Musculus supinator longus*) beim Gibbon, wie Bischoff richtig angibt, nur bis zur Mitte des Speichenbeins, ohne, wie sonst bei den Anthropoiden und den Menschen, den Griffelfortsatz desselben Knochens zu erreichen.

Der lange Hohlhandmuskel fehlt dem Gorilla, nicht aber den übrigen dieser Affen. Die langen Beugemuskeln der Finger und die Spulwurmmuskeln verhalten sich ähnlich wie beim Menschen. (Fig. 51 und 52.) Dem Gorilla fehlt der lange Daumenbeuger. Duvernoy sieht den letztern durch eine Sehne des langen Beugers des zweiten Fingers ersetzt. Ich habe von dieser Sehne nichts wahrgenommen. Derselbe Muskel fehlt auch dem Chimpanse und dem Orang, bildet aber einen selbstständigen Fleischstrang bei *Hylobates albimanus*. Chapman lässt den runden Vorwärtswender beim Gorilla mit nur einem Kopfe entspringen.[1] Ich aber fand dies Gebilde bei einem solchen Thiere zweiköpfig. Der untere oder hintere Kopf kam (wie beim Menschen) vom Kronfortsatz des Elnbeins. Er reicht hier und beim Chimpanse an der Speiche tief nach unten. (Fig. 52.) Der Speichenbeuger der Hand entsprang beim Chimpanse mit einem Kopfe vom innern Oberarmbeinknorren, mit dem andern von der Speiche. Bischoff beschreibt den

---

[1] Proceedings of the Academy of Natural Sciences of Philadelphia, 1879, S. 388.

langen Abziehmuskel des Daumens beim Orang, Pavian, Schwanzaffen *(Pithecia)* und Seidenaffen *(Hapale)* wie

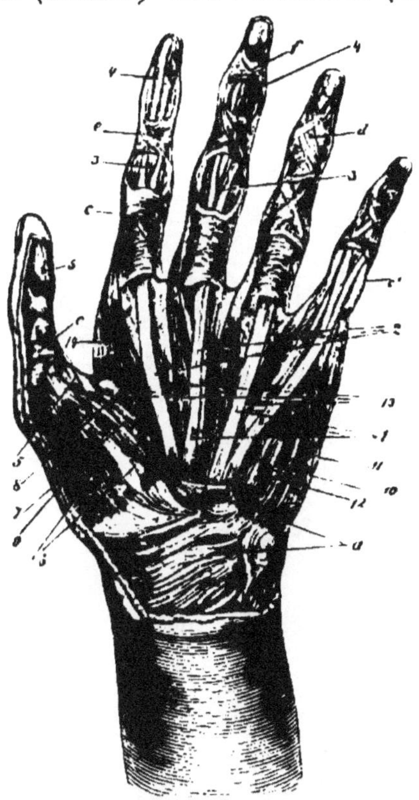

Fig. 51. Hohlhandmuskeln des Menschen.

a Bänder an der Handwurzel, namentlich das eigentliche Hohlhandband. *c, c'* Scheidebänder. *d, e, f* Kreuz- und Ringbänder der Fingersehnen. 1, 2 Sehnen des oberflächlichen und des tiefen Fingerbeugemuskels. 3 Die gegenseitige Durchbohrung der Sehnen derselben. 4 Die Fortsetzung der Sehnen des tiefen (durchbohrenden) Fingerbeugers. 5 Sehne des langen Daumenbeugers. 6 Kurzer Abziehmuskel des Daumens. 7 Kurzer Beuger, 8 Anzieher, 9 Gegensteller desselben. 10 Kurzer Beuger, 11 Abzieher, 12 Gegensteller des kleinen Fingers. 13 Spulwurmmuskeln. 14 Erster Zwischenknochenmuskel des Handrückens.

beim Menschen beschaffen. Beim Gorilla, Chimpanse, Gibbon, bei der Meerkatze und dem Makako soll sich dagegen die Sehne in zwei Theile spalten lassen. Dabei

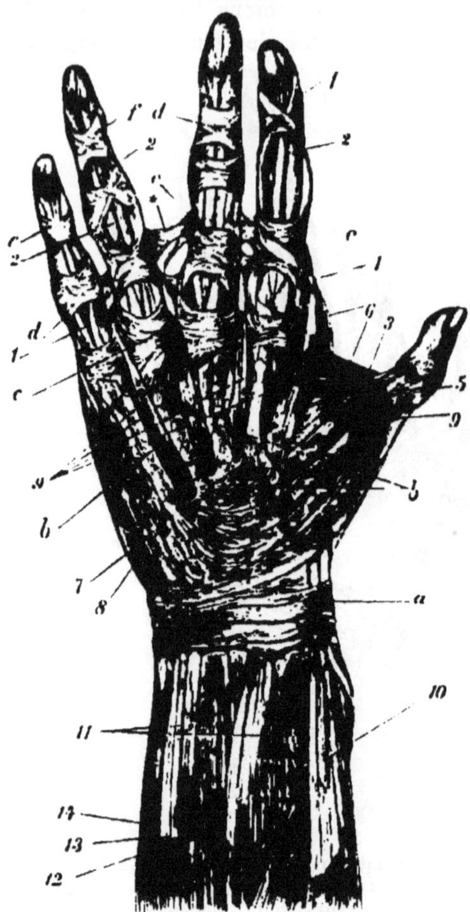

Fig. 52. Hohlhandmuskeln des Gorilla.

a Hohlhandband. *b* Reste der hier sehr festen Sehnenhaut der Hohlhand. *c*—*f* Scheide-, Ring- und Kreuzbänder der Fingerbeugesehnen. 1, 2 Dieselben Sehnen. 3 Lücke zwischen den Köpfen des kurzen Daumenbeugers, in welcher beim Menschen die Sehne des langen Daumenbeugers (Fig. 51, 5) hervortritt. 4 Abzieher, 3, 3′ kurzer Beuger, 5 Anzieher des Daumens. 6 Gegensteller, 7 kurzer Beuger, 8 Abzieher des kleinen Fingers. 9 Spulwurmmuskeln. 10 Armspeichenmuskel und daneben der lange Speichenmuskel der Hand. 12 Oberflächlicher gemeinsamer Fingerbeuger. 13 Kleinfingerbeuger. 14 Elnbogenbeuger. 15 Der runde, sich tief abwärts erstreckende Vorwärtswender.

soll die eine Sehne nicht etwa, wie beim Menschen, einem kurzen Daumenstrecker angehören, sondern letzterer soll gänzlich fehlen, und soll die Theilung der Sehne nur als eine fortgesetzte Spaltung des Ansatzes an das grosse vielwinkelige Bein sowie an den Mittelhandknochen des Daumens gelten. Daher komme diese Spaltung der Sehne auch beim Gorilla vor, wo ausserdem ein kurzer Daumenstrecker sich finde. In diesem Punkte seien wiederum die Affen untereinander ähnlicher als dem Menschen.

Nach meinen eigenen Untersuchungen bildet der lange Daumenabzieher der Anthropoiden einen nicht ansehnlichern Muskel, als ein daneben befindlicher es ist, dessen Ursprung und mittlerer Verlauf an den kurzen Daumenstrecker des Menschen erinnern. Ich fand den Abzieher bei allen den vier Arten zweisehnig. Er setzte sich an das grosse vielwinkelige Bein. Der daneben befindliche Muskel nahm seinen Ansatz oberhalb der Basis des ersten Mittelhandknochens. Einen Extra-Daumenstrecker habe ich beim Gorilla nicht beobachten können. Es entsteht nun die Frage, was man aus jenem zweiten, neben dem Abzieher dieser Thiere befindlichen Muskel machen solle. Ich glaube, man darf ihn dreist als einen kurzen Daumenstrecker in Anspruch nehmen, da er doch immer eine Streckung des Mittelhandbeins dieses Fingers vollführt und in dieser Streckthätigkeit durch den langen, auch auf die Phalangen oder Glieder wirkenden Strecker unterstützt wird. Es ist hierbei zu bedenken, dass der verhältnissmässig sehr kurze Daumen der menschenähnlichen Affen doch nicht die so äusserst mannichfaltige Thätigkeit zu entfalten hat wie der menschliche Daumen, und dass daher bei jenen eine weniger vollkommene Ausbildung des einen (kürzern) Streckers kaum befremden kann. Ein specieller Streckmuskel des Zeigefingers fehlt dem Gorilla entweder gänzlich oder ist doch nur sehr schwach entwickelt. Deutlich markirt sich derselbe bei *Hylobates albimanus*. (Fig. 6.) Beim

Chimpanse gibt er dem Mittelfinger eine Sehne ab. Beim Orang existirt ein gemeinschaftlicher tiefer Strecker für den zweiten bis fünften Finger. Dieser sowie die übrigen Streck- und die Beugemuskeln der Gibbonhand zeichnen sich durch äusserste Schlankheit aus. Interessant sind hier auch die vielfachen Verbindungen der Strecksehnen untereinander. (Fig. 53.)

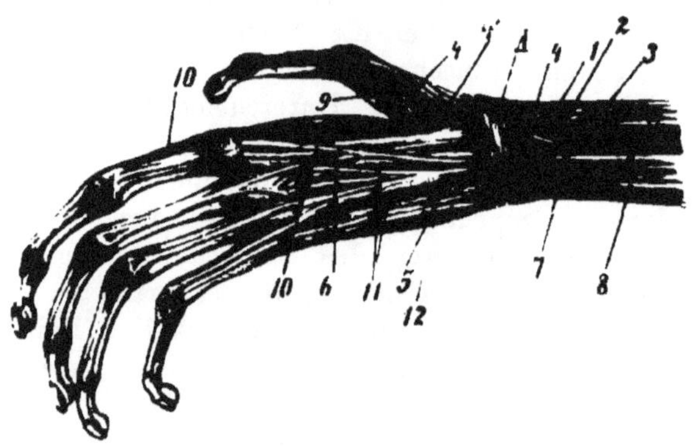

Fig. 53. Muskulatur an der Rückseite einer Gibbonhand.

1 Der lange (zweisehnige) und der kurze äussere Speichenmuskel. 2 Der lange Abzieher und 3 kurze Strecker, 4 der lange Strecker des Daumens. 5 Der gemeinschaftliche Fingerstrecker. 6 Der Zeigefingerstrecker. 7 Der Kleinfingerstrecker. 8 Der äussere Elnbogenmuskel. 9 Der erste Zwischenknochenmuskel des Handrückens. 10 Dessen Fortsetzung an den Zeigefinger. 11, 12 Die übrigen Zwischenknochenmuskeln dieser Gegend. Das Handrückenband.

Beim Chimpanse sah ich einen oberflächlichen gemeinschaftlichen Fingerbeuger an den dritten und kleinen Finger besonders getheilte Bäuche abgeben. Ein für den Zeigefinger bestimmter oberflächlicher Beuger kam hier vom innern Oberarmbeinhöcker und vom hintern Zwischenmuskelbande. Der tiefe Fingerbeuger geht an den zweiten bis fünften Finger. Beim Orang gibt der erstere der Beuger einen zweisehnigen Bauch für den Zeigefinger, sowie je einen derselben für den dritten bis fünften Finger ab. Der tiefe Beuger zeigte sich nur zweibäuchig. Beim Gibbon dagegen ist der oberflächliche Beuger vierbäuchig.

An der Handwurzel des Chimpanse und Orang-Utan findet sich, soweit wenigstens meine eigenen Erfahrungen reichen, constant ein sogenanntes Sesam- oder Sehnenbein. Dasselbe ist hier mit dem Kahnbein und dem grossen vielwinkeligen Bein eingelenkt, und zwar an einer Stelle, an welcher die Faserbündel des Handrücken- und des Hohlhandbandes ineinander übergehen. Beim Chimpanse sendet die Sehne des langen Abziehmuskels des Daumens einen Streifen an das Sesambein, während die übrigen Bündel der sich mehrmals spaltenden Sehne dieses Muskels an das grosse vielwinkelige Bein und, wenigstens theilweise, auch an die Basis des ersten Mittelhandknochens gehen.

Es fehlt diesen Thieren der ihnen von Bischoff abgesprochene kurze Daumenbeugemuskel keineswegs. Der kurze Abziehmuskel des Daumens entspringt beim Chimpanse mit einem vordern (radialen) Bündel an dem erwähnten Sehnenknochen. Ein mittleres Bündel desselben Muskels kommt von dem zu dem Sesambein tretenden Bandstreifen. Dagegen nimmt der übrige Theil des Muskels am Hohlhandbande seinen Ursprung. Beim Orang-Utan entspringt ebenfalls ein vorderes (radiales) Bündel des kurzen Daumenabziehers am Sesambein, wogegen die mittlern Bündel wieder vom Hohlhandbande kommen. Starke dorsale Bündel wenden sich zum Grunde des ersten Mittelhandbeins. An einem Orangpräparat sendete der lange Beugemuskel des Daumens einen dünnen, sehnigen Faden an den Knochen. Das erwähnte Sesambein findet sich übrigens auch beim Gorilla, trotzdem Duvernoy und Rosenberg von dessen Anwesenheit nichts zu wissen scheinen.[1]

[1] Hartmann im Archiv für Anatomie u. s. w. von Reichert und Du Bois-Reymond, 1875, S. 743; 1876, S. 636.

In der Hohlhand des Gorilla befinden sich ein kurzer Abzieher, ein zweiköpfiger kurzer Beuger, ein Gegensteller und ein Anzieher des Daumens. Der längere, mehr radialwärts sich erstreckende, mit dem Gegensteller verbundene Bauch des kurzen Beugers kann schwach sein. Die am kleinen Finger des Gorilla befindliche Muskulatur lässt einen Abzieher, einen kurzen Beuger und einen Gegensteller erkennen. Die Hohlhand des Chimpanse zeigt einen kurzen Abzieher, einen Gegensteller, einen kurzen zweiköpfigen Beuger und einen Anzieher des Daumens, ferner einen Abzieher, kurzen Beuger und Gegensteller des kleinen Fingers. Beim Orang bemerkte ich einen kurzen Abzieher, einen deutlich zweibäuchigen kurzen Beuger, einen Gegensteller und Anzieher des Daumens. Langer und Bischoff beschreiben neben dem kurzen Daumenbeuger noch einen selbständigen kleinen, sich an das zweite Glied ansetzenden und den langen Beuger vertretenden Muskel, den ich selbst nicht gefunden habe. Dieselben Anatomen lassen einen Anzieher vom dritten Mittelhandbein an das erste Daumenglied und einen zweiten vom zweiten Mittelhandbein an dasjenige des Daumens sich begeben, diesen aber auch in die Strecksehne übergehen. Ich selbst habe mich zwar von der Existenz eines zweifachen Anziehers, nicht aber vom Uebergang der Sehne des einen (von Langer zweiter Gegensteller genannten) Muskels in die Strecksehne überzeugt. An der Kleinfingerseite des Orangs existiren ein Abzieher, kurzer Beuger und Gegensteller. Der Gibbon besitzt einen kurzen Abzieher, einen schwachen Gegensteller, einen kurzen zweiköpfigen Beuger und einen Anzieher des Daumens. Letzterer lässt sich bei *Hylobates albimanus* in 4—5 sich an das ganze erste Mittelhandbein ansetzende Portionen trennen. An der Kleinfingerseite finden sich der Abzieher, kurze Beuger und Gegensteller. Der erste Zwischenknochenmuskel des Handrückens setzt sich bei diesem Thier mit einer Portion an das zweite

Mittelhandbein, mit einer andern an die Basis des zweiten Zeigefingergliedes. (Fig. 53, 9, 10.)

Bischoff hat in der Tiefe der Hohlhand und des Hohlfusses des Chimpanse und Gibbon, des Mandrilpavians sowie anderer Affen die nach Halford[1] *Contrahentes digitorum* (Zusammenzieher der Finger und Zehen) benannten Muskeln beschrieben. Sie liegen von den Sehnen der langen Finger- und Zehenbeuger, sowie von den Spulwurmmuskeln bedeckt über den Zwischenknochenmuskeln. Am Gorilla habe ich von diesen *Musculi contrahentes* nichts finden können. Ein weiblicher Chimpanse zeigte einen *Musculus contrahens* für den vierten und einen andern für den fünften Finger, ferner einen solchen auch für die vierte und einen andern wieder für die fünfte Zehe. Am Orang bemerkte ich einen Contrahens für den vierten und einen für den fünften Finger, ferner zwei schwache Contrahentes für die vierte und fünfte Zehe. Der weisshändige Gibbon liess dergleichen Muskeln des zweiten, vierten und fünften Fingers, der vierten und fünften Zehe erkennen.

Der Höhe der Beckenbeine entsprechend, zeigt der grosse Gesässmuskel dieser Thiere eine im Verhältniss zu seiner Längenausdehnung nur geringe Breitendimension. Seine Ansatzsehne zieht sich tief am Oberschenkelbeine bis gegen das Kniegelenk herab. Auch der mittlere und kleinste Gesässmuskel besitzen eine jenem Verhalten des Beckens entsprechende Längenausdehnung, obwol ihr Ansatz am grossen Rollhügel und in der zwischen den Rollhügeln befindlichen hintern Grube stattfindet. Der von Troill[2] beim Chimpanse entdeckte, von Bischoff beim

---

[1] Not like Man bimanous and biped, not yet quadrumanous, but cheiropodous (Melbourne 1863). Lines of demarcation between Man, Gorilla and Macaque (Melbourne 1864). Ich kenne diese beiden Abhandlungen nur aus dem Citat Bischoff's: Anatomie etc. des *Hylobates leuciscus*, S. 23, 24.

[2] Memoirs of the Wernerian Natural History Society, III, 29.

Orang als starkes Gebilde beschriebene, zwischen Darmbeinkamm und Schenkelknorren sich erstreckende Klettermuskel *(Musculus scansorius)* scheint dem Gorilla und Gibbon zu fehlen. Der birnförmige Muskel ist meist mit seiner Umgebung verwachsen. Der Spannmuskel der auch bei diesen Affen starken, breiten Schenkelbinde ist beim Orang sogar entweder höchst reducirt oder er fehlt hier gänzlich. Der Schneidermuskel setzt sich nicht wie beim Menschen einwärts vom untern Abschnitt des Schienbeinhöckers an den letzterwähnten Knochen, sondern er greift tief an demselben hernieder. Beim Gorilla setzt er sich dreiköpfig an und zwar mit einem Kopfe an die Unterschenkelbinde, mit den beiden andern an die mediale (innenseitige) Schienbeinkante. Beim Chimpanse und Gibbon rückt der Muskel ebenfalls ziemlich tief hinab. Beim Orang erstreckt er sich nicht so weit, wohl aber geschieht dies hier mit dem schlanken und dem halbsehnigen Muskel *(Musculus gracilis, semitendinosus)*. Der zweiköpfige Muskel des Oberschenkels ist auffällig beim Orang, woselbst sich sein langer Kopf in zwei Theile sondert, deren unterer an das Wadenbein geht, um sich hier mit dem kurzen Kopfe zu vereinigen.

Der anfänglich von Bischoff selbst beim Chimpanse geleugnete lange Sohlenmuskel *(Musculus plantaris)* kommt, wie schon Brühl angegeben hat, bei diesem Thiere vor, und zwar so regelmässig wie beim Menschen (er kann hier zuweilen fehlen). Dagegen vermisste ich mit andern Autoren diesen Muskel beim Gorilla, Orang und Gibbon. Der Kniekehlmuskel ist überall entwickelt. Den vom vorigen bedeckten, durch W. Gruber aufgefundenen Wadenbein-Schienbeinmuskel *(Musculus peroneotibialis)*[1] habe ich, mit Ausnahme des Chimpanse, bisjetzt bei keinem andern menschenähnlichen Affen,

---

[1] Beobachtungen aus der menschlichen und vergleichenden Anatomie (Berlin 1879), Heft 2, S. 85.

sehr schön dagegen bei einer rothen Meerkatze *(Cercopithecus ruber)* gesehen.

Der mit voneinander wol trennbaren Köpfen versehene Zwillingsmuskel der Wade und der Schollenmuskel haben an dem meist schwachwadigem Unterschenkel der Anthropoiden nicht die verhältnissmässige Breite, nicht die der gefälligen Abrundung dieses Körpertheils beim Menschen dienende Ausbildung, sie sehen, namentlich beim Orang und Gibbon, wie seitlich verschoben aus. Die Achillessehne ist zwar vorhanden, hat aber auch nicht die beim Menschen hervortretende Höhen- und Breitenentwickelung. Die langen Streck- und Beuge- sowie die Schienbeinmuskeln sind überall ausgeprägt. Der sogenannte dritte Wadenbeinmuskel *(Musculus peroneus tertius)*, der nur als Bauch des langen gemeinschaftlichen Zehenstreckers betrachtet werden sollte [1], fehlt den menschenähnlichen Affen. Ich selbst kann mich nicht dafür erwärmen, in diesem Muskelbauche mit Huxley, Bischoff u. A. einen Abzieher anzuerkennen. Einen von Brühl auch beim Chimpanse wahrgenommenen, zwischen kurzem Wadenbeinmuskel und kleiner Zehe sich erstreckenden rudimentären vierten oder mittlern Wadenbeinmuskel *(Musculus peroneus intermedius)*, der sich zuweilen beim Menschen findet, habe ich bisjetzt nur an einem ältern Chimpanse bemerkt. Der lange gemeinschaftliche Zehenstrecker geht beim Gorilla und Chimpanse durch ein besonderes starkes, aus Faserknorpel gebildetes Querband, welches der Fusswurzel aufliegt. Er versorgt die zweite bis fünfte Zehe. (Fig. 55.) Jenes von Brühl abgebildete eigenthümliche Sichzusammenfügen und wieder Auseinanderweichen der Sehnen der langen und kurzen Zehenstrecker beim Chimpanse habe ich selbst nur mit

---

[1] Auch Ruge hält diesen Muskel für einen Theil des langen gemeinschaftlichen Zehenstreckers. (Morphologisches Jahrbuch, IV, 630, Anm.)

einigem Zwang künstlich durchführen können. Ich habe daher in Fig. 55 das sich mir in natürlichster Weise darbietende Verhältniss wiederzugeben versucht. Der lange Streckmuskel der grossen Zehe ist überall ausgebildet.

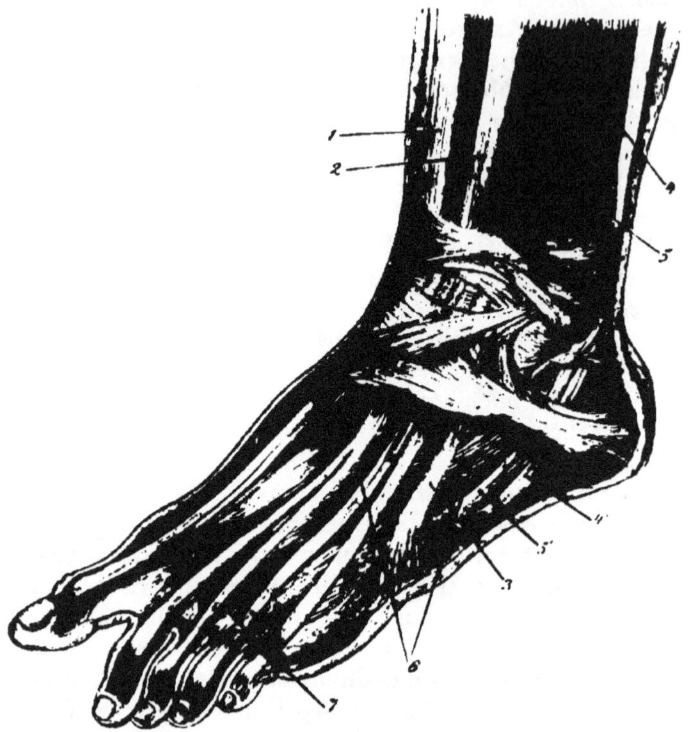

Fig. 54. **Muskulatur des menschlichen Fusses.**
1 Vorderer Schienbeinmuskel und langer Streckmuskel der grossen Zehe. 2 Langer gemeinschaftlicher Streckmuskel der Zehen. 3 Sehne des dritten Wadenbeinmuskels. 4 Langer, 5 kurzer Wadenbeinmuskel. 4', 5' Deren Sehnen. 6 Sehnen des langen, 7 des kurzen Zehenstreckers.

Der kurze gemeinschaftliche Zehenstrecker gibt einen starken, schräg verlaufenden Bauch für die grosse Zehe ab. (Fig. 55.) Diese besitzt beim Gorilla einen Abzieher, einen zweiköpfigen Beuger, einen Anzieher und einen Gegensteller. (Vgl. Fig. 54.)

Vom kurzen gemeinschaftlichen Zehenstrecker wendet sich jener Bauch für die grosse Zehe mit einer gewissen Selbständigkeit ab. An einem rechten Chimpansefusse sah ich noch einen fünften, zur kleinen Zehe gehenden

Fig. 55. Muskeln der Oberseite des Chimpansefusses.

1 Vorderer Schienbeinmuskel. 2 Grosszehenstrecker. 3 Langer gemeinschaftlicher Zehenstrecker. 4 Kurzer, 5 langer Wadenbeinmuskel. 6 Achillessehne. 7 Kurzer gemeinschaftlicher Zehenstrecker. 8 Dessen für die grosse Zehe bestimmter Bauch. 9 Erster Zwischenknochenmuskel der Rückenfläche des Fusses. 10 Anzieher der grossen Zehe. 11 Abzieher der kleinen Zehe.

Bauch dieses Muskels. (Fig. 55.) Da ich gerade dieses Specimen gezeichnet hatte, so habe ich dessen Fuss mit (oder trotz) der immerhin interessanten, bekanntlich auch beim Menschen vorkommenden Anomalie abbilden lassen. (Fig. 55.)

Der kurze gemeinschaftliche Zehenbeuger lieferte durchbohrte Sehnen für die zweite und dritte Zehe. Der lange gemeinschaftliche Zehenbeuger gab durchbohrte Sehnen für die vierte und fünfte Zehe ab. Der lange Beuger der grossen Zehe spaltete sich in zwei Sehnen, die eine derselben lief zur Zehe selbst, die andere verband sich mit dem langen gemeinschaftlichen Zehenbeuger und lieferte die durchbohrenden Sehnen für die dritte und vierte Zehe, wogegen die durchbohrenden Sehnen der zweiten und fünften Zehe vom andern Beuger abgegeben wurden.

Die Spulwurmmuskeln des Gorillafusses sind kräftig. Der erste Zwischenknochenmuskel desselben ist gleichfalls wohl entwickelt und zweiköpfig. Die kleine Zehe des Affen besitzt einen kurzen Beuger und einen Abzieher. Von der Existenz eines Gegenstellers derselben Zehe habe ich mich bisher nicht zu überzeugen vermocht. Die Gross- und Kleinzehenseite des Chimpanse bietet keine wesentliche Abweichung von der hier beim Gorilla beschriebenen Anordnung dar. Der kurze gemeinschaftliche Zehenbeuger bildet die durchbohrten Sehnen der zweiten und dritten Zehe. Der lange gemeinschaftliche Zehenbeuger versorgt die vierte und fünfte Zehe mit durchbohrten, die zweite und fünfte Zehe mit durchbohrenden Sehnen, wogegen letztere an der dritten und vierten Zehe vom langen Grosszehenbeuger abgegeben werden. Letzterer liefert wie beim Gorilla einen Verbindungsstrang für die Sehne des langen Zehenbeugers. Die grosse Zehe des Orang besitzt einen Abzieher, einen nur sehr schwach entwickelten Gegensteller, einen zweiköpfigen kurzen Beuger und einen Anzieher. Unter den langen Zehenbeugern scheint der eine wieder den langen Beugemuskel der grossen Zehe beim Menschen zu vertreten. Er versorgt die zweite und fünfte Zehe mit durchbohrenden Sehnen, welche letztern aber für die dritte und vierte Zehe von dem andern langen Zehenbeuger herstammen. Die grosse Zehe erhält keine lange Beugesehne. Die durchbohrten Sehnen werden hier meist vom kurzen Beugemuskel geliefert. Die vierte Zehe erhält noch einen Zuwachs zu ihrer durchbohrten Sehne vom erstbeschriebenen langen Beuger her. Der andere lange Beuger lässt Sehnensubstanz zur fünften durchbohrten Sehne treten. An der grossen Zehe des Gibbon nahm ich einen Abzieher, einen zweiköpfigen kurzen Beuger, einen schwachen Gegensteller und breit fächerförmig sich ansetzenden Anzieher wahr. Der erste Zwischenknochenmuskel des Fussrückens setzt sich ähnlich wie an der Gibbonhand (S. 161, Fig. 53) auf das erste Glied der zweiten Zehe fort. Der eine lange Beugemuskel der Zehen versorgt hier die zweite, dritte und vierte Zehe mit durchbohrenden Sehnen, und gibt auch eine Sehne für die grosse Zehe ab. Die kleine Zehe erhält eine besondere schlanke durchbohrende Sehne. Während der erstere dieser beiden langen Beuger denjenigen der grossen Zehe beim Menschen vertritt, zeigt sich der lange gemeinschaftliche Zehenbeuger nur auf die fünfte Zehe beschränkt. Beide Muskeln hängen hier und beim Orang, wie ja auch beim Gorilla und Chimpanse, durch einen Sehnenstrang miteinander zusammen. Es soll an dieser Stelle übrigens nicht unerwähnt bleiben, dass auch der menschliche Grosszehenbeuger gar nicht sehr selten eine Sehne für die zweite und selbst für die dritte Zehe abgibt. Beim Gibbon bedeckt, wie Bischoff richtig angibt, eine fleischige Masse die noch ungetheilte, aber schon verbreiterte Sehne des langen gemeinschaftlichen Zehenbeugers. Diese liefert durchbohrte Sehnen für die dritte und vierte Zehe. Die zweite Zehe wird mit einer solchen Sehne vom kurzen Zehenbeuger versehen. Die eben erwähnte Fleischmasse scheint hier den viereckigen Sohlenmuskel *(Musculus quadratus plantae)* zu vertreten, der bei den übrigen Anthropoiden öfter, wenn auch nur in schwachem Grade, selbständig entwickelt erscheint. Hinsichtlich der Kleinzehenmuskeln des Orang und Gibbon wüsste ich nur zu erwähnen, dass beim letztern der Gegensteller zu fehlen scheint. (Fig. 55.)

Man ersieht aus obiger Darstellung, dass die Muskelbildung der Anthropoiden, trotz mancher (anscheinend beständiger) Eigenthümlichkeiten, trotz grosser und mannichfaltiger Variation, selbst angesichts der vielen abweichenden Darstellungen unserer Autoren, eine im ganzen sehr menschenähnliche genannt werden muss. Sie zeigt ja, namentlich an den untern Gliedmaassen, manches die Fähigkeit zum aufrechten Gange Beeinträchtigende und an andern Theilen noch anderes Thierartige; allein die Menschenähnlichkeit der Muskulatur dieser Geschöpfe bleibt doch überwiegend.

Das Verdauungssystem der Anthropoiden lässt ebenfalls sehr interessante Vergleiche zu. Die Mundspalte wird, wie wir gesehen haben, von grossen, sehr dehnbaren Lippen umgrenzt. Mundschleimhaut und Zahnfleisch sind fleischfarben, bei ältern Thieren dunkler als bei jüngern, dort zuweilen mit braungrauen oder bläulichgrauen Flecken gescheckt. Ehlers beschreibt an der Mundschleimhaut des Gorilla und Chimpanse ansehnliche, durch ihn so genannte Mund- oder Buccalfalten, welche jederseits von der Vorderfläche des Ober- und Unterkiefers in der Höhe des Eckzahns nach hinten und seitwärts in die Wangenschleimhaut übergehen.[1] Ich selbst habe nur die obern dieser Falten an dem unter Fig. 3 abgebildeten Gorilla, sonst bei keinem andern Exemplar, und habe an den andern Anthropoiden kaum Andeutungen derselben und auch letztere nur in so schwankendem Grade wahrgenommen, dass ich keine Neigung dazu fühle, diesem Gegenstande eine besondere Bedeutung beizumessen. Ein oberes und ein unteres Lippenbändchen, zwar öfters nur schwach entwickelt, aber doch immerhin erkennbar, finden sich bei allen diesen Thieren.

Ihre Zunge ist schmal, am Grunde nicht mit den

---

[1] Beiträge zur Kenntniss des Gorilla und Chimpanse, S. 32, Taf. II, Fig. 3—6.

vielen grossen cryptenartigen Balgdrüsen wie beim Menschen, sondern mit nur schwachen, versteckt liegenden Vertretern derselben versehen. Um diese her erheben sich dicht gedrängt blatt- und zottenförmige Warzen, die beim alten Gorilla verhornen und hart werden können. Dergleichen ragen auch zwischen den Balgdrüsen der Mandeln hervor. Die umwallten Zungenwarzen sind geringer an Zahl als beim Menschen, und häufiger, namentlich beim Chimpanse, in Form eines **T** oder Kreuzes als eines **V** (Gorilla) gestellt.

Zäpfchen und Gaumenbogen bieten nichts Besonderes, vom menschlichen Typus Abweichendes dar. Der harte Gaumen lässt eine Anzahl von der mittlern Gaumennaht aus seitwärts nach den Zahnfachrändern der Oberkiefer sich erstreckende, bald einfache, bald getheilte, in ihrem Detail mancherlei individuelle Abweichung darbietenden Falten oder vielmehr Wülstchen erkennen, welche beim ältern Chimpanse besonders stark, auch noch beim Gibbon deutlich entwickelt und mit gewisser zierlicher Regelmässigkeit angeordnet sind. Diese auch für den Gaumen des Menschen nicht ganz bedeutungslosen, in ihrer individuellen Ausbildung aber selbst hier schwankenden Reliefs sind, seit Gegenbaur auf sie die Aufmerksamkeit der Fachleute hingelenkt hat, an den menschenähnlichen Affen besonders von Bischoff und Ehlers ans Licht gezogen worden.

Die Zähne liefern uns ein wichtiges Vergleichungsmaterial. Für die Anthropoiden gilt die Zahnformel der schmalnasigen oder altweltlichen Affen *(Catarrhina)* im allgemeinen: $i\,\frac{2}{2}\;c\,\frac{1}{1}\;p\,\frac{2}{2}\;m\,\frac{3}{3}$. Für die Milchzähne gilt die Formel: $i\,\frac{2}{2}\;c\,\frac{1}{1}\;m\,\frac{2}{2}$. Magitot[1] und Giglioli[2] haben nachgewiesen, dass die Milchzähne in derselben Reihenfolge wie beim Menschen hindurchbrechen:

---

[1] Bulletin de la Société d'Anthropologie de Paris (1869), S. 113.

[2] L. s. c., S. 83.

1) die untern, 2) die obern Schneidezähne, 3) die vordern Vorbackzähne oder Prämolaren, 4) die hintern Vorbackzähne, 5) die Eckzähne. Ein von der Loangoküste stammender, etwa zweijähriger Chimpanseschädel lässt 20 Milchzähne erkennen. Nach Magitot und Giglioli vollzieht sich der Durchbruch der permanenten oder bleibenden Zähne in dieser Reihenfolge: 1) erste grosse Backzähne, 2) untere und dann obere Schneidezähne, 3) Prämolaren, 4) Eckzähne, 5) zweite grosse Backzähne, 6) dritte grosse Backzähne. Giglioli findet, dass an einem männlichen Gorillaschädel das Hervorbrechen der permanenten Eckzähne fast gleichzeitig mit demjenigen der dritten grossen Backzähne, und nach dem Durchbruch der zweiten grossen Backzähne erfolgt. Der Durchbruch der Eckzähne scheint länger zu dauern als derjenige der übrigen Zähne.

Der Bau der permanenten Zähne der Anthropoiden zeigt artliche und auch geschlechtliche Verschiedenheiten. Beim Gorilla sind die beiden obern mittlern Schneidezähne breit, meisselförmig und viel grösser als die beiden obern äussern. Die vier untern Schneidezähne dagegen sind etwa von der Grösse der obern äussern und wie diese schmaler-meisselförmig. Die mächtigen obern Eckzähne des alten Männchens sind nach unten sowie nach hinten und auswärts gekrümmt. Sie zeigen eine dreiseitig-pyramidale, keilförmige Grundgestalt. Die vordere Seite ist gewölbt und lässt nahe ihrem Innenrande eine vom Zahnhalse bis fast zur Spitze reichende tiefe Furche erkennen. Die mit der Innenseite in einer scharfen hintern Kante zusammentreffende Aussenseite ist vorn etwas der Länge nach convex, hinten eben oder leicht concav. Die Innenseite ist concav und mit einer etwas hinter ihrer Mitte herabziehenden tiefen Längsrinne versehen. Die untern Eckzähne des alten Männchens sind kürzer als die obern, nach oben, aussen und etwas nach hinten gekrümmt. Die Grundgestalt derselben ist ebenfalls dreiseitig-pyramidal. Die vordere Seite zeigt sich gewölbt. Die über ihren innern

Abschnitt verlaufende Längsfurche ist weit kürzer als am obern Zahn. Die Aussenseite ist etwas convex, wie oben zugleich etwas nach hinten gekehrt und in ihrem hintern Abschnitt mit zwei Längsfurchen (seltener einer) versehen, welche vom Zahnhalse aus noch etwas über die Mitte des Zahns emporführen. Die Innenseite ist ähnlich der obern (etwas) concav. Die untern Eckzähne ragen pfeilerartig vor den obern hervor. (Fig. 15 und 16.) Die Eckzähne des jungen Gorillamännchens sind noch wenig scharfkantig, wenngleich bereits an ihnen die dreiseitige Pyramidenform deutlich hervortritt. Die Eckzähne des erwachsenen weiblichen Gorilla sind weit kleiner als die des erwachsenen Männchens und mehr von aussen nach innen comprimirt. Die dreiseitig-pyramidale Grundgestalt der obern ist nur wenig ausgeprägt. Ihre Aussenfläche ist convex und mit einer kaum bemerkbaren mittlern Längsleiste versehen. Am innern (der Mundhöhle zugekehrten) Umfange finden sich zwei bis drei, vom Hals bis etwa zur Mitte des Zahns herabreichende Längsfurchen. Die untern sind dreiseitig-pyramidal. Jeder derselben zeigt eine vordere, hintere und innere (Mundhöhlen-) Fläche. Die vordern Prämolarzähne des alten Männchens sind breit, mit einem äussern grössern und einem innern kleinern Höcker versehen. Die drei vierhöckerigen obern Molaren lassen hier eine regelmässigere, symmetrischere Anordnung ihrer Höcker erkennen wie diejenigen des Weibchens, bei welchem die Höcker mehr in ihrer Stellung alterniren. Sie verhalten sich hier, abgesehen von einer stattfindenden Grössendifferenz, ähnlich wie beim Menschen. Die ersten spitzen untern Prämolaren des Männchens sind vierseitig-pyramidal, an ihrer Vorder- und Aussenfläche convex, an der Mundhöhlenfläche eben, an der hintern rinnenförmig ausgehöhlt. Die kleinern zweiten untern Prämolaren dagegen haben zwei vordere (nämlich einen äussern und einen innern) sowie einen hintern Höcker. Letzterer nutzt sich meist frühzeitig ab. Jeder Mahlzahn hat zwei äussere und zwei innere, einander gegenüberstehende, und einen hintern Höcker. Eine Aehnlichkeit mit menschlichen Verhältnissen ist hier nicht zu verkennen. Ausgeprägter ist letztere noch beim Weibchen.

Auch beim Chimpanse sind die obern mittlern Schneidezähne breit-meisselförmig, die äussern obern und die untern sind kleiner. Bei den Männchen zeigt sich öfter eine ansehnliche Lücke zwischen diesen und den Eckzähnen. Letztere stellen je eine dreiseitige Pyramide dar, zeigen einen vordern stumpfen, gerade abwärts ziehenden und einen hintern scharfen, in seinem obern Drittel eingebuchteten, an der Kronenbasis mit einem hintern Höcker endigenden Rand. Die Prämolaren lassen einen äussern und innern Höcker, die Molaren lassen zwei äussere und zwei innere, durch mäandrische Schmelzzüge miteinander verbundene Höcker erkennen. Die untern Eckzähne dieses Thiers besitzen zwar gleichfalls eine dreieckig-pyramidale Grundgestalt, indessen ist bei ihnen die vordere Kante sehr stumpf, dagegen sind die innere und hintere Kante noch ausgeprägt. Die vordere Fläche hat nicht die Rinne des obern Eckzahns. Die seitliche Kante ist sehr gewölbt. Die Backzähne zeigen den hintern fünften Höcker recht deutlich. Dieser ist ja auch beim Menschen ausgeprägt. Beim Orang-Utan herrscht das oben an den andern Anthropoiden dargestellte Verhältniss der obern Schneidezähne. Seine obern Eckzähne sind dreiseitig-pyramidal und mit einer vordern Längsrinne versehen. Die untern haben in ihrem hintern Umfange ebenfalls eine solche Rinne. Die Backzähne bieten im Vergleich mit den übrigen Formen nichts Besonderes dar.

Die Eckzähne der bisher in Betracht gezogenen ältern Anthropoiden nutzen sich in ihrem hintern Umfange stark ab. Charakteristisch an den Zähnen dieser Thiere sind grobe ungleiche Querriefen, eine Folge ungleichmässiger Ausbildung der Schmelzlagen. Sie entwickeln sich mit vorschreitendem Wachsthum. Auch Längseindrücke finden sich noch ausser den oben ganz besonders hervorgehobenen Rinnen, und zwar besonders an den vordern Schneidezahnflächen.

Beim Gibbon ist die vordere Fläche der Schneidezähne glatt; die obern mittlern Schneidezähne sind hier die grössten, die untern mittlern dagegen sind die kleinsten. Die langen starken, seitlich zusammengedrückten, obern Eckzähne lassen eine hintere scharfe Kante, sowie eine vordere und innere Längsrinne erkennen. Die untern haben stumpfe Kanten. An den untern Backzähnen ist der fünfte Höcker genau im hintern Umfange gelegen.

Man hat zuweilen in den allerdings ausgeprägten, bis zu den Wurzeln sich erstreckenden Einschnitten des äussern Umfangs der Anthropoidenbackzähne ein nicht unwesentliches Unterscheidungsmerkmal vom menschlichen Zahnbau erkennen wollen, indem man hier die Einschnitte nicht bis gegen die Wurzeln vordringen sah. Allein die entsprechenden menschlichen Zähne bieten doch auch zuweilen sehr tiefe und weitreichende Rinnen dar. Deshalb möchte ich diesem angeblichen Merkmal keine besondere Bedeutung beilegen. Wesentlicher erscheint mir die raubthierartige Entwickelung der Eckzähne zu sein. Ein überzähliger Backzahn wird gelegentlich sowol beim Menschen als auch bei den Anthropoiden, selbst beim Gibbon, entdeckt.[1]

Magen und Darm dieser Thiere bieten nur wenige auffallendere Unterschiede von denselben Organen des Menschen dar. Die Länge dieser Eingeweide variirt sowol bei letztern als auch bei Anthropoiden. Die Kerkring'schen Schleimhautfalten sah ich einigermaassen deutlich nur beim Gorilla und beim Orang ausgebildet. Der Blinddarm dieser Affen ist lang, weit, frei beweglich im Bauchfell gelegen und mit einem grossen, namentlich beim Orang sehr langen und schneckenförmig gewundenen Wurmfortsatz versehen.

---

[1] Z. B. bei *Hylobates syndactylus*. Vgl. Giebel, Odontographie (Leipzig 1855), S. 2.

Die Leber zerfällt in zwei — beim Orang nicht sehr deutlich gesonderte — Hauptlappen. Eine weitere Theilung dieser Lappen von den Rändern her, wie sie durch Bolau und Auzoux beim Gorilla dargestellt wurde, habe ich selbst nicht wahrgenommen. Bischoff vermisste an der untern Fläche der Gorillaleber die beim Menschen so ausgesprochene **H**-förmige Anordnung der Furchen. Diese Angabe kann auch für die übrigen Anthropoidenarten gelten. Ueberhaupt schneiden hier die untern Leberfurchen nicht auf jeder Seite so gleichmässig tief in die Substanz ein. Die Gallenblasen des Gorilla und Orang sind nicht durch beträchtliche Grösse ausgezeichnet; sehr gross und gewunden fand ich dies Organ beim Chimpanse, gross aber auch noch beim Gibbon.

Die Milz ist hoch beim Gorilla, Chimpanse und Gibbon, niedriger und breit beim Orang. An ihrem linksseitigen Umfange ist sie überall stark abgeflacht. An der Bauchspeicheldrüse findet sich nichts Auffallendes.

Der Kehlkopf dieser Thiere besitzt im allgemeinen einen menschenähnlichen Bau. Namentlich zeigt sich dies am Eingange des Organs. Der vordere eigentliche Stimmtheil der Stimmritze ist nur kurz, etwa so lang wie der Athmungstheil. Der Zungenbeinkörper des Chimpanse ist vorn tief ausgehöhlt. Mit den Morgagni'schen Taschen hängen die beim Gorilla, Chimpanse und Orang entwickelten Kehl- oder Luftsäcke zusammen. Es sind das dünnhäutige, dehnbare, mit ihrer Umgebung vielfach durch Bindegewebe vereinigte Taschen. Der rechte Kehlsack scheint durchschnittlich grösser als der linke zu sein. Nach Duvernoy's und Ehlers' richtiger Darstellung ist nur beim Gorilla eine obere Abtheilung dieses Organs vorhanden. Dasselbe entfaltet hier und beim Orang eine untere, hinter dem Kopfnickermuskel bis zur Schulter und eine andere bis an den grossen Brustmuskel sich erstreckende Ausstülpung. Beim Chimpanse ist nur der hintere Abschnitt ausgebildet. Das angeblich in manchen Fällen beobachtete Vorhandensein eines einzelnen unpaaren, mit beiden Morgagni'schen Taschen communicirenden Kehlsacks halte ich mit Ehlers für unwahrscheinlich. In solchen Fällen scheint bei beträchtlicher Asymmetrie dieser Organe das eine derselben übersehen worden zu sein. Beim alten Orang hängen die an ihrer Aussenwand mit Fettbelag versehenen, durch Bindegewebe miteinander verbundenen Kehlsäcke sammt der äussern Halshaut schlaff und schwer vor der Mittelbrust herab. (S. 37, Fig. 9.) Unter den Gibbons hat nur der Siamang (S. 41) einen nach Sandifort[1] unpaaren Kehlsack, wogegen dieser Affe nach Broca[2] zwei getrennte, ganz oben am Kehlkopfe dicht zusammengehende Säcke aufweist. Die Schilddrüsenhälften werden gewöhnlich durch ein Mittelstück miteinander verbunden.

Die Luftröhre enthält durchschnittlich 16—18, beim Siamang aber 21 Knorpelringe. Ihre Verzweigung erfolgt im allgemeinen mit einem weitern rechtsseitigen und einem etwas engern linksseitigen Ast. Ersterer treibt noch eine seitliche, über der Schlagader gelegene Verästelung.[3] Die Lunge des Gorilla ist nach dem Urtheil von Huxley und Ehlers wie beim Menschen gespalten, d. h. die rechte zerfällt in drei, die linke in zwei Lappen. Ich selbst beobachtete diesen Typus, an einem Exemplar dagegen fand ich drei linke Lappen. Am Chimpanse sah ich die rechte Lunge in drei, die linke in zwei Lappen zerfallen. Bischoff bemerkte an einem Chimpanse rechts vier, links zwei Lappen. Ein von mir untersuchter Orang liess rechts und links nur

[1] Ortleetkundige Beschryving van een volwassen Orang-Oetan. Verhandelingen over de natuurlijke geschiedenis der Neederlandsche Bezittingen (Leiden 1840), S. 33.

[2] Bulletin de la Société d'Anthropologie de Paris 1869, IV, 368—371.

[3] Vgl. Aeby, Der Bronchialbaum der Säugethiere und des Menschen (Leipzig 1880), S. 7 fg., Taf. V, Fig. 11.

einen, rechts drei-, links zweimal von den vordern Rändern her schwach eingekerbte Lappen erkennen, während doch sonst bei diesem Thiere eine entschiedenere Ausbildung der zwischen den Lappen befindlichen Einschnitte wahrgenommen zu werden pflegt. An der Gibbonlunge beschreibt man rechts vier und links nur einen oder auch zwei Lappen. Ich selbst habe an einem Gibbon rechts drei und links zwei dieser Abschnitte gesehen. Es scheinen innerhalb einer jeden Art menschenähnlicher Affen nicht unbeträchtliche individuelle Variationen dieser Bildung vorzukommen, von denen ja auch selbst die menschlichen Lungen keineswegs ausgeschlossen sind.

Die männlichen Geschlechtstheile folgen im grossen und ganzen der menschlichen Gestalt und Anordnung. Uebrigens möchte ich hierbei nicht unerwähnt lassen, dass die Ruthe des schweinschwänzigen Pavians und anderer Hundsaffen einen noch weit menschenähnlichern Eindruck als diejenige der Anthropoiden (mit Ausnahme des Gorilla) hervorruft. Der Hodensack der letztern ist kurz und prall. Der rechte, von dem linken durch eine breite Naht getrennte Hoden liegt höher als dieser. Die innern weiblichen Theile bieten auch viel Aehnlichkeit mit den menschlichen dar: es zeigen sich hier nur geringe Abweichungen. Bischoff hat recht, insofern er die grossen Lippen und den Venusberg fast ganz fehlen lässt. Eine Menstruation, und zwar eine regelmässig stattfindende, ist durch die Beobachtungen von Bolau, Ehlers und Hermes wenigstens für den Chimpanse durchaus festgestellt worden. Dieser Vorgang dürfte wol auch bei den übrigen Formen nicht ausbleiben. Es findet hierbei eine Schwellung und Röthung der äussern Theile statt. Alsdann treten die im nicht menstruirten Zustande nur wenig deutlichen, grossen Lippen stark hervor. Die kleinen Lippen und der Kitzler sind von vorherrschender Grösse und Bedeutung. Eine beim Chimpanse constatirte, oftmals excessive Schwellung und Röthung dieser Theile sowie auch der Gesässschwielen lässt sich übrigens ausserdem noch an Pavianen und Macacos in deren Brunstperioden leicht wahrnehmen.

Nervensystem. Hier interessirt uns zunächst der Gehirnbau. Ch. Bastian bemerkt bezüglich des Gehirns der Affen sehr richtig, dasselbe biete in dieser Familie viele gemeinsame Merkmale dar, durch welche

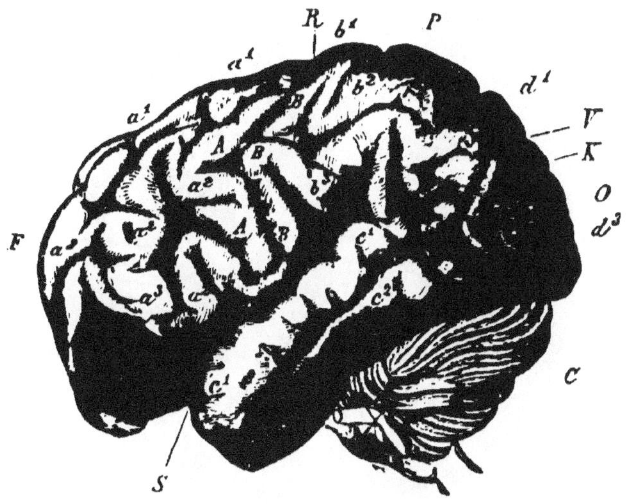

Fig. 56. Gehirn des Orang, von der Seite. (Vogt nach Gratiolet.) *F* Stirnlappen. *P* Scheitellappen. *O* Hinterhauptslappen. *R* Rolando'sche Furche. *S* Sylvius'sche Spalte. *C* Kleinhirn.

die nahe Verwandtschaft derselben bestätigt werde. Man beobachte hier verschiedene Stufen der Entwickelung, die sich allerdings nicht in eine fortlaufende Reihe einordnen liessen. Von dem Gehirn der Lemuren (Halbaffen), welches vom Gehirn der Nagethiere nicht sehr verschieden sei, könnten wir durch Vermittelung verschiedener sehr bestimmter Uebergangsformen zu den höher entwickelten Gehirnhemisphären der grossen menschenartigen Affen, des Chimpanse, Gorilla und Orang-Utan fortschreiten.[1]

Hinsichtlich der Frage, welcher Art menschenähnlicher Affen das am höchsten entwickelte Gehirn zugeschrieben

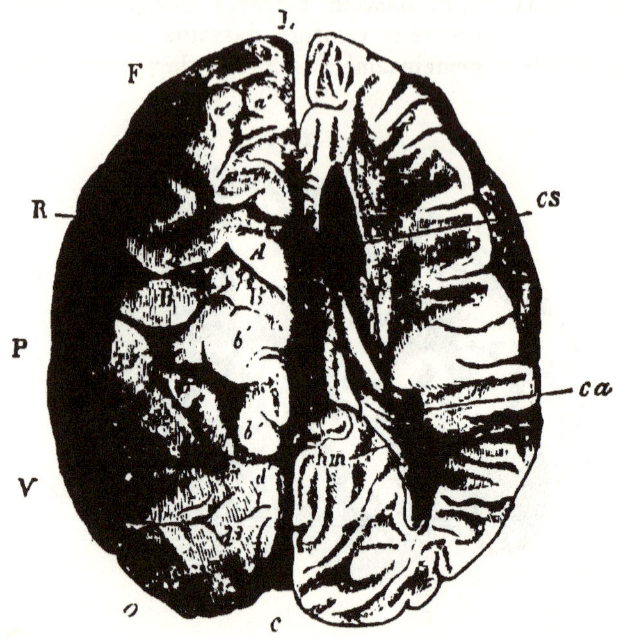

Fig. 57. Gehirn des Chimpanse, von oben. Der obere Theil der rechten Hemisphäre ist entfernt und so der Seitenventrikel freigelegt. (Vogt nach Marshall.)

L Längsspalte. Bezeichnungen sonst wie Fig. 56. *cs* Streifenhügel in dem vordern Horn des Ventrikels. *ca* grosser Seepferdsfuss im absteigenden Horn. *hn* kleiner Seepferdsfuss im hintern Horn.

werden müsse, herrschen unter den Anatomen sehr abweichende Ansichten. Manche erkennen dem Chimpansegehirn die einfachste, dem Oranggehirn dagegen die

---

[1] Das Gehirn als Organ des Geistes. Internationale wissenschaftliche Bibliothek, LII. Bd. (Leipzig 1882), I, 296.

höchste Entwickelung zu. Bei allen diesen Affen decken die immer durch eine tiefe Längsspalte voneinander gesonderten Seitenhälften das Kleinhirn bis auf einen sehr geringen hintern Abschnitt. Ich finde, dass das Gorillagehirn hierin ein wenig im Vergleich zu den übrigen zurücksteht. Ein geringes Ueberragen

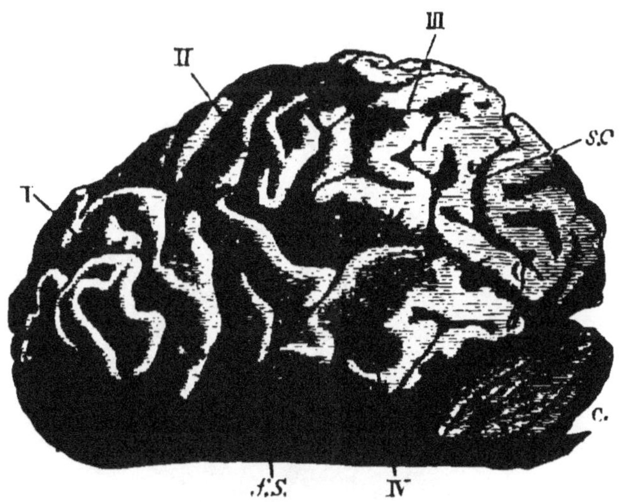

Fig. 58. Gehirn des Gorilla, von der Seite. (Nach Bolau und Pansch.) *I* Stirnlappen. *II* Rolando'sche Furche. *III* Scheitellappen. *IV* Schläfenlappen. *C* Kleinhirn. *f. s* Sylvius'sche Spalte. *s. c* Aeussere senkrechte Spalte, welche den Scheitellappen von dem Hinterhauptslappen trennt.

des Kleinhirns durch das Grosshirn habe ich bisjetzt nur bei einem Orang wahrgenommen. (Vgl. auch Fig. 56.)[1] Bei Lappen findet nach Retzius nur eine unvollständige Bedeckung statt, wogegen diese bei slawischen und turko-tatarischen Stämmen durchschnittlich eine vollkommene ist. Das Grosshirn der Germanen und Ro-

[1] Pansch schreibt von einem Gorillagehirn: „Das Kleinhirn dürfte bei horizontaler Stellung etwas vom Grosshirn überragt werden." Abhandlungen (Hamburg 1876), S. 84. Warum heisst es hier blos dürfte?

manen überragt das Kleinhirn. Bei mongolischen, indianischen und nigritischen Völkern scheint die Deckung aber durchschnittlich eine nur knapp bemessene zu sein.

Während das Gehirn des Gorilla eine sich dem länglichen Oval nähernde Grundform aufweist, in dieser Hinsicht sich dem menschlichen nähert, haben das

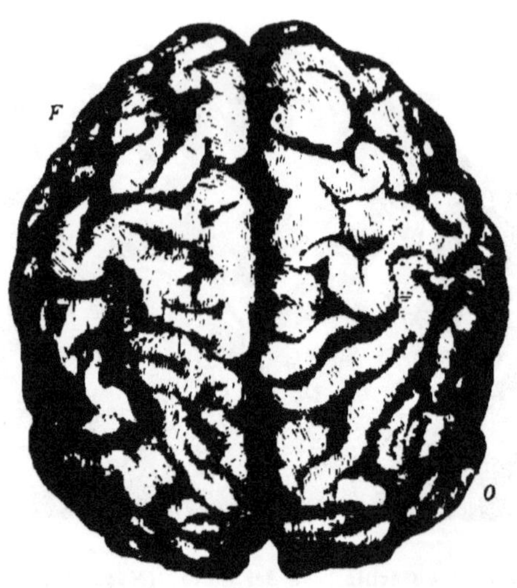

Fig. 59. Gehirn des Orang, von oben. (Duncan, nach einem Exemplar im Museum of Royal College of Surgeons.) *F* Stirnlappen. *O* Hinterhauptslappen.

Chimpanse- und Oranggehirn eine ausgesprochener rundlich-ovale Form. Namentlich ist dies beim Chimpanse der Fall. (Fig. 57.) Das Gorillagehirn (Fig. 58) zeichnet sich nach meinem Dafürhalten durch besonders complicirte Windungen vor dem Chimpansegehirn, nicht jedoch vor dem Oranggehirn aus. (Fig. 56.)

Beim Gorilla, Chimpanse und Orang wird in der Sylvius'schen Spalte die Reil'sche Insel im allgemeinen (wenigstens nach eigenen Erfahrungen) vom Klappendeckel (Operculum) überragt, obwol dies in einzelnen

Fällen auch nicht der Fall zu sein scheint.[1] Uebrigens ist die Sylvius'sche Spalte, wie Bastian richtig angibt, bei diesen drei Anthropoiden viel weniger horizontal als beim Menschen, hat dort vielmehr eine ganz ähnliche Lage wie im Gehirn der schwarzen Meerkatze, des Wanderu und anderer Macacos. Ihre Richtung nähert sich im Gorilla mehr der horizontalen als bei

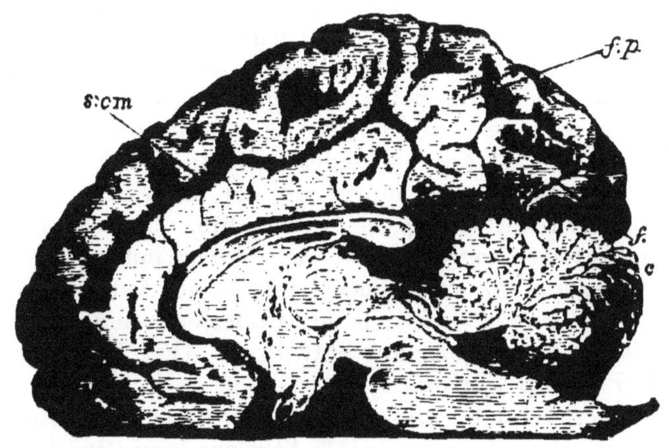

Fig. 60. **Längsschnitt durch das Gehirn des Gorilla. (Bolau und Pansch.)** *s, cm* **Balkenwandspalte.** *f, p* **innere senkrechte Spalte.** *f, c* **Spalte der Vogelklaue, der hintere Theil der Spalte des Seepferdsfusses.**

den beiden andern menschenähnlichen Affen. Die sogenannte centrale oder Rolando'sche Furche ist namentlich beim Chimpanse sehr ausgeprägt (Fig. 57 *R*), sie lässt sich aber auch bei den übrigen Formen recht wohl verfolgen. (Fig. 58 *II*, 56 *R*.) Die sogenannte Affenspalte zwischen dem Scheitel und dem Hinterhauptslappen des Grosshirns (verlängerte äussere Hinterhauptsfurche Meynert's) (Gorilla, Fig. 58 *sc*) ist namentlich beim Chimpanse entwickelt. (Fig. 57 *d'*.)

---

[1] Vgl. Pansch, a. a. O., S. 84.

Die Stirnlappen des Gorillagehirns sind hoch, die des Chimpansegehirns aber sind niedrig und kurz. Man lässt diejenigen des Orang, welche hoch und kurz erscheinen, mit einer schnabelförmigen Krümmung endigen[1], was freilich nicht immer ganz zutrifft.

Man beschreibt bei den bisher in Betracht gezogenen Anthropoiden, auch bei manchen niedern Affen, ausser den oben erwähnten noch drei weitere Spalten von geringerer Wichtigkeit, nämlich die hinter der Sylvius'schen Spalte mit dieser parallel gelegene Parallelspalte, die auf der Innenseite der Seitenhälfte des Grosshirns unmittelbar über dem Balken gelegene Balkenwulstspalte und diejenige des Seepferdsfusses *(Fissura calcarina).* (Fig. 60.) Letztere verbindet sich in der Nähe der Vereinigungsstelle der innern mit der untern Oberfläche der hintern Abtheilung der Seitenhälfte. Die von manchen Anatomen sogenannte obere Schläfenwindung *(Gyrus supramarginalis)*, welche nach Gratiolet den Anthropoiden fehlen sollte, ist, wie ich mit Rolleston[2] und Bastian bestätigen kann, ganz gut entwickelt. (Fig. 56, Orang, auch Fig. 58, Gorilla.)

Bischoff schreibt dem Chimpanse, Orang und Gibbon eine nur sehr schwache dritte Stirnwindung (Broca'sche Windung) zu. „Ihre starke Entwickelung", sagt Gewährsmann, „bei dem Menschen macht einen der grössten Unterschiede zwischen dem Gehirn der Affen und der Menschen aus."[3] Den meisten andern Affen soll diese Windung gänzlich fehlen. Mit Recht aber tritt Pansch für die Grössenentwickelung dieser Windung bei den Affen, auch den Anthropoiden, ein. Ich kann hier Pansch nicht bis zum Kern seiner Auseinandersetzung

---

[1] Z. B. Bastian, a. a. O., I, 308, Fig.

[2] The Natural History Review, 1861, S. 201 fg.

[3] Sitzung der mathematisch-physikalischen Klasse der königl. bairischen Akademie der Wissenschaften, vom 4. Februar 1871, S. 100.

folgen, muss ihm aber doch in dieser Hinsicht zustimmen. (Vgl. Fig. 59 am Orang.) Gratiolet bemerkt, dass die sogenannten Uebergangswindungen *(plis de passage)*, welche als Deckelwindungen operculumartig (S. 182) die Windungen an den hintern Lappen der Affen überlagern, beim Menschen nur oberflächlich erscheinen. Beim Chimpanse fehlt die obere Uebergangswindung, welche dagegen beim Orang gross ist, beim Menschen ebenfalls gross und undulirt erscheint. Bei den genannten Affen ist die zweite Uebergangswindung verdeckt, während dies beim Menschen bei fehlendem Deckel nicht der Fall ist.[1]

Hinsichtlich der innern Gehirnbeschaffenheit dieser Thiere ist zunächst die Kürze des Balkens auffallend. Man spricht ferner mit Recht von der dicken vordern und dicken weichen, sowie von der dünnen hintern Commissur der dritten Gehirnhöhle. In den Seitenhöhlen vermissen wir keins der am menschlichen Gehirn beschriebenen Gebilde. Auch sind die Vierhügel den menschlichen recht ähnlich. Die vierte Gehirnhöhle enthält keine auffallende Sonderbildung. Die Gehirnbasis, d. h. die untere Gehirnfläche, bietet ebenfalls keine beträchtlichern Abweichungen vom menschlichen Typus dar. Indessen schien mir doch der Querschnitt der Sehnerven vorderhalb ihrer Kreuzung etwas mehr oval als beim Menschen zu sein.

Man hat neuerdings nicht Anstand genommen, in den mikrocephalen Menschen, deren Kleinköpfigkeit zugleich mit höherm oder geringerm Grade von Blödsinn verbunden zu sein pflegt, eine Affenähnlichkeit, einen Atavismus erkennen zu wollen. Ferner hat man eine Affenähnlichkeit auch im Gehirnbau mancher nicht mikrocephalen, aber doch pathologisch afficirten Individuen zu erkennen geglaubt. Fassen wir zunächst einmal letztere Kategorie ins Auge. R. Krause unter-

[1] Gratiolet, Mém. sur les plis cérébraux de l'homme et des primates.

suchte das Gehirn eines $7\frac{1}{2}$jährigen Knaben, eines, wie Verfasser bemerkt, affenähnlichen Kindes, welches, trotzdem dasselbe nicht die Merkmale der Mikrocephalie aufwies, doch in seiner Bildung einen affenartigen Typus zeigte. Die beiden Gehirnhälften waren asymmetrisch; in der Gegend, wo auf der linken Grosshirnhemisphäre die Scheitel-Hinterhauptspalte *(Fissura parieto-occipitalis)* sich befindet, wichen die beiden Hemisphären auseinander, bildeten einen nach aussen und hinten convexen Rand, derart, dass das kleine Gehirn unbedeckt blieb. An der untern Fläche der Stirnlappen war ein stark ausgeprägter Siebbeinschnabel vorhanden. Beide Sylvius'sche Spalten waren nicht geschlossen, links weniger als rechts, der Deckel war nur wenig ausgebildet, die Reil'sche Insel lag mit ihren Furchen fast unbedeckt. Diese Bildung erinnerte fast vollständig an das Gehirn der anthropoiden Affen. Beide Central- oder Rolando'sche Furchen verliefen gestreckt, weniger tief als in der Norm zum Hemisphärenrande, ohne gegeneinander einen Winkel zu bilden. Sehr stark und tief ausgeprägte Präcentralfurchen schienen die Stelle der Centralfurchen zu vertreten. Die weiter als beim Menschen nach aussen entspringende Zwischen-Scheitelbeinfurche nahm die Scheitel-Hinterhauptbeinfurche auf, eine typisch dem Affengehirn zukommende Bildung. Die quere Hinterhauptsfurche ging hier als tiefe Spalte, als Affenspalte, quer über den Hinterhauptslappen und trennte denselben beinahe ganz vom Scheitellappen. Die sogenannte *Fissura calcarina* (S. 185) entsprang bereits auf der Oberfläche des Hinterhauptslappens, nahm die Scheitel-Hinterhauptspalte erst spät auf und ging rechterseits direct in die Seepferdfussspalte *(Fissura Hippocampi)*. Auch diese Abnormität war typisch für das Affengehirn. Die erste Hinterhauptswindung war vom obern Scheitellappen durch die Scheitel-Hinterhauptsfurche getrennt. Eine solche Bildung aber kommt nach Gratiolet bei manchen Affen vor. Die obere Schläfenwindung war beiderseits auffallend reducirt und besass nur eine durchschnittliche Breite von 5 mm. Es war das eine Eigenthümlichkeit, durch welche Krause an das Gehirn des Chimpanse erinnert wurde. Bei diesem zeigt sich stets die reducirte obere Schläfenwindung. Krause fragt nun, ob es nicht doch Gehirne geben könnte, welche, ohne mikrocephal zu sein, typische Affenbildung besitzen könnten. Das oben beschriebene wich im Gewicht kaum von der Norm ab, es besass alle Windungen und Furchen, erschien vielleicht windungsreicher, als es der normale Bau zulässt, schien in jeder Hinsicht differenzirt, neigte sich jedoch in seiner ganzen Bildung mehr dem Affen- als dem Menschentypus zu. Krause bemerkt noch, dass, wenn ihm das Gehirn ohne Nennung des Ursprungs desselben vorgelegt worden sei, er sich das vollständigste Recht zugeeignet haben würde, dieses Gehirn einem anthropoiden Affen zuzuertheilen, welcher dem Menschen um einige Grade näher stehe als der Chimpanse.[1]

Es steht ausser Frage, dass einzelne Menschen, Kinder oder Erwachsene, denen eine unschöne Körperbildung zutheil geworden, welche mit mehr oder weniger ausgebildeter physischer Unfähigkeit und geistiger Schwäche behaftet sind, durch ihr Aussehen, durch ihre täppischen Manieren, durch ihr hülf- und planloses Umherwirthschaften einen unverkennbar affenähnlichen Eindruck hervorrufen. Verschiedene Grade des Idiotismus liefern ihr Contingent an Individuen von beschränkten, an das absolut Thierische erinnernden Lebensäusserungen. Krause beschreibt den von ihm untersuchten 7½jährigen „affenähnlichen“ Knaben als heiter, zum Spielen und Tanzen geneigt. Wenn geneckt, wurde er jähzornig. Das Kind war sehr gelenkig, kletterte gern und besass besonders in den Armen und Händen,

---

[1] Correspondenzblatt der Deutschen Anthropologischen Gesellschaft, 1877, S. 133.

die ein schwieliges Aussehen hatten und an Chimpansehände erinnerten, viele Kräfte. Es vermochte sich mit ausgespreizten Beinen auf die Erde zu setzen. Beim Gehen war es nicht sicher, fiel leicht hin; es lief mit nach vorn gebeugten Knien, geknickten Beinen; es hüpfte gern, wobei es besonders affenähnlich erschien. Die grosse Zehe beider Füsse stand im Winkel vom Fusse ab und machte so den Eindruck einer Greifzehe; anfangs glaubte Krause, diese Ablenkung sei dadurch entstanden, dass das Kind wegen der Unsicherheit beim Gehen sich eine breitere Unterstützungsbasis habe verschaffen wollen. Allein unser Autor kam hiervon zurück, da er bei andern kopfkranken Kindern, z. B. bei Hydrocephalen, eine solche Angewohnheit nicht wieder vorgefunden hatte. Der Knabe konnte wenig sprechen, fast nur Papa und Mama sagen, und auch das hatte er erst spät gelernt zweisilbig auszusprechen; meist gab er nur Laute von sich, die wie ein Grunzen klangen. Das Gebell eines Hundes ahmte er mit dem Laut rrr rrr nach. Oft stampfte er mit den Händen und Füssen, klatschte in die Hände, stiess einen grunzenartigen Ton aus, ganz wie Autor es beim Chimpanse und Gorilla beobachtet hatte. Der Knabe war kleiner als die Kinder seines Alters und augenkrank. Der Kopf hatte ein wundes Aussehen, die Stirn war schmal. Er besass in hervorragender Weise einen Nachahmungstrieb. Sein ganzes Wesen, seine Bewegungen waren in frappanter Weise affenähnlich. Von seinen Aeltern wurde er in entschiedener Weise vernachlässigt u. s. w.[1]

Ein ähnliches zwölfjähriges Wesen beobachtete ich als Student am ehemaligen Weinbergswege in der Nähe des Rosenthaler Thors zu Berlin. Es handelte sich hier um einen Knaben, der einen grossen Kopf, niedrige, oben zurückweichende Stirn, einen gläsernen Blick, einen

---

[1] Correspondenzblatt der Deutschen Anthropologischen Gesellschaft, 1878, S. 133.

grämlichen Ausdruck im Gesicht, dünnen Hals, einen aufgetriebenen Bauch, krumme Beine, grosse Hände und Füsse erkennen liess. Die Körperhaltung dieses Individuums war schlotterig, sein Gang war unsicher. Schaumiger Geifer lief häufig aus dem breiten Munde. Gern hielt sich der Knabe beim Gehen an Möbeln, Zäunen u. dgl. fest, nicht selten fiel er wie kraftlos auf die Seite und verharrte dann in kauernder Stellung. Kriechen auf Handtellern und Knien schien ihm ein besonderes Vergnügen zu machen. Er stampfte dabei gern mit den zusammengeschlagenen Fingern der einen oder andern Hand wie muthwillig auf den Boden. Dies, die Gangart, endlich die gurgelnden Laute, die einzigen, welche der Knabe vorzubringen wusste, waren das, was ich Affenähnliches an ihm wahrnehmen konnte. Alles übrige bildete die Lebensäusserungen eines körperlich und geistig zurückgebliebenen Menschen, der, ohne Epileptiker gewesen zu sein, sich in einem gewissen Zustande von Idiotismus befand. Sein weiteres Schicksal ist mir unbekannt geblieben.

Virchow wirft gelegentlich einer Besprechung des obigen R. Krause'schen Falles die Frage auf, ob wol die Psychologie, welche von einem solchen Gehirn ausgehe, eine Affenpsychologie sei? Er hält sich für überzeugt, dass jeder, der das mikrocephale Kind Margarethe Becker (aus Bürgel bei Hanau) beobachtet habe, finden werde, dass es psychologisch von einem Affen gar nichts an sich habe. Alle positiven Fähigkeiten und Eigenschaften des Affen fehlten hier, es sei nichts von der Psychologie des Affen darin, sondern nur von der Psychologie eines unvollständigen, mangelhaften, kleinen Kindes. Jeder Zug sei menschlich, jeder einzelne Zug. Unser Forscher hatte das Mädchen vor ein paar Monaten stundenlang in seinem Zimmer gehabt und sich mit ihm beschäftigt; nie hat er etwas an ihm bemerkt, was nach seiner Auffassung auch nur entfernt an die psychologischen Vorgänge des Affen erinnerte. Es sei ein niedrig stehendes menschliches

Wesen, was in keiner Weise von der Natur des Menschen abweiche.[1]

Auch ich habe die Margarethe Becker und (während der Jahre 1868 und 1869) im berliner städtischen Irrenhause einen andern weiblichen Mikrocephalen beobachten können. In Bezug auf ersteres lebhafteres Geschöpf vermag ich den von Virchow veröffentlichten Angaben nichts Wesentliches hinzuzufügen. Das andere von mir in Berlin beobachtete Individuum, Ida X., war zur Zeit meiner an derselben veranstalteten Untersuchungen 13 Jahre 5 Monate alt, von proportionirtem, sehr gracilem Körperbau und einer Profilbildung, welche in gemilderter Weise an diejenige der aztekischen Mikrocephalen erinnerte, sich übrigens auch an den Köpfen alter Denkmäler von Mayapan, zu Palenque, Copan u. s. w. wiederholt. Nur darf ich nicht unerwähnt lassen, dass Ida hellblaue Augen und hellblonde schlichte Haare besass. Dies Individuum verhielt sich total passiv, konnte nur die Silben „da da" ([I]-da?) aussprechen und verrieth einmal ein leises Zeichen von Unbehagen, als ihr behufs Messung der einzelnen Körperabschnitte das abgekühlte stählerne Maass an die Innenseite der Oberschenkelbasis angesetzt wurde.

Von grossem Interesse ist ferner dasjenige, was Virchow über die 14 Jahre alte jüdisch-ungarische Mikrocephale Esther Jacobowizs aus Waschahel (Nagy Miholy), zempliner Comitat, mittheilt.[2] Virchow bemerkt, dass an der Esther J. in frappantester Weise das hervortrete, was nach seiner Auffassung den grossen Gegensatz gegen die Affen darstellt, dass wir überall nur negative Erscheinungen constatirten, während alles, was die positive Entwickelung des psychischen Lebens des Affen auszeichnet, hier fehlte. Ganz dasselbe galt

---

[1] Verhandlungen der berliner Anthropologischen Gesellschaft, 1877.

[2] Verhandlungen u. s. w., 1878, S. 25 fg.

von Ida X. Man könne, bemerkt Virchow weiter, in dem (erwähnten) Mangel allerdings etwas Thierisches finden, allein um das Thier in seiner wirklichen Erscheinung und in seinem Wesen zu reproduciren, um nachzuweisen, dass die Mikrocephalie eine wirkliche Theromorphie sei, müsste in irgendeiner Weise auch die positive Seite des thierischen Lebens dargethan werden. Das aber fehle vollständig.

Virchow hatte dann noch Gelegenheit, zwei Zwillingskinder zu untersuchen, von denen das eine vollständig regelmässig entwickelt, das andere (Karl R.) mikrocephal war. Es war dies ein besonders geeigneter Fall gewesen, insofern man von demselben „Wurf“ zwei Individuen nebeneinander hatte, an welchen man mit grösserer Sicherheit die Frage erörtern konnte: ist das Atavismus oder ist es Krankheit? In dieser Hinsicht war es von besonderm Interesse festzustellen, dass das mikrocephale Kind in der That positive Erscheinungen von Krankheit gezeigt hat.[1]

Wenn ich die von C. Vogt zusammengestellten Lebensläufe bekannter Mikrocephalen durchmustere[2], so vermag ich an ihrem ganzen, dort in sehr schlagender Art zu unserer Kenntniss gebrachten Gebahren ebenfalls nichts specifisch an das Thun und Treiben der Affen Erinnerndes aufzufinden. Diese Individuen machen sämmtlich nur den Eindruck von Menschen mit gehemmter körperlicher und geistiger Entwickelung. Nach Virchow's Erfahrungen concentrirt sich bei solchen Mikrocephalen die Gesammtheit aller Störungen des Gehirns im Grosshirn. Es werden die vordersten Theile desselben am meisten, die hintersten am wenigsten betroffen. Diejenigen Theile, welche am spätesten sich entfalten, leiden am stärksten, wogegen die am frühesten

---

[1] A. a. O., S. 28.

[2] Archiv für Anthropologie, 1867, S. 129 fg.

sich entwickelnden Theile der Störung am meisten entgehen.[1]

Klebs, Schaaffhausen u. A. haben festzustellen gesucht, dass die Mütter mikrocephaler Kinder während ihrer Schwangerschaft (mit diesen) an heftigen Unterleibsschmerzen gelitten. Jene Forscher halten daher die Gebärmutterkrämpfe für wichtige, eine Entwickelung des Gehirns der Früchte beeinträchtigende Vorgänge. Auch Flesch behält die Möglichkeit[2], dass Gebärmutterkrämpfe bei der Entstehung der Mikrocephalie von Bedeutung sein könnten, im Auge. Er wirft dabei aber noch die Frage auf, ob diese krankhaften Zustände der Gebärmutter selbst nicht etwa eine Folge der vorhergegangenen schweren Erkrankung der Frucht sein könnten. Derselbe Beobachter ist übrigens noch weit mehr dazu geneigt, väterlicher Einwirkung die Schuld einer Entstehung der Mikrocephalie beizumessen. Angesichts der Thatsache, dass hier wichtige Gründe für eine Druckwirkung (seitens der Gebärmutter) vorliegen, und in Ermangelung von etwas Besserm, hält sich Flesch für berechtigt, nach einer Druckwirkung, vielleicht infolge von Anwachsungen der Eihäute, zu suchen. Als deren Ausgang würde eine wahrscheinlich entzündliche Ernährungsstörung anzunehmen sein.[3]

Auch Aeby erkennt in der Mikrocephalie nicht etwa eine Aeusserung des Atavismus, sondern eine Folge krankhafter Entartung. „Die Mikrocephalen weisen somit auch nicht auf den Meilenstein zurück, an dem der Mensch in grauer Vorzeit vorbeigegangen.

[1] Verhandlungen der berliner Anthropologischen Gesellschaft, 1877, S. 283.

[2] Correspondenzblatt der deutschen Anthropologischen Gesellschaft, 1877, S. 134. H. Gerhartz, Ueber die Ursachen der Mikrocephalie. Inauguraldissertation (Bonn 1874).

[3] Anatomische Untersuchung eines mikrocephalen Knaben. Festschrift zur 300jährigen Jubelfeier der würzburger Universität. Separatabdruck, S. 27.

Die Kluft zwischen Mensch und Thier vermag durch sie weder überbrückt, noch auch nur verengt zu werden."

Virchow endlich gelangt durch seine Untersuchungen zu folgenden Schlüssen, deren Registrirung wir hier nicht unterlassen wollen: 1) Es existirt keine Affenart, welche gerade die besondere Configuration darbietet, welche sich am Gehirn der Mikrocephalen vorfindet. 2) Die Psychologie liefert gerade die stärksten Argumente gegen die Affenmenschen. 3) Die instinctartige Seite der psychischen Thätigkeit, welche den Mikrocephalen fast ganz abgeht, tritt bei den Anthropoiden wie bei den übrigen Thieren in den Vordergrund.[1]

Im Anschluss an das in diesem Kapitel bereits Gesagte bemerke ich noch Folgendes: Unter den Naturvölkern nehmen die Medicinmänner, Schamanen, Zauberer, Regendoctoren u. s. w. bei den von ihrem Apparat unzertrennlichen Körperverdrehungen, Sprüngen, Tänzen und sonstigen Manipulationen nicht selten den Charakter affenähnlicher Attituden an. Dies kann bei dem exaltirten, geistig nicht allezeit zurechnungsfähigen Zustande solcher Leute öfters halb oder sogar gänzlich unbewusst geschehen. Nirgends tritt dies häufiger hervor als bei den arabisch Haschasch genannten Begeisterten, die bald als Derwische, bald als Barden oder Thierbändiger umherziehen und ihre Wanderungen vom Herzen des schwarzen Welttheils aus bis zu den Thorgittern von Dolma-Bakhtsche ausdehnen. Zu ihnen gehören auch jene tanzenden und bettelnden Mönche des Islam, die auf den Plätzen und Strassen des edlen Bokhara sowie anderer Hauptstädte Mittelasiens ihre Affengeberden zum besten geben. Hierbei handelt es sich übrigens vielfach um gewohnheitsgemäss ausgeübte Bewegungen und selbst um die Wirkungen aufregender Stimulations-

---

[1] Verhandlungen der berliner Anthropologischen Gesellschaft, 1877, S. 294 fg.

mittel. Aber es macht immerhin den Eindruck, als solle der Mensch in solchen Lebenslagen und Berufsarbeiten unwillkürlich in das Treiben der Anthropoiden hineinschlagen. Seht euch einen Zikr, eine islamitische Andachtsübung nebst dem obligaten Geheul und Gedrehe des Körpers mit an, und ihr seid versucht, einen Trupp toller Affen vor euch zu finden. Stellt man euch einen solchen Zikr noch dazu mit schwarzen Fakirs, womöglich in Soldatentracht, als Acteurs vor, so wird die Täuschung noch grösser.

Das peripherische Nervensystem dieser Thiere ist bisjetzt noch nicht in der wünschenswerthen Ausdehnung zergliedert worden. Soweit die Beobachtung der Vrolik, Gratiolet und Alix über den Chimpanse reichen, und soweit ich meine eigenen bisher auf diesem Gebiete gewonnenen Erfahrungen zu Rathe ziehen darf, lassen sich keine durchgreifenden Unterschiede zwischen dem Bau jener Organe und demjenigen des menschlichen Nervensystems feststellen.

H. von Ihering hat das Verhältniss des nervösen Lendenkreuzbeingeflechts zur Wirbelsäule bei Menschen und Säugethieren untersucht, wobei er zu dem Resultat gelangt, dass sich hinsichtlich des Verhaltens des Rückgrates und des peripherischen Nervensystems die vollkommenste Uebereinstimmung zwischen dem Menschen und den menschenähnlichen Affen erweist. Der Mensch steht unserm Verfasser zufolge in der Reihe der anthropoiden Affen anatomisch so vollkommen „drinnen", dass der Versuch, ihm in zoologischer Beziehung einen andern Platz anzuweisen als innerhalb der Anthropoiden, dem Vorwurfe nicht entgehen kann, andern als sachlichen Erwägungen Rechnung zu tragen.[1]

Auch die Sinneswerkzeuge der menschenähnlichen Affen liefern kein irgendeine nennenswerthe Differenz mit

[1] Das peripherische Nervensystem der Wirbelthiere (Leipzig 1878), S. 219.

den unserigen bestätigendes Material. Namentlich hat die von mir ins Werk gesetzte eingehende (noch nicht publicirte) Untersuchung der Augen jener Geschöpfe eine grosse Uebereinstimmung mit den menschlichen Verhältnissen erwiesen. An der Finger- und Zehenhaut der Anthropoiden lassen sich entwickelte Tastkörperchen verfolgen.

Das Gefässsystem dieser Affen ist bisjetzt noch nicht in einigermaassen erschöpfender Weise durchgearbeitet. Ihr Herz ähnelt sehr demjenigen des Menschen. Beim Gorilla, Chimpanse und Orang zeigen sich dieselben Ursprungsverhältnisse der grossen Arterienstämme wie bei uns. Beim Orang scheint häufiger, beim Gibbon, soweit sich bisjetzt ungefähr beurtheilen lässt, mit gewisser Constanz ein gemeinschaftlicher Ursprung der rechten Unterschlüsselbein-, der rechten und der linken Halsschlagader aus einem Stamm gefunden zu werden. Bekanntlich existirt aber auch beim Menschen diese Form der Abweichung vom gewöhnlichen Typus nicht ganz selten. Bischoff und andere haben mit Recht hervorgehoben, dass die menschenähnliche Anordnung des Herzens und der grössern Gefässe bei diesen Thieren mit ihrer Lebensweise zusammenzuhängen scheine. Denn wenn dieselben auch ein Baumleben führen, so halten sie doch grossentheils selbst dabei eine aufrechte Körperstellung ein.

Eine nicht uninteressante Abweichung vom normalen menschlichen Typus zeigt sich in der Vertheilung der Schenkelgefässe. Hier zweigt sich nämlich bereits hoch oben am Schenkelbogen eine von Venen und von einem kräftigen Nervenstamm begleitete Arterie von der Schenkelschlagader ab, welche sich sammt den sie begleitenden Theilen bis zum Fussrücken hin erstreckt. Beim Gorilla durchbohrt diese Abzweigung den Schneidermuskel.

VIERTES KAPITEL.

Ueber die Formverschiedenheiten der menschenähnlichen Affen.

Bis vor kurzem war man grösstentheils der Meinung gewesen, dass es nur eine einzige Art des Gorilla gebe, da man die hier und da bemerkbaren Unterschiede im äussern Körper- und im Skeletbau an den einzelnen zur Untersuchung gelangten Specimina (vgl. Kap. III) entweder für den Ausdruck einer rein individuellen Variation oder für denjenigen von Verschiedenheiten des Geschlechts und des Alters ansah. Vor kurzem erhielten nun Alix und Bouvier von Landana am Congo Skelet und Haut eines alten weiblichen Gorilla, welchen die Herren Dr. Lucan und Petit beim Dorfe des nigritischen Häuptlings Mayema am Kuiluflusse unter 4° 35′ südl. Br. getödtet hatten. Dieses Exemplar war von geringerer Grösse als der gewöhnliche Gorilla *(Gorilla Gina)*, hatte auch einen verhältnissmässig kleinern Kopf wie dieser. Nach Alix und Bouvier zeigt ersteres Thier viel stärkere Hinterhaupt-Schläfenkämme (Querkämme des Hinterhaupts, vgl. S. 53) und tiefere Schläfengruben. Der hinter den Augenhöhlenbogen sich erstreckende Schädeltheil wird schmaler. Schmaler ist auch der zwischen den Augenhöhlen befindliche Raum. Der sich in dessen Mitte erhebende kielartige Vorsprung ist ausgebildeter, die Nasenbeine sind weniger flach, dagegen aber gewölbter; die Augenhöhlenöffnung ist im Vergleich zum gesammten Schädelvolum grösser: die aufsteigenden Aeste der Jochbeine sind breiter und gewölbter u. s. w. Einen interessanten Charakter bildet ein kleiner scheitelrechter, griffelförmiger Vorsprung an der hintern Fläche der äussern Augenhöhlenfortsätze. An der Wirbelsäule zeigen die Dornfortsätze des ersten, zweiten und dritten Halswirbels eine nur geringe Höhenentwickelung; die Dornfortsätze der drei untersten Halswirbel besitzen allein eine beträchtliche Höhe und Stärke ähnlich wie beim *Gorilla Gina.* Die Querfortsätze des ersten Lendenwirbels zeichnen sich durch ihre Länge aus und erreichen in ihrer transversalen Erstreckung beinahe den Winkel der letzten Rippe. Der Darmbeinkamm des angeblich neuen Gorilla ist convexer, der Sitzbeinhöcker ist etwas deutlicher abgegrenzt, der Oberschenkelhals ist schräger, das Hackenbein schlanker, sein unterer Haken gebogener. Das Schlüsselbein erscheint kürzer und weniger gekrümmt; das Schulterblatt ist in der Nachbarschaft seines innern Randes gewölbter; sein äusserer Rand zeigt sich sehr deutlich concav, wogegen derselbe bei *Gorilla Gina* sich sehr convex ausnimmt. Die Schulterhöhe ist an ihrem Grunde stärker. Die Elnbogengrube des Oberarmbeins ist durchbohrt. (S. 63.) Die Knochen des Vorderarmes und der Hand, des Unterschenkels und Fusses sind schlanker, ihre Vorsprünge und Rauhigkeiten sind weniger ausgeprägt. Die geringere Grösse der vordern und hintern Gliedmaassen steht in Beziehung zu der verhältnissmässigen Kleinheit des Kopfes. Das Colorit, grau und braun am Körper, schwarz an den Gliedern, mit rothen Partien auf dem Kopfe und röthlichen in der Schamgegend, unterscheidet sich nicht wesentlich von demjenigen, welches verschiedene Autoren sehr obenhin nach sogar künstlich ausgebesserten Bälgen beschrieben hatten. Das Fell unterscheidet sich aber wesentlich durch eine sehr scharfe Trennung der braunen Bauchfärbung von der grauen des Rückens durch den röthlichen Teint der Schambehaarung, ferner durch reichliche Haarbildung um Wangen und Kinn, welche hier eine dichte Halskrause bilden. Die vornehmste Verschiedenheit besteht nun unsern Gewährsleuten zufolge darin, dass der ganze Rücken mit langen, dichten Haaren bekleidet ist, wogegen dieser Theil bei den andern Gorillas nackt oder nur mit kurzen, abgenutzten Haaren bedeckt erscheint. Unsere Verfasser schliessen hieraus, dass die angeblich neue, von ihnen nach dem oben angeführten Negerhäuptling *Gorilla Mayema* genannte Art sich nicht so häufig wie der *Gorilla Gina* mit dem Rücken gegen Bäume lehne, sondern mehr ein eigentliches Baumleben, das soll wol heissen, ein Kletterleben in den Bäumen selbst, führe.[1]

Ich muss gestehen, hätte ich alle die individuellen Verschiedenheiten der mir vorgelegenen Schädel und Skelete von Gorillas etwa eines Alters und desselben Geschlechts berücksichtigen wollen, so wäre ich im Stande gewesen, danach vielleicht ein halbes Dutzend oder mehr Gorillaspecies aufzustellen. Ich habe derartige Verschiedenheiten sowol innerhalb etwa gleichalteriger männlicher als auch weiblicher Individualitäten aufgefunden und in meiner häufiger citirten osteologischen Arbeit über den Gorilla genauer beschrieben. Ich vermag mich von der Annahme eines rein individuellen Charakters dieser Verschiedenheiten nicht loszusagen. Manches in der Beschreibung von Alix und Bouvier, wie z. B. die Angaben über die verhältnissmässige Kleinheit des Kopfes, über die Schlankheit und Glätte der Gliedmaassenknochen, scheint mir direct auf ein jüngeres Alter des Mayema-Exemplars geschoben werden zu müssen. Frappiren könnte Unkundigen allenfalls noch die Angabe über die Kleinheit der Dornfortsätze an den ersten Halswirbeln des von Landana gesendeten Exemplars. Allein die ersten drei Halswirbel haben auch an den gewöhnlichen Gorillas

---

[1] Bulletin de la Société Zoologique de France, 1877, S. 1.

nur niedrige Dornfortsätze. (Fig. 17.) Individuelle und sexuelle Verschiedenheiten in der gesammten Höhenentwickelung der Halsdorne werden aber nicht blos hier, sondern noch bei Chimpanses und selbst beim Menschen wahrgenommen. Ich halte es für sehr bedenklich, darauf allein oder doch vornehmlich einen Speciescharakter begründen zu sollen. Weniger berücksichtigenswerth erscheinen mir endlich die Mittheilungen über das Colorit des Pelzes der vermeintlich neuen Art. Ich habe oben (S. 25) ausführlicher über die vielen individuellen Abweichungen in der Haarfärbung verschiedener Gorilla-Exemplare gesprochen. Ich habe auch lange dichte Haare, nicht immer blos kurze, spärliche, abgenutzte, am Rücken vieler Gorillas verschiedenen Geschlechts gesehen. Der von Alix und Bouvier beschriebene Zustand dürfte eher auf ganz alte, schäbige Häute oder auf solche jüngerer Individuen zu beziehen sein, die von einer in Afrika verbreiteten Form der Krätze heimgesucht waren. Jeder Gorilla juckt sich den Rücken gern einmal an einem Baumstamme und lagert sich in behaglicher Stimmung dagegen. Ebenso verfährt der Chimpanse. Das thut auch so manches andere Säugethier, die Katze, der Löwe, der Eber, Hirsch, Elefant u. s. w. Ja sogar der Mensch verschmäht unter Umständen die Annahme einer ähnlichen Attitude nicht. Ehe nicht überzeugendere Beweise für die Artselbständigkeit des *Gorilla Mayema Alix et Bouvier* vorliegen, möchte ich die Anerkennung derselben lieber in der Schwebe belassen.

Unsicherer fühle ich mich, ich gestehe es offen, in Beurtheilung der Frage, ob vorläufig eine oder ob mehrere Chimpanse-Arten anzunehmen seien. Als gewissermaassen typische Form des *Troglodytes niger* hat mir immer ein Thier gegolten, welches ich im zweiten Kapitel als Vorwurf für meine ganze Beschreibung gewählt. Chimpanses dieses Typus sind die gewöhnlich von der afrikanischen Westküste nach Europa gelangenden. Derselbe stellt Thiere mit mässig prognathem

Antlitz, einem selbst beim alten Männchen meist gerundeten Kopfe und grossen Ohren, etwa von der in Fig. 6 abgebildeten Form, mit schmuzig-fleischfarbenem Hautcolorit und schwarzgefärbter Behaarung dar. Reichenbach's *Pseudanthropos (Troglodytes) leucoprymnus*[1] ist nur nach der allen echten Chimpanses zukommenden weisslichen Behaarung um den After her aufgestellt worden und bleibt daher ohne artlichen Werth. Lainier, Conservator des Museums zu Havre, hat einen grossen (vielleicht männlichen) Chimpanse nach einem schadhaften Balge abbilden lassen, dessen ganze äussere Erscheinung sich aus der Figur nicht mit voller Sicherheit beurtheilen lässt.[2] Mit Gray's *Troglodytes vellerosus* vom Kamarungebirge[3] lässt sich vorläufig ebenso wenig anfangen. Duvernoy's Angaben über den *Troglodytes Tchégo*, eine angeblich neue Art, beziehen sich auf ein altes männliches Exemplar einer noch zweifelhaften Form.

Nach dem von Du Chaillu heimgebrachten Material hat Jeffries Wyman noch zwei neue Arten menschenähnlicher Affen, den Nschego Mbuwe *(Troglodytes calvus)* und den Kulu-Kamba *(Troglodytes Koolo-Kamba)* aufzustellen versucht. Ich habe mich vergeblich bemüht, für die hier erwähnten angeblich neuen Arten aus den zu Grunde gelegten Beschreibungen genügende Aufklärung zu gewinnen. Der ganze Sachverhalt geräth leider durch die beigegebenen Abbildungen noch mehr in Verwirrung. Diejenige des Nschego Mbuwe ist nur nach einem sehr mangelhaft ausgestopften Pelze eines Chimpanse, letztere nach demjenigen eines Gorillaweibchens aufgenommen. Aber so viel ergibt sich doch aus

---

[1] Die vollständigste Naturgeschichte der Affen (Leipzig und Dresden), S. 191.

[2] Vgl. Chenu, Encyclopédie d'histoire naturelle: Quadrumanes, S. 34.

[3] Catalogue of Monkeys, Lemurs and Fruit-Eating-Bats in the British Museum (London 1870), Appendix, S. 127.

allem, dass hier nicht unbeträchtliche, vielleicht selbst artliche Verschiedenheiten vom gewöhnlichen Chimpansetypus vorliegen.

Die in den Jahren 1875 und 1876 viel besprochene, von der Loangoküste stammende Aeffin Mafuca (öfter fälschlich Mafoca genannt) des dresdener Zoologischen

Fig. 61. Mafuca.

Gartens, ein übermüthig wildes Geschöpf von 1,20 m Höhe, erinnerte durch ihr prognathes Antlitz, durch die verhältnissmässige Kleinheit ihrer hoch angesetzten, nach aussen abstehenden Ohren, durch die starke Entwickelung der Oberaugenhöhlenbogen, durch die breite Nasenkuppe, die Anwesenheit von Fettwülsten an den Wangen, weiter durch die robuste Gestalt, die sehr eingezogene Hüftengegend, durch den eingezogenen Bauch, die kräftige Ausbildung der Hände und Füsse vielfach an den Gorilla. Als ich dieses wüste Geschöpf während der ersten Septembertage 1875 in seiner Vollkraft sah, war ich fest davon überzeugt, einen noch nicht ganz ausgewachsenen weiblichen Gorilla zu sehen, eine Ansicht, welche von Zoologen wie K. Th. von Siebold u. A. getheilt, von Bolau und A. B. Meyer heftig bekämpft wurde. Ich fertigte damals die auf S. 202 stehende Profilabbildung des zufällig von tollen Streichen ausruhenden Thieres an, welche trotz kleiner Fehler [1] dessen allgemeinen, absolut originellen Habitus und namentlich den physiognomischen Ausdruck sicherlich am besten widergibt. (Fig. 61.) Bischoff hat aus Mafuca's Gehirnbau schliessen wollen, dass das Thier ein simpler Chimpanse gewesen sei. Eine diagnostische Bedeutung ist dieser Angabe weiter nicht beizulegen.

Hätte ich bereits zur Zeit, als Mafuca noch lebte, über den beinahe gleichalterigen weiblichen Gorillacadaver verfügt, von welchem oben (S. 6) die Rede gewesen ist, so würde ich noch weit geneigter gewesen sein, in ersterm einen echten Gorilla zu erkennen. So gross ist die allgemeinere physiognomische Aehnlichkeit zwischen jenen Thieren. Unser weiblicher Gorilla hat die höhere Oberlippe und die etwas kleinere Nase, worüber in meinen frühern Arbeiten ausführlicher die Rede gewesen ist. [2] Mafuca's Oberlippe ist allerdings noch etwas höher, die sonstige physische Uebereinstimmung zwischen den Thieren ist aber eine sehr grosse. Die Hände unsers weiblichen Gorilla sind immer noch

---

[1] So z. B. sind die Ohren etwas zu klein gezeichnet. Obwol der Haarwuchs am Scheitel aufträgt, lässt sich dieses Misverhältniss doch nicht hinwegleugnen. Ich hätte dasselbe leicht ändern können, wollte indess die Originalfigur einfach wiedergeben.

[2] Vgl. z. B. Hartmann, Der Gorilla, und Zeitschrift für Ethnologie, 1876, S. 129.

breiter als die der Mafuca, welche letztere von Brehm als neue schmalhändige Anthropoidenart in das System eingereiht werden sollte. Dennoch aber zeigten diese Theile eine sehr kräftige Entwickelung. Die von mir bereits oben S. 11 angefochtene Angabe, dass der weibliche Typus in den Vordergrund der Beschreibung gedrängt werden solle, passt am wenigsten auf den Gorilla, bei welchen gerade der männliche Habitus so ausserordentlich maassgebend ist.

Wozu gehörte nun Mafuca? Man dachte damals mehrfach an einen Bastard von Gorilla und Chimpanse. Ich selbst neigte mich dieser Ansicht zu und C. Vogt vertritt sie in dem zur Zeit von ihm herausgegebenen, so wunderschön illustrirten und so geistvoll geschriebenen Prachtwerke noch heute.[1] H. von Koppenfels hörte am Ogowe viel von solchen Kreuzungen reden, die an sich durchaus nichts Unmögliches haben und deren auch zwischen andern Affenarten, hier allerdings in der Gefangenschaft, direct beobachtet worden sind. Koppenfels behauptete sogar, zwei solcher Bastarde geschossen zu haben, die er in Gesellschaft mit etlichen Gorillas angetroffen hatte. Der Reisende suchte noch mehr von dieser Gruppe zu erlegen, wurde aber, auf Händen und Füssen durch das dichte Gestrüpp kriechend, von der sehr bissigen Treiberameise *(Anomma arcens)* zur Flucht genöthigt. Die Bälge und Skelete der erlegten angeblichen Bastarde gelangten in das dresdener Naturgeschichtliche Museum. A. B. Meyer bemerkt, dass der Reisende sich hier getäuscht habe, und dass die von ihm nach Europa gesendeten Reste unbezweifelten Chimpanses angehörten.[2] Man muss

---

[1] Die Säugethiere in Wort und Bild von C. Vogt und Specht (München 1882), S. 11.

[2] Mafoca Betreffendes. Separatabdruck aus den Sitzungsberichten der Gesellschaft für Natur- und Heilkunde zu Dresden. XXVII. Sitzung, 1876, S. 9.

nun bedenken, dass Koppenfels zwar ein schneidiger Jäger, ein im allgemeinen guter Naturbeobachter gewesen ist, dass er aber als Nichtzoologe über die eigentliche Natur der von ihm geschossenen Thiere dennoch im Unklaren geblieben sein kann. Damit wird die Möglichkeit der Existenz solcher Kreuzungsproducte auch nicht im entferntesten angefochten. Meyer wird sich überzeugen müssen, dass er an verschiedenen Orten keinen Glauben für seine Phrase findet; „es hiesse mit Windmühlenflügeln kämpfen, d. h. Schwierigkeiten machen, wo keine seien, wollte man bei dieser Bastardfrage verweilen".

Sind nun auch Koppenfels' Jagdtrophäen einfache Chimpanses, so ist es schon von hohem Interesse, zu erfahren, dass jener die Thiere in geselligem Verkehr mit den Gorillas angetroffen hat. Hoffentlich werden wissenschaftlich gebildete Reisende in der Zukunft es sich angelegen sein lassen, dieser Frage ihre volle Aufmerksamkeit zu widmen.[1]

Der Ende Juni 1876 von Falkenstein (Güssfeldt's Loango-Expedition) von Chinchoxo nach Berlin gebrachte weibliche Chimpanse Paulina bot manches von der gewöhnlich gesehenen Chimpansephysiognomie recht Abweichende dar. Dazu gehören die lateralwärts weit abstehenden Ohren, die vorstehenden Augenhöhlenbogen[2], die breitere Nase, das dunkle, stark ins Russige spielende Hautcolorit u. s. w. Ich habe einzelne Chimpanses theils lebend, theils todt gesehen, welche jene Eigenthümlichkeiten der Paulina in bald deutlicherer, bald weniger deutlicher Weise darboten. Ich würde nichts dagegen einzuwenden haben, wenn man derartige Individuen zu den Vertretern einer besondern Varietät erheben wollte. Ich würde nur warnen, einer solchen aufs gerathewohl hin den bisher leider noch schlecht

---

[1] Vgl. Ausführliches in Hartmann, Der Gorilla, S. 148—151

[2] Vgl. Ebendas., Holzschnitt Nr. VI, S. 25.

begründeten Du Chaillu'schen und Wyman'schen Speciesnamen *Troglodytes Koolo-Kamba* (S. 200) zu verleihen.

Man hat nun, meist von unberufener Seite aus, die Paulina als Ebenbild der Mafuca zu preisen versucht. Allein zwischen beiden Thieren hat denn doch ein beträchtlicher physiognomischer Unterschied obgewaltet. Mafuca bleibt für mich wie für so manchen andern Forscher vorläufig noch ein Räthsel, welches mit einigen Redensarten abzuthun sonstigen Leuten überlassen werden kann. Paulina dagegen und die ihr ähnlich gestalteten Thiere erinnern vielfach an das von Gratiolet und Alix publicirte Bild ihres *Troglodytes Aubryi*, trotzdem letzteres Bild das Conterfei des von den französischen Forschern zergliederten, durch Maceration schlechter Conservirungsflüssigkeit haarlos gewordenen Exemplars ist. Haarwuchs und Haarmangel bedingen nun zwar bei Specimina gerade dieser Thiere nicht unbeträchtliche äusserliche Verschiedenheiten, trotzdem aber komme ich immer wieder auf die Anführung einer Aehnlichkeit von Paulina und Consorten mit Aubry's Chimpanse zurück.

Diese hier erwähnten, gewisse Eigenthümlichkeiten des Habitus darbietenden Chimpanseformen (Paulina und *Troglodytes Aubryi*) erinnern auch an den vielleicht zuerst von A. de Malzac entdeckten und später von Schweinfurth näher charakterisirten Bam der innerafrikanischen Niam-Niamgebiete.

In Cassell's Naturgeschichte[1] findet sich von P. M. Duncan beschrieben und abgebildet der Nschiego-Mbouvé (*Troglodytes Tschégo Duvern.*, *Troglodytes calvus Du Chaillu et J. Wyman*), dessen leider nur von einem ausgestopften Exemplar entnommene Profildarstellung frappirt (bis auf die sehr zusammengeschrumpfte Nase) und manches an das Profil der Mafuca Erinnernde

---

[1] Natural History (London), I, 39.

aufweist. Die in demselben Werke gelieferte Abbildung des auch hier als besondere Art menschenähnlicher Affen aufgeführten Koolo-Kamba (in der systematischen Legende als *Troglodytes Koolo-Kamba* mit dem *Troglodytes Aubryi* identificirt) zeigt einen stämmigen Chimpanse gewöhnlicher Sorte, welchem der von Gratiolet und Alix veröffentlichte Kopf des Aubry-Chimpanse in der Vorderansicht aufgesetzt worden. Was soll nun ehrliche Forschung mit solchem Wirrsal beginnen? Die Mafuca wurde durch Brehm schliesslich zum Vertreter jener bereits von Duvernoy aufgestellten Art *Troglodytes (Anthropopithecus) Tschégo* erhoben.[1] Dieser Annahme huldigt auch Ph. L. Martin.[2] Letzterer bemerkt, dass dieser Affe weder mit dem Chimpanse noch mit dem Gorilla zusammengeordnet werden dürfe. Martin sucht diesen Ausspruch noch näher zu begründen.[3]

Es ist in meinen Augen eine schwierige Aufgabe, festzustellen, ob man betreffs des Chimpanse sich zur Annahme einer oder mehrerer Arten entscheiden solle. So wie die Dinge heutzutage liegen, haben sie jedoch in mir die Ueberzeugung befestigt, dass hier nur eine provisorische Feststellung durchführbar sei. Ich möchte daher vorläufig folgende, eine gewisse Constanz verrathende Varietäten des Chimpanse anerkennen: 1) Den alten eigentlichen Artvertreter *(Troglodytes niger E. Geoffr. St.-Hil.)*. Hat einen gerundeten Kopf, beim Männchen stärker, beim Weibchen schwächer entwickelte Augenhöhlenbogen, eine nicht stark prognathe Gesichtsbildung, einen siebziggradigen Gesichtswinkel, grosse 75—78 mm Höhe besitzende Ohren und eine zwischen 1300 und 1100 mm schwankende Gesammthöhe des Körpers. Die Farbe ist im Gesicht, an Händen und

---

[1] Thierleben, II, 80, 81.

[2] Illustrirte Naturgeschichte des Thierreichs (Leipzig 1880), I, 11.

[3] Vgl. Ausführlicheres bei Hartmann, Der Gorilla, S. 156.

Füssen schmuzig-fleischroth. Selten nur lässt sich ein schwärzlichbraunes oder gar fleckiges Grundcolorit dieser Theile erkennen. Das Pelzwerk ist entweder schwarz, seltener schwarz mit rothbraunem Schiller. 2) Eine andere Varietät, Bam oder Mandjaruma *(Troglodytes niger varietas Schweinfurthii Giglioli)*. Zeigt einen länglichen Kopf, wenig starke Augenhöhlenbogen, eine breite Nase, eine im Verhältniss zur andern Varietät etwas niedrigere Oberlippe, stwas kleinere Ohren und eine prognathe, 60° betragende Gesichtsbildung. Die Glieder dieser Varietät sind im Gegensatz zu der gedrungenen andern schlanker, dabei aber kräftig entwickelt. Die Haut, in der Jugend schmuzig-fleischroth, wird mit zunehmender Körperentwickelung schmuzig-rothbraun, schwarzbraun oder schwärzlich. Der Pelz ist schwarz und rothbraun überflogen oder schwarzbräunlich, selbst rothbräunlich, mit fahlgelben oder gelbgrauen Haarspitzen, namentlich des Rückens. Hierzu gehören der von Issel abgebildete Mandjaruma, die von mir in der osteologischen Arbeit über den Gorilla als naturgetreues Porträt dargestellte Paulina von Loango [1], ferner *Troglodytes Aubryi* (?) und Thiere, wie ich dergleichen im „Archiv für Anatomie u. s. w." [2] als Porträts veröffentlicht habe. Es könnte nun die Frage discutirt werden, ob man noch eine besondere zwischen dem Gorilla und Chimpanse stehende Anthropoidenart annehmen dürfe oder nicht. Einer solchen würden vielleicht Du Chaillu's *Troglodytes Koolo-Kamba*, Duvernoy's *Troglodytes Tschégo (?)* das grosse, im Museum zu Havre befindliche (ausgestopfte) Thier (S. 200), ferner die von mir in der „Zeitschrift für Ethnologie", 1876, S. 121, und im „Archiv für Anatomie", 1875, Taf. VII, Fig. 1, abgebildeten Köpfe, vielleicht Mafuca und der von Livingstone in Manyema aufgefun-

[1] Der Gorilla, Holzschnitt VI, S. 25. In der Legende zu diesem prächtigen Schnitt steht fälschlich männlich statt weiblich (S. 204).

[2] Jahrgang 1876, Taf. VII, Fig. 2, 4.

dene[1] Affe zuzurechnen sein. Duvernoy's Artname *Troglodytes Tschégo* erscheint mir deshalb nicht recht passend, weil man in Westafrika mit diesem latinisirten Speciesnamen einen Chimpanse im allgemeinen bezeichnet. Nichtsdestoweniger könnte diese Bezeichnung als wissenschaftliche in Ermangelung einer bessern beibehalten werden, falls man an der Hand eines reichhaltigern Materials die Existenz einer solchen selbständigen Art wirklich nachzuweisen in den Stand gerathen würde.

Auch hinsichtlich des Orang ist die Arteinheit noch nicht sichergestellt. Die Malaien seines Heimatsgebiets führen verschiedene Formen des von ihnen im allgemeinen Meias genannten Thieres auf. Man wird nun wirklich stutzig, wenn man die unter jenen Leuten über die angeblichen Orangformen umlaufenden Schilderungen durchmustert. Man fühlt sich da versucht, an Artverschiedenheiten zu glauben, wie ja denn selbst Zootomen, unter andern Brühl, sich mindestens für die Existenz von zwei Arten entschieden haben. Wallace, dieser genaue Kenner der Orangaffen, schweigt in seinem Werke über den Malaiischen Archipel über diesen Punkt. Indessen scheint doch aus seiner ganzen Auseinandersetzung hervorzugehen, dass er nur eine einzige Art des Thieres anzuerkennen geneigt sei. Vielleicht existiren doch constantere, sogar local begrenzte Varietäten unseres Affen. Die Zukunft wird ja auch hierüber Gewissheit verschaffen. Besser aber bleibt es, diese abzuwarten, als sich ausschliesslich in peremtorischen, wenig förderlichen Negationen zu ergehen. Hinsichtlich der Gibbons ist die Frage der Artverschiedenheit bekanntlich schon seit lange entschieden. (Vgl. S. 40.)

---

[1] Livingstone, The last journals in Central Africa from 1865 to his death by H. Waller (London 1874), II, 52—55. Deutsch von Boyes (Hamburg 1875).

FÜNFTES KAPITEL.

Geographische Verbreitung, Freileben und einheimische Namen der menschenähnlichen Affen.

Der Gorilla bewohnt die waldigen Gebiete Westafrikas, etwa zwischen 2° nördl. und 5° südl. Br., 6° und etwa 16° östl. L. von Greenwich. Sein Hauptverbreitungsgebiet im Norden dieses Abschnitts des schwarzen Erdtheils befindet sich in der Nachbarschaft der Flüsse Gabon, Ogōwē und Danger. Ford lässt den Affen hauptsächlich die Bergkette bewohnen, welche sich etwa 100 englische Meilen weit von der Guineaküste, zwischen dem Kamarun und Angola unter der Bezeichnung der Serra do Cristal ausbreitet. Früher soll man ihn nur an der Quelle des Danger (Muni, Mooney) getroffen haben. Zu Ford's Periode (um 1851) soll er aber schon eine halbe Tagereise weit von der Mündung gesehen sein. In den Jahren 1851—52 hielt sich das Thier unmittelbar an der Meeresküste in grosser Menge auf, vermuthlich durch Nahrungsmangel aus dem Landesinnern vertrieben. Damals verfügte man in wenigen Monaten über vier Exemplare. Nachher verschwand es wieder gänzlich aus der Nähe der Küste, sodass ein amerikanischer Schiffskapitän 6000 Dollars für ein lebendes Exemplar bot, ohne ein solches erhalten zu können. Nach H. von Koppenfels bewohnt der Gorilla das zwischen der Munimündung und derjenigen des Congo gelegene Gebiet.

An der Loangoküste ist das Thier nach Pechuël-Lösche selten. Es haust hier in den Wäldern des Gebirges oder der unmittelbar angrenzenden Striche des Vorlandes. Vor einem Menschenalter sollen die Affen vereinzelt am Luemme und Kuilu (Quillu) noch bis zur Mündung und auch in den Schluchten des Plateau von Buala angetroffen worden sein; gegenwärtig kommen sie blos am Banya bis zur Küste vor, und dort glaubt auch unser Gewährsmann einmal Gorillas gehört zu haben. Persönlich haben weder er noch Falkenstein oder Güssfeldt ein solches Thier im wilden Zustande zu Gesicht bekommen.[1] Das von unsern Reisenden im Jahre 1876 nach Berlin gebrachte Exemplar (Fig. 3, 4) erhielt Falkenstein im October 1875 zu Ponta-Negra an der Loangoküste aus der Hand des portugiesischen Händlers Laurentino Antonio dos Santos zum Geschenk. Das noch sehr junge Geschöpf war erst einige Tage vorher aus dem Kuilugebiete von einem Neger gebracht worden, welcher die Mutter desselben geschossen hatte.[2]

In den frühern Owen'schen Berichten bietet das im Flussgebiet des Gabon gelegene von den Gorillas am häufigsten bewohnte Land eine hübsche Abwechselung von Hügeln und Thälern dar. Die Höhen sind hier mit schönen grossen Bäumen bewachsen. Die Thäler strotzen von Gras und von zerstreut stehenden Sträuchern. Es existiren dort eine Anzahl Bäume und Stauden, deren Früchte zwar den Eingeborenen zum Theil ungeniessbar sind, von den Gorillas dagegen begierig aufgesucht werden. Das Thier wählt mit Vorliebe die Früchte folgender Gewächse: 1) Der Oelpalme *(Elaeis guineensis)*, welcher übrigens auch die noch unentwickelten, noch zusammengefalteten Blätter, der

---

[1] Die Loango-Expedition (Leipzig 1882), Abth. III, Heft I, S. 248.

[2] Ebendas., Abth. II, S. 150.

sogenannte Palmkohl, ausgerauft werden. 2) Des Pflaumenbaums, Grayplum-tree *(Parinarium excelsum)*, welcher eine mehlige, insipide Steinfrucht trägt. 3) Des Melonenbaums *(Carica Papaya)*. 4) Der Pisangs *(Musa paradisiaca, Musa sapientum)*. 5) Zweier Scitamineen *(Amomum granum paradisi s. Afzelii, Amomum malaguetta)*, welche letztere nach Lindley den Malaguettapfeffer liefert. 6) Des *Amomum grandiflorum*. 7) Eines Baumes, der eine walnussartige Frucht hat, deren Schale vom Gorilla mittels eines Steines aufgeknackt werden soll. Es ist dieser Baum vermuthlich eine dem Kola-Nussbaum ähnliche Sterculiacee. 8) Eines andern, botanisch noch nicht näher gekannten Baumes mit kirschenähnlicher Frucht. Du Chaillu lässt das Thier auch sehr lüstern nach Zuckerrohr und verwilderten Ananas sein. Obwol es sich den menschlichen Wohnplätzen fern zu halten pflegt, so bestiehlt es doch im Herbst gelegentlich die Zuckerrohr- und Reisfelder der Schwarzen. Dies wird durch Koppenfels bestätigt. Savage berichtet, der Affe fresse auch gejagte, getödtete Thiere und getödtete Menschen. Unglaublich klingt das gerade nicht. Wie die meisten Affen, vertilgt der Gorilla gelegentlich wol kleinere Säugethiere, Vögel, deren Eier, Reptilien und Kerfe. Die bisjetzt zu Berlin in der Gefangenschaft gehaltenen Gorillas bewährten sich als vollendete Omnivoren, denen die beigegebene Fleischkost ganz besonders zu behagen schien.

Güssfeldt sah in dem kleinen Dorfe Ntondo in der Nähe des Kuilu einen jener für das Bakunyaland besonders charakteristischen Thierschädelfetische, Bunsi genannt. Sie bestehen aus Anhäufungen der Schädel solcher Thiere, die auf der Jagd erlegt worden sind und von dem Jäger, zur Erhaltung seines Jagdglücks, dem Fetisch gewissermaassen als Opfer dargebracht werden. Man findet daselbst meist die Schädel von Antilopen, von Büffeln und Pinselohrschweinen, aber sehr häufig auch Gorillaschädel. Gleich hier konnte unser Reisender zwei schöne Exemplare mit hoch ausgewachsenen Knochenkämmen sehen. Auf seine Frage, wo die Gorillas anzutreffen seien und wo sie geschossen würden, zeigten die Bewohner von Ntondo auf einen nahegelegenen Wald.[1]

Güssfeldt schildert den Waldcharakter Mayombes, woselbst eben Gorillas hausen, etwa in folgender Weise: Dieser Wald entspricht nicht unsern Vorstellungen von einem tropischen Urwalde und würde einen südamerikanischen Reisenden vielleicht enttäuschen; denn sein Habitus ist mehr unsern Hochwäldern angepasst. Die alles überwuchernden Schlinggewächse tropischer Urwälder, die in die grünen Massen der aneinanderstossenden Baumkronen ein zweites Laubdach einweben und dem Wanderer nur ein Vordringen mit der Axt gestatten, treten hier überraschend zurück; sie fehlen allerdings nicht ganz, wie dies vor allem die einst so stark vertretene, jetzt fast vernichtete Kautschukranke *(Landolphia florida)* zeigt; aber sie treten immerhin zurück und lassen den schlanken Wuchs der hohen buchenartigen Stämme ungemindert in die Erscheinung treten. Das Unterholz unserer Hochwälder ist hier grossentheils durch die mächtigen paralleladerigen Blattgewächse der Scitamineenformen ersetzt, deren Hauptvertreter von den Eingeborenen Matombe genannt werden. Selbst Farn, ja Baumfarn fehlen hier nicht. Vielfach wandelt der Fuss über trockenes Laub. Nie wird eine Axt an die Stämme dieses Waldes gelegt, ausgenommen an den Stellen, wo Platz für ein neues Dorf gewonnen werden soll. Ein Stamm fällt und bleibt wie er gefallen ist, mag der schmale Pfad, der sich durch das Dickicht hinzieht, auch jahrelang dadurch versperrt werden. Ein ewiges Halbdunkel herrscht hier, und recht trübe Tage könnten glauben machen, dass eine Sonnenfinsterniss stattfinde. Eine feuchte treibhausartige Luft erfüllt die Atmosphäre und lastet

---

[1] Die Loango-Expedition, Abth. I, S. 123.

wie ein ungewohnter Druck auf Geist und Körper. Die grosse Stille wird höchst selten durch das klagende Geschrei eines Vogels unterbrochen. Wild sieht man nicht. Wenn man stundenlang durch diese Wälder hingewandert ist, stets bergauf oder bergab, niemals eben, auf Wegen, die für einen Weissen zu schmal erscheinen, über und über bedeckt sind mit glatten, schlüpfrigen Wurzeln, wenn man sich immer von neuem mit dem Fusse in Zweige und Schlingpflanzen verwickelt hat, von andern Zweigen an den Kleidern festgehalten, von wieder andern ins Gesicht geschlagen worden ist, so sehnt man sich nach freier, ungehinderter Bewegung, nach Luft und Licht, und begrüsst mit Freude den ausgerodeten Waldplatz, auf dem das von Bananen und Palmen eingefasste Bayombedorf sich erstreckt.[1] In dem eben citirten Werke über die deutsche Loango-Expedition ist nach einem der schönen Aquarelle Pechuël-Lösche's ein Heimatswald der Gorillas in Mayombe am Kuiluflusse wiedergegeben. Ich habe hierbei eine Copie des interessanten Blattes angefügt. (Fig. 62.)

Der Gorilla lebt in Gemeinschaften von einem Männchen, einem Weibchen und von Jungen verschiedenen Alters tief im Waldesdickicht. Er besucht nach Koppenfels[2] dasselbe Nachtlager höchstens drei- bis viermal hintereinander. Gewöhnlich nächtigt er da, wo er sich bei einbrechendem Dunkel gerade befindet. Im Gegensatz zu andern Erzählern berichtet Koppenfels, dass dies Thier Nester auf den Bäumen für das Nachtlager baut. Er wählt gerade gewachsene Stämme

---

[1] A. a. O., S. 103.

[2] Die hier benutzten Angaben des leider so früh verstorbenen H. von Koppenfels sind aus dessen Artikel in der „Gartenlaube“ (1877, Nr. 25), aus seinen (mir auszugsweise mitgetheilten) Familienbriefen und einem längern Schreiben an Professor Bastian, datirt Adalinalonga, 26. März 1874, entnommen worden.

Fig. 62. Die Heimat des Gorilla.

von nicht viel über 0,30 m Stärke, bricht und biegt in einer Höhe von 5—6 m die Aeste etwas gegeneinander, bedeckt sie mit abgerissenen Reisern und mit den spärlichen, in diesen Gegenden Afrikas wachsenden Laubmoosen. Das männliche Thier verbringt die Nacht zusammengekauert am Fusse des Stammes, gegen welchen es sich mit dem Rücken lehnt. Hier schützt es seine oben im Neste befindlichen Weibchen und Jungen gegen die nächtlichen Ueberfälle der nach allen Affenarten lüsternen Leoparden.

Bei Tage durchstreifen diese Thiere die in der Umgebung ihres temporären Lagers befindlichen Waldstrecken und suchen diese nach Nahrung ab. Beim Gehen setzen sie die nach unten eingeschlagenen Finger mit deren Rückseite auf den Boden. Seltener stützen sie sich mit der flachen Hohlhand auf. Die Füsse berühren mit den platten Sohlen die Unterlage. Dabei werden die Zehen meist gerade gestreckt und ein wenig voneinander gespreizt, seltener werden sie dabei nach unten gebeugt. Der Gang ist, wie Huxley sehr richtig bemerkt, wackelnd; die Bewegung des Körpers, der niemals aufrecht steht wie beim Menschen, sondern nach vorn gebeugt wird, ist gewissermaassen rollend, von einer Seite zur andern. Da die Arme länger sind als beim Chimpanse, so staucht das Thier auch nicht so sehr; wie jener wirft es die Arme nach vorn, setzt die Hände auf den Boden und gibt dann dem Körper eine halb springende, halb schwingende Bewegung zwischen ihnen. Wenn es die Stellung zum Gehen annimmt, soll der Körper sehr geneigt sein, es balancirt dann die grosse Masse dadurch, dass es die Arme nach oben einbiegt.[1] Trotz seiner scheinbar plumpen, unbehülflichen Gestalt entwickelt der Gorilla gleich dem

[1] Zeugnisse für die Stellung des Menschen u. s. w., S. 55. Unter Fig. 11 zeigt sich hier ein gehender, nach einer Studie des berühmten Thiermalers Wolf sehr gut (in der Hinteransicht) abgebildeter Gorilla.

Bären eine grosse Körpergewandtheit. Er ist ein sehr geschickter Kletterer. Wenn er sich nach Koppenfels in den Bäumen umhertreibt, so wagt er sich in deren äusserste Spitzen hinauf. Er probt vorher die Tragkraft der Aeste, und reicht einer der letztern nicht aus, so benutzt er wol drei bis vier derselben auf einmal. Auch beläuft er stärkere Aeste, vorsichtig schreitend, auf allen Vieren. Unser Reisender sah erwachsene Exemplare bei nahender Gefahr aus einer Baumhöhe von 30—40 Fuss herabspringen und mit grösster Energie weiter durch das Dickicht brechen. Huxley's Berichterstatter stimmen alle in der Angabe überein, dass bei jeder Gruppe nur ein erwachsenes Männchen ist; dass beim Heranwachsen der jungen Münnchen ein Kampf um die Herrschaft beginnt und das stärkste nach Tödtung oder Forttreibung der andern sich als Oberhaupt der Gemeinde aufthut.

Ueber die Nahrung des Gorilla ist schon weiter oben (S. 212) geschrieben worden. Koppenfels beobachtete einmal ein Männchen nebst Weibchen und zwei Jungen beim Futtern. Weib und Kinder mussten dem bequemen Familienhaupte die Früchte von einem nahen kleinen Baume pflücken, und waren sie dabei nicht hurtig genug, nahmen sie auch zu viel für sich in Anspruch, so gab es von seiten des Alten heftiges Grunzen und gehörige Ohrfeigen.

Der Gorilla wird von den schwarzen Bewohnern seiner Heimat, denen es selbst oft genug an dem gehörigen Muthe mangelt, und denen schauerlich aufgeputzte Geschichten zur Vergrösserung ihres an sich dürftigen Jägerruhmes verhelfen sollen, gewöhnlich als eine ganz fürchterliche, als eine überaus gefährliche Bestie geschildert. Was aber selbst die ausschweifendste Phantasie des Sohnes Nigritiens nicht furchtbar genug auszumalen vermochte, das hat Du Chaillu seinen Lesern zum besten gegeben. Wir wollen uns dergleichen Mordgeschichten hier ersparen, von denen Brehm mit Recht sagt, es scheine, als habe sich in solchen Darstellungen einer unserer schlechten Liebesgeschichtenschreiber versucht und seiner Feder freien Spielraum gelassen.[1] Koppenfels ist namentlich in dem mir vorliegenden Briefe an Bastian bemüht, die Berichte über die angebliche Fürchterlichkeit des Gorilla herabzustimmen. Es geschieht dies sogar in einem dem Briefe angefügten poetischen Ergusse des geschätzten Reisenden.

Letzterer schreibt an anderer Stelle: „Sofern der Gorilla unbehelligt bleibt, greift er den Menschen nicht an, meidet vielmehr dessen Begegnung.“ Für gewöhnlich stossen diese Affen tiefe Kehllaute aus, die bald gedehnt wie Kh-eh, Kh-eh (Savage), bald kollernd oder grunzend klingen sollen. Wird das Thier von Menschen aufgescheucht, so ergreift es meist schreiend die Flucht. Nur in die Enge getrieben oder angeschossen, setzt es sich mit Entschlossenheit zur Wehr. Dann ist es bei seiner Grösse, Stärke und Gewandtheit ein keineswegs zu verachtender Gegner. Es lässt dann eine Art Gebrüll oder auch wüthendes Gekläff ertönen, richtet sich ganz in der Stellung eines gereizten Bären auf seine Füsse empor, bewegt sich in dieser Stellung täppischen Ganges vorwärts und nimmt seinen Feind an. Dabei sträuben sich die Scheitel- und Nackenhaare empor, entblössen sich die Zähne, blitzen die Augen wild und tückisch. Die Fäuste bearbeiten paukend die mächtige Brust oder fuchteln in der Luft umher. „Reizt man ihn dann nicht weiter und zieht sich bei guter Zeit allmählich zurück, bevor noch die Wuth des Affen ihren Höhepunkt erreicht, so schreitet er (nach Koppenfels) nicht weiter zum Angriff.“ Andernfalls parirt er die gegen ihn geführten Hiebe und Stösse mit der Gewandtheit des vollendeten Fechters (wie ja auch der Bär), fasst den Gegner mit der Pfote am Arme, zerknirscht diesen oder er schlägt den Mann zu Boden und zerreisst ihn mit seinen furchtbaren Eckzähnen.

---

[1] Illustrirtes Thierleben (Hildburghausen 1864), I, 17.

Die eingeborenen Jäger birschen den Gorilla an und erlegen ihn mit dem Feuergewehr. Savage erzählt, dass der Jäger die Annäherung des Affen mit angelegtem Rohr erwarte. Wenn er nicht sicher zielen könne, so lasse er das Thier den Lauf erfassen und feuere los, sobald es wie gewöhnlich den Theil zum Maul führe. Sollte das Gewehr nicht losgehen, so werde der nicht sehr starke Lauf sofort zwischen den Zähnen zermalmt. Vom Gorilla angenommene Ogōwējäger sollen zuweilen den letzten Versuch gemacht haben, sich des auf sie eindringenden Unthiers mit der bei jenen Stämmen gebräuchlichen Streitaxt zu erwehren. Buchholz erzählte mir, er habe eine wahrscheinlich auf diese Weise an den Armen verletzte Haut eines Männchens gesehen. Gewöhnlich endet aber ein solcher Zweikampf tödlich für den Jäger.

Pechuël-Lösche hat zwei Loangojäger gesprochen, welche Gorillas erlegt hatten. Sie berichteten, dass sie die gefürchteten Thiere nicht aufsuchten, sondern ihnen zufällig im Walde begegneten. Nur wenn sie ein einzelnes anträfen, schlichen sie sich dicht heran und schössen es todt; dann aber liefen sie schleunigst davon, um sich vor der Rache etwa in der Nähe weilender in Sicherheit zu bringen. Nach etlichen Stunden kehrten sie mit Beistand zurück und schafften die Beute fort. Das Fleisch dieser Thiere wird in Loango nicht gegessen, wohl aber im Gabongebiet (nach Ford und Savage). Gautier berichtet sogar, dass es von den dortigen Schwarzen geräuchert werde und eins ihrer leckersten Gerichte ausmache.

Europäer sind bisjetzt selten dazu gelangt, Gorillas zu erlegen. Du Chaillu behauptet, einer der Glücklichen gewesen zu sein, was dann wieder von andern Seiten bestritten wird. Winwood Reade, Compiègne, Buchholz, Lenz und Brazza haben vergeblich danach gestrebt. Koppenfels gibt in dem oben citirten Briefe an Bastian an, er habe bereits bis zum März 1874 vier Stück jener Affen geschossen. Er beschreibt in der früher erwähnten Nummer der „Gartenlaube“ einige seiner Jagderlebnisse mit dem für die Leser eines solchen Blattes kaum entbehrlichen Zubehör. Am 24. December 1874 befand sich Koppenfels in Begleitung eines jungen Galloa am Elivasee und belauerte hier eine Gorillafamilie, bestehend aus den Aeltern und zwei Jungen. Das Weibchen bestieg einen Iba- oder wilden Mangobaum und schüttelte dessen Früchte herunter. Das Männchen begab sich zum Rande des Wassers, um zu trinken. Hier wurde es von Koppenfels geschossen. Weibchen und Junge machten sich schleunig davon. Ein andermal befand sich der Deutsche in der Nähe des Bakalayortes Busu, welcher am Eliva-Sanka gelegen ist und nach Südosten von den Aschangolobergen und ausgedehnten Urwaldungen begrenzt wird. Hier belauschte er die S. 203 erwähnte Gruppe von Chimpanses und Gorillas, welche Thiere sich an Kolanüssen gütlich thaten. Er schoss ein grösseres und ein kleineres Exemplar der Chimpanses. Wieder ein andermal schoss er in den Aschangolobergen einen 1090 mm hohen männlichen Gorilla, welcher, durch das Herz getroffen, mit ausgebreiteten Armen in die Höhe schnellte und sich drehend auf das Gesicht niederstürzte. Das Thier hatte dabei eine 50 mm starke Liane erfasst und mit ihr dürre sowie grüne Aeste zur Erde gerissen.

Ausgewachsene männliche Gorillas erreichen eine Höhe von 1500 bis gegen 2000 mm; seltener wol über 2000 mm. Die Weibchen werden bis 1500 mm hoch. Ein von Ford untersuchter Affe dieser Art wog ohne Brust- und Baucheingeweide 170 Pfd. Der von Koppenfels in den Aschangolobergen erlegte Gorilla mochte ein Gewicht von über 400 Pfd. haben. Der Affe heisst bei den Mpongwe, Orungu, Kamma, Galloa und Bakalay: Ndjina, Njeïna, Indjina; bei den Fan dagegen Nguyala. An der Loangoküste wird er N'Pungu oder M'Pungu genannt.

Der Chimpanse hat, wie oben bereits angegeben wurde (vgl. Kap. I und III), einen ungleich weit grössern Verbreitungsbezirk wie der Gorilla. In Westafrika findet er sich zwischen dem Breitengrade der portugiesischen Besitzungen zu Cachêu im Norden bis etwa zu demjenigen des Coanza im Süden. Man kennt sein Vorkommen in gewissen Gegenden Nord- und Süd-Centralafrikas, man vermuthet dasselbe in Ostafrika südlich von Abessinien, im Djubagebiete und nach Missionar A. Nachtigall selbst im Hinterlande von Sofalla in Südostafrika. (Letzteres nach einer mir gewordenen Nachricht, für welche ich keinerlei Bürgschaft zu übernehmen vermag.)

Auch die Chimpanses sind echte Waldthiere. Sie leben hier von mancherlei wilden Früchten, suchen aber auch, wo sie nur können, verlassene und selbst noch in Cultur befindliche Pflanzungen heim, scheinen indessen unter Umständen selbst animalische Kost nicht zu verschmähen. An der Loangoküste lieben sie nach Pechuël-Lösche vornehmlich das Gebirge und dessen Nähe. Sie finden sich hier im Gebiete des Luemme bis zur Lagune von Tschissambo, in dem des Kuilu und Banya bis zur Küste.

Dieses Thier lebt in einzelnen Familien oder in kleinern Gruppen von solchen beieinander. Es scheint in manchen Gegenden, z. B. in dem waldreichen Centralafrika, noch mehr den eigentlichen Baumaufenthalt zu wählen wie der Gorilla. In andern Gebieten, z. B. an der Südwestküste, scheint es sich dagegen mehr mit dem Erdleben zu befreunden. Der Bam-Chimpanse des Niam-Niamlandes haust in den von Piaggia nnd Schweinfurth sogenannten Galerien, d. h. den etagenförmig übereinander emporwachsenden Waldbäumen, in deren immensem Dickicht ihm schwer beizukommen ist. Pisangplantagen erheben sich hier über den Boden. Die gewaltigen, mit wildem Pfeffer dicht bewachsenen Stämme, welche aus der Tiefe emporstehen, tragen ein mit Bartmoosen klafterlang behangenes Astwerk, auf dem das merkwürdige Farnkraut wuchert, welches Schweinfurth Elefantenohr nannte; hoch an den Zweigen haften die tonnengrossen Bauten der Baumtermite. Andere Stämme, abgestorben und der Fäulniss preisgegeben, dienen als Stütze für die kolossalen Gehänge der *Mucuna urens* und bilden, mit undurchdringlichen Festons überhangen, Lauben, die so gross sind wie Häuser, und in denen beständig eine nächtliche Finsterniss herrscht.[1]

Wenn der Chimpanse auf seinen Vieren geht, so stützt er die Hände seltener auf deren Hohlfläche als auf die Rückseite der nach unten eingeschlagenen Finger. Die Füsse setzt er mit den Sohlen oder auch wol mit den eingeschlagenen Zehen auf. Auch sein Gang ist schwankend, wackelnd. Das Aufrechtstehen auf seinen Füssen hält der Chimpanse womöglich noch weniger lange aus als der Gorilla. Er sucht dabei nach Stützen für die Hände, oder schlägt letztere über den etwas nach hinten gereckten Kopf zusammen, um so die Balance zu halten.

Diese Thiere geben laute Töne von sich, welche wie klagend durch die weiten Tropenwälder hallen. Pechuël-Lösche sagt, dass ihr entsetzliches Jammern, ihr wüthendes Kreischen und Heulen, welches des Abends und Morgens, manchmal auch des Nachts losbricht, die Geschöpfe dem Reisenden recht verhasst machen könne. „Da sie wahre Virtuosen sind im Hervorbringen weithin vernehmbarer nichtswürdiger Laute und auch das Echo diese mannichfach zurückgibt, so kann man nicht abschätzen, wie viele sich an dem wüsten Lärm betheiligen; manchmal aber vermeint man ihrer mehr als hundert zu hören. In der Regel scheinen sie sich hier blos auf der Erde in dichtem Gebüsch und in Scitamineendickungen aufzuhalten und Bäume nur behufs der Erlangung von Früchten zu besteigen. Auf weichem Grunde drücken sich ihre Fährten sehr deutlich ab; wo das *Amomum* wächst, halten sie sich besonders gern auf, und dort findet man auch die hochrothen Frucht-

---

[1] Schweinfurth, Im Herzen von Afrika (neue Ausgabe, Leipzig 1878), S. 335.

schalen weithin verstreut.“ Unser Berichterstatter bemerkt, dass die neckischen und beweglichen, in Loango überall zahlreichen Meerkatzen die unbehülflichen Chimpanses so oft und so lange mit bübischen Streichen ärgern, bis die Geneckten den Wald von ihrem widerlichen Geschrei erschallen lassen.

Die Thiere ziehen unstet, sich immer andere Futterplätze suchend, umher. Auch sie bauen Nester. Nach Koppenfels nächtigt das Männchen unter dem Neste seiner Familie auf einer Vergabelung von Aesten. Nach Du Chaillu baut der Nschego-Mbuwe sogar ein Schirmdach. Eine nur mässig gerathene, jedenfalls in London zurechtgemachte Abbildung stellt diese Vorkehrung dar. Koppenfels glaubt, dass das angebliche Schirmdach das Familiennest des darunter sitzenden Männchens bilde. Reichenbach hält es auch für möglich, dass ein Schmarotzergewächs, vielleicht ein *Loranthus*, den Glauben an die Errichtung eines solchen Daches erweckt habe.

Gereizt pauken die Chimpanses die Erde mit ihren Händen, schlagen aber nicht ihre Brust mit den Fäusten, wie der Gorilla dies thut. Gewöhnlich ergreifen sie vor dem Menschen die Flucht. In die Enge getrieben oder verwundet, wehren auch sie sich mit Händen und Zähnen. Der unmittelbare Kampf mit einem erwachsenen Chimpanse mag die volle Kraft und Geistesgegenwart eines starken, beherzten Mannes erfordern, um ihn bestehen zu können. Ich erinnere mich immer noch des grossen hamburger Weibchens, das wohl im Stande gewesen wäre, auch einen tüchtigen Menschen Auge gegen Auge zu bezwingen. Mit der grimmigen Mafuca (Kap. IV) anzubinden, wäre ein gehöriges Wagniss geblieben. Auch der von Livingstone in Manyema, westlich vom Tanganikasee entdeckte Soko (S. 208) wehrt sich tapfer, sobald er angegriffen wird.

Eingeborene Jäger schiessen die Chimpanses mit Feuergewehren oder mit Pfeilen, tödten sie aber auch mit Wurfspiessen. Die Niam-Niam suchen den Bam in den von Lianen dicht besponnenen Galerienwäldern in

Jagdpartien von 20—30 Mann mittels Fangnetzen zu umstricken und dann erst mit Lanzen zu erlegen. Das Fleisch dieser Thiere wird in verschiedenen Gegenden Afrikas gegessen. Auch sein Schädel gilt hier und da als Fetisch. Schweinfurth sah in einem am Diamwonubache des Niam-Niamlandes gelegenen Weiler dergleichen Specimina nebst Schädeln von Menschen, Meerkatzen, Pavianen, Antilopen, Wildschweinen u. s. w. an einen Baumpfahl gespiesst.

Der Chimpanse wird im Gabongebiet, wie schon erwähnt, Nschégo, Nschiego, Ndjéko (S. 3) genannt. Diese Bezeichnung gilt namentlich bei den Mpongwe, Galloa, Kamma und Orungu. Die Aschira und Malimba nennen das Thier Kulu. Der Chimpanse des Niam-Niamlandes heisst bei den dortigen Eingeborenen Ranja oder Mandjaruma. Die arabisch sprechenden Handelsleute wenden die Bezeichnung Bam, M'Bam an.

Der Orang-Utan bewohnt die grossen asiatischen Inseln Borneo und Sumatra. Er ist häufiger auf ersterm Gebiet. Hier findet er sich namentlich einige Tagereisen weit westlich von Sungi-Kapajan am Sampietflusse, bei Kotaringin sowie in sonstigen entlegenern Terrains der Süd- und Westküste.[1] Dem Reisenden Bock erzählten die Dayaks von Long-Wai, dass die Orangs auch weiter im Norden und am Teweh, ferner im Dusemdistrict westlich von Kutai vorkämen.[2] Nach Wallace hat das Thier auf Borneo eine weite Verbreitung; es bewohnt viele Districte der Südwest-, Südost-, Nordost- und Nordwestküsten, hält sich aber nur in den niedrig gelegenen und sumpfigen Wäldern auf. Es scheint auf den ersten Blick sehr unerklärlich, dass der Affe im Sarawakthale unbekannt sein sollte, während er in

[1] Duirentuin: Illustrirte Beschreibung der im Zoologischen Garten zu Amsterdam gehaltenen Säugethiere und Vögel (in holländischer Sprache etwa 1862 veröffentlicht), S. 6.

[2] Unter den Kannibalen auf Borneo u. s. w., S. 31.

Sambas im Westen und Sadong im Osten reichlich zu finden ist. Aber wenn man die Gewohnheiten und die Lebensart des Thieres näher kennen lernt, so sieht man für diese scheinbare Anomalie in den physikalischen Verhältnissen des Sarawakdistricts einen hinlänglichen Grund. In Sadong, wo Wallace den Orang beobachtete, findet man ihn nur in niedrigen, sumpfigen und zu gleicher Zeit mit hohem Urwald bedeckten Gegenden. Aus diesen Sümpfen ragen viele isolirte Berge hervor; auf manchen haben sich die Dayaks niedergelassen und sie mit Fruchtbäumen bebaut. Diese bilden für den Orang einen grossen Anziehungspunkt; er frisst die unreifen Früchte, aber zieht sich des Nachts stets in den Sumpf zurück. Wo der Boden sich etwas erhebt und trocken ist, lebt der Affe nicht. So kommt er z. B. in Menge in den tiefern Theilen des Sadongthales vor, aber sobald man ansteigt bis über die Grenzen, wo Ebbe und Flut bemerkbar sind, und wo also der Boden, wenn er auch flach ist, doch trocknen kann, finden wir den Orang nicht mehr. Der untere Theil des Sadongthales ist zwar sumpfig, doch aber nicht überall mit hohem Wald bedeckt, sondern meist von der Nipapalme bestanden; und nahe der Stadt Sarawak wird das Land trocken und hügelig und ist bedeckt von kleinen Strecken Urwald und vielem Djungel an Stellen, die früher durch Malayen und Dayaks bebaut wurden.

Auf Sumatra ist der Orang seltener als auf Borneo. Er soll dort besonders in den nordöstlichen Gebieten von Siak und Atjin vorkommen. Nach Rosenberg wird er hier nur in den flachen, sumpfigen Küstenwäldern nördlich von Tapanoli bis Singkel angetroffen, in Dickichten, die ihrer Unzugänglichkeit wegen nur selten von einem menschlichen Fusse betreten werden.[1]

---

[1] Der Malayische Archipel. Deutsche Ausgabe (Leipzig 1878), S. 100.

Fig. 63. Kletternder Orang-Utan, von hinten gesehen.

Auch der Chimpanse verschmäht nicht dichtverworrene Sumpfwälder, wogegen der Gorilla die (nicht gerade wasserarmen) Hochflächen vorzieht.

Nach Wallace ist eine grosse Fläche ununterbrochenen und gleichmässig hohen Urwaldes für das Wohlbefinden dieser Orangs nöthig. Solche Wälder sind für sie offenes Land, in dem sie nach jeder Richtung hin sich bewegen können, mit derselben Leichtigkeit wie der Indianer über die Prairie oder der Araber durch die Wüste; sie gehen von einem Baumwipfel zum andern, ohne jemals auf die Erde hinabzusteigen. Die hohen und trockenen Gegenden werden mehr von Menschen besucht, mehr durch Lichtungen und später auf diesen wachsendes niedriges Djungel, das nicht passend ist für die eigenthümliche Bewegung des Thieres, eingenommen. Hier würde es daher mehr Gefahren ausgesetzt und öfter genöthigt sein, auf die Erde hinabzusteigen. Wahrscheinlich findet sich im Orang-Utangebiet auch eine grössere Mannichfaltigkeit von Früchten, indem die kleinen inselartigen Berge als Gärten oder Anpflanzungen dienen, in denen die Bäume des Hochlandes gedeihen mitten in sumpfigen Ebenen.

Es ist nach Wallace ein seltsamer und interessanter Anblick, einen Orang gemächlich seinen Weg durch den Wald nehmen zu sehen. Er geht umsichtig einen der grössern Aeste entlang in halb aufrechter Stellung, zu welcher ihn die bedeutende Länge seiner Arme und die Kürze seiner Beine nöthigen. Er scheint stets solche Bäume zu wählen, deren Aeste mit denen des nächststehenden verflochten sind, er streckt, wenn er nahe ist, seine langen Arme aus, fasst die betreffenden Zweige mit beiden Händen, scheint ihre Stärke zu prüfen und schwingt sich dann bedächtig hinüber auf den nächsten Ast, auf dem er wie vorher weiter geht. Nebenstehender Schnitt, angefertigt nach einer auf Dr. O. Hermes' Veranlassung im Berliner Aquarium aufgenommenen Photographie, möge die Art des Kletterns dieser Affen einigermaassen erläutern.[1] (Fig. 63.)

---

[1] Diese Abbildung bestätigt zugleich dasjenige, was auf S. 36 über die einem Vogelsteiss ähnliche Beschaffenheit des Gesässes mitgetheilt worden ist.

Wie Wallace weiterhin bemerkt, hüpft oder springt dieses Thier nie, scheint auch nicht zu eilen und kommt doch fast ebenso schnell fort, wie jemand unten durch den Wald laufen kann. Die langen mächtigen Arme sind für den Orang von dem grössten Nutzen; sie befähigen ihn, mit Leichtigkeit die höchsten Bäume zu erklimmen, Früchte und junge Blätter von dürren Zweigen zu ergreifen, die sein Gewicht nicht aushalten würden, und Blätter und Aeste zu sammeln, um sich ein Nest zu bauen. Diese zur nächtlichen Ruhe dienende Vorrichtung wird niedriger angebracht und zwar auf einem kleinen Baume, nicht höher als 20—50 Fuss über dem Boden, wahrscheinlich weil es dort wärmer und weniger den Winden ausgesetzt ist als oben. Jeder Orang soll sich jede Nacht ein neues Lager machen. Allein Wallace hält dies deshalb für kaum wahrscheinlich, weil man sonst die Ueberreste häufiger finden würde; denn wenn auch unser Berichterstatter in der Nähe der Kohlenminen von Simunjon einige gesehen hat, so müssen doch viele Orangs täglich dort gewesen sein, und in einem Jahre schon würden ihre verlassenen Lager sehr zahlreich werden. Die Dayaks sagen, dass sich der Orang, wenn er sehr nass ist, mit Pandang- *(Pandanus-)* Blättern oder grossen Farnen bedeckt, und das hat vielleicht dazu verleitet zu meinen, er baue sich eine Hütte in den Bäumen. Der Orang verlässt sein Lager erst, wenn die Sonne ziemlich hoch steht und den Thau auf den Blättern getrocknet hat. Er frisst die ganze mittlere Zeit des Tages hindurch, aber er kehrt selten während zweier Tage zu demselben Baume zurück. Diese Thiere scheinen sich vor Menschen nicht sehr zu fürchten. Wallace hat nie zwei ganz erwachsene Affen zusammen gesehen, indessen sind sowol Männchen als auch Weibchen manchmal von halberwachsenen Jungen begleitet, während auch drei oder vier Junge zusammen allein gesehen werden. Die Orangs nähren sich fast nur von Obst, gelegentlich auch von Blättern, Knospen und jungen Schösslingen, z. B.

des Bambus. Sie lieben besonders den übelriechenden, aber äusserst wohlschmeckenden Durian *(Durio zibethinus)*. Sie zerstören immer viel mehr, als sie geniessen, und lassen immer viele vegetabilische Reste unter den Bäumen liegen, auf denen sie gefressen haben. Mir ist nicht bekannt geworden, ob die Orangs ähnliche Gelüste nach fleischiger Nahrung an den Tag legen wie die Gorillas und Chimpanses. Huxley, der manche Andern unzugängliche Nachrichten über die Anthropoiden gesammelt hat, bemerkt, man wisse nicht, dass die Orangs lebendige Thiere verzehrten.

Derselbe Forscher nennt den Gang des Orangs auf allen Vieren mühsam und wackelnd. Beim Anlauf rennt er geschwinder als ein Mensch, wird aber bald überholt. Die sehr langen Arme, die beim Laufen nur wenig gebogen sind, heben den Körper merkwürdig, sodass der Orang fast die Stellung eines ganz alten Mannes, der vom Alter gebeugt ist und sich mit Hülfe eines Stockes forthilft, annimmt. Beim Gehen stützt dieser Affe die nach unten eingeschlagenen Finger, selten die Hohlhand, auf den Boden. An den Füssen werden die Zehen einwärts gekrümmt und wird der äussere Fussrand gegen die Unterlage gekehrt. Seltener werden auch die nach unten eingeschlagenen Zehen oder die ganze Fusssohle zum Aufstützen gebraucht. Das Benutzen des äussern Fussrandes beim Gehen findet, wie Huxley richtig angibt, so statt, dass die Ferse mehr auf dem Boden ruht, während die gekrümmten Zehen zum Theil mit der obern Seite ihrer ersten Knöchel die Unterlage berühren und die zwei äussersten Zehen jedes Fusses dies gänzlich mit der Fläche thun.

Nach Wallace steigt der Orang selten auf die Erde herab und zwar nur dann, wenn er, vom Hunger getrieben, saftige Schösslinge am Ufer sucht, oder wenn er bei sehr trockenem Wetter nach Wasser geht, von dem er für gewöhnlich genug in den Höhlungen der Blätter findet. Nur einmal sah der vortreffliche Reisende zwei halberwachsene Orangs auf der Erde in einem trockenen Loche am Fusse der Simunjonhügel. Sie spielten zusammen, standen aufrecht und fassten sich gegenseitig an den Armen an. Auch dieser Beobachter schreibt dem Orang die Fähigkeit aufrecht zu gehen nur in Fällen zu, in denen er sich mit den Händen festhalten kann oder wenn er angegriffen wird.

Wie die übrigen Anthropoiden trinkt der Orang im Freileben so, dass er sich am Rande eines Wassers niederkauert und die Flüssigkeit mit den Lippen einschleckert. Gelegentlich mag er auch etwas mit der Hohlhand ausschöpfen und diese ausschlürfen oder auslecken. Wenigstens kann er dergleichen in der Gefangenschaft vollbringen. In einem alten „Penny-Magazine“ ist die im ganzen recht naturgetreue Holzschnittabbildung eines Orang, welcher am Wasser hockt und sich darin seine Hände reinigt.[1] Das dürfte in der That vorkommen.

Nach S. Müller und Schlegel[2] leben die alten Männchen — wenn nicht gerade die Paarungszeit stattfindet — allein. Alte Weibchen und junge Männchen sieht man oft zu zweien oder dreien. Erstere haben meistens ihre Jungen mit sich. Trächtige Weibchen isoliren sich grossentheils und bleiben nach stattgehabtem Wurf noch eine Zeit lang allein. Die nur langsam heranwachsenden Jungen verharren lange unter dem Schutz ihrer Mütter. Letztere tragen beim Klettern die Kleinen an ihrem Busen, woselbst die letztern sich an den langen zottigen Haaren festhalten. Es ist noch nicht sichergestellt, in welchem Alter der Orang fortpflanzungsfähig wird und wie lange die Weibchen die Jungen tragen.

Dies Thier ist langsam, phlegmatisch und nicht von

---

[1] Copirt in Pöppig's Illustrirte Naturgeschichte des Thierreichs (Leipzig 1847), I, 9, Fig. 18.

[2] Verhandelingen over de natuurlijke geschiedenis der Nederlandsche overzeesche Bezittingen (Leiden 1840—45): Mammalia.

jener Behendigkeit der Chimpanses und selbst der Gibbons. Hunger allein scheint es zu einer Thätigkeitsäusserung zu treiben. Ist dieser befriedigt, so verfällt das Thier wieder in Ruhe. Wenn es sitzt, so krümmt es den Rücken und senkt den Kopf so, dass die Augen gerade nach unten gegen den Boden gekehrt sind. Manchmal hält es sich mit den Händen an höhern Zweigen fest, manchmal lässt es diese unthätig an den Seiten herabhängen. In solchen Stellungen verharrt der Orang stundenlang auf seinem Platze, fast ohne Bewegung und nur zuweilen einen Ton seiner tiefen brummenden Stimme von sich gebend. Bei Tage pflegt er von einem Baumwipfel zum andern zu steigen und nur des Nachts kommt er auf die Erde herunter. Befällt ihn dann irgendein Schreck, so verbirgt er sich im Unterholz. Wird er nicht gejagt, so bleibt er lange an demselben Orte und sogar viele Tage auf demselben Baume. Selten nächtigt ein Orang auf sehr hohem Baumwipfel, da es ihm hier zu kalt und windig erscheint. Bricht die Nacht herein, so klettert er abwärts und sucht sich sein Bett in dem niedrigern und dunklern Theile oder im blattreichen Gipfel eines kleinen Baumes, unter denen er Nibongpalmen, Pandanen oder den für die Urwälder Borneos so charakteristischen parasitischen Orchideen seinen Vorzug gibt. Sein Nest bereitet er aus kleinen Zweigen und Blättern kreuzweis übereinander gebogen und füttert dasselbe mit Blättern von Farnen, Orchideen, *Pandanus fascicularis*, *Nipa fruticans* u. s. w. aus. Die von S. Müller in Augenschein genommenen Nester waren zum Theil noch ganz frisch, in einer Höhe von 10—25 Fuss über dem Boden und hatten einen durchschnittlichen Umfang von 2—3 Fuss. Einige zeigten sich viele Zoll dick mit Pandanusblättern belegt. Bei einigen waren die zusammengebogenen, zur Grundlage dienenden Zweige in einem gemeinschaftlichen Mittelpunkt verbunden und bildeten eine regelmässige Fläche.

Wie die Dayaks mittheilen, verlässt der Orang ungefähr um 9 Uhr sein Lager und sucht es etwa um 5 Uhr oder erst später in der Dämmerung wieder auf. Er liegt zuweilen auf dem Rücken, oder der Veränderung wegen dreht er sich auf die eine oder andere Seite, wobei er die Beine an den Körper heranzieht und den Kopf mit der Hand stützt. Ist die Nacht kalt und windig oder regnerisch, so bedeckt er den Körper, namentlich auch den Kopf, dicht mit Pandanus-, Nipa- oder Farnblättern.

Obgleich der Orang sich den Tag über auf den Zweigen grosser Bäume aufhält, so kauert er sich doch selten auf einem dicken Aste, wie es die andern Affen und namentlich die Gibbons thun. Im Gegentheil beschränkt er sich auf die dünnern, blätterigen Zweige, sodass man ihn im wirklichen Wipfel des Baumes sieht. Er hat nämlich keine Gesässschwielen wie die andern Affen und selbst noch die Gibbons, auch sind seine Sitzbeinknorren nicht so verbreitert wie bei den mit Gesässschwielen versehenen Arten.

Der Orang klettert langsam und bedächtig. Er ist sehr um seine Füsse besorgt, sodass eine Verletzung derselben ihn bei weitem mehr als andere Affen anzugreifen scheint. Beim Klettern benutzt er abwechselnd eine Hand und einen Fuss oder zieht, nachdem er sich mit den Händen ordentlich festgehalten hat, beide Füsse zusammen nach. Beim Uebergang von einem Baume zum andern sucht er sich stets eine Stelle aus, wo beider Zweige dicht zusammenkommen oder ineinanderreichen. Selbst wenn er harter Verfolgung ausgesetzt ist, entwickelt er eine bewundernswerthe Umsicht, er prüft die Stärke der Zweige, drückt sie mit seiner Körperschwere nieder und stellt so von einem Baume zum andern eine Brücke her. Man ersieht hieraus, dass die Darstellung auch der holländischen Forscher mit der von Wallace gegebenen im wesentlichen übereinstimmt.

Diesem Affen wird in seiner Heimat eifrig nachgestellt. Die Malayen von Samarinda, im Südosten von

Borneo, fangen ihn nach Bock in der Nähe der kleinen Bäche und Ströme, die sich bei jener Stadt in den Mahakkam ergiessen. Diese Thiere kommen nur am frühen Morgen ans Ufer und kehren im Laufe des Tages in das Dickicht zurück. Wenn die Eingeborenen einen Orang lebendig fangen, so verkaufen sie ihn für 3 Dollars an die Chinesen, welche die Thiere anfänglich mit Obst und später mit Reis füttern, sie aber niemals lange in der Gefangenschaft am Leben erhalten können.[1]

So melancholisch-träge und scheinbar indifferent sich auch der Orang im gewöhnlichen Verlaufe seines Daseins verhält, so bösartig und wehrhaft wird er in Augenblicken der Noth. Verfolgte sollen ihre Angreifer mit losgebrochenen Zweigen und mit den schweren, dornige Auswüchse der Schale tragenden Durianfrüchten beworfen haben. Das klingt um so wahrscheinlicher, als auch Tscheladas *(Cynocephalus Gelada)*, Hamadryas *(Cynocephalus Hamadryas)* und andere Paviane ihre Angreifer lebhaft und geschickt mit Aesten, Steinen und harten Erdklössen zu bombardiren pflegen. Im Kampfe Mann gegen Mann ergreifen die Orangs den Arm des Gegners, zerbeissen und zerkratzen diesen, wo sie ihm nur immer beikommen. Nach Wallace soll sich kein Thier der Wildniss an diese starken Geschöpfe wagen, die angeblich selbst Krokodile und Riesenschlangen bezwingen können.

Der Name Orang-Utan schreibt sich von den Wörtern Orang (Mensch) und Utan (zum Walde gehörend) her, bedeutet also einfach Waldmensch. Die Schreibweise Orang-Utang ist falsch. Sie würde nach E. von Martens soviel als einen verschuldeten Menschen bedeuten.[2] Häufig angewendet wird der malayische Name Meias.

---

[1] Unter den Kannibalen auf Borneo, S. 31.

[2] Die Preussische Expedition nach Ostasien. Zoologische Abtheilung (Berlin 1876), I. Bd., II. Hälfte, S. 249.

Man unterscheidet den Meias-Pappan oder Meias-Zimo, Meias-Kassu und Meias-Rambi. Nach Rosenberg wird auf Sumatra die Bezeichnung Mawas gewählt. Nach Bock nennen die Dusun-Dayaks das Thier Këu.

Die Gibbons machen in ihren ganzen Bewegungen, namentlich in denen ihrer langen Arme, einen höchst sonderbaren Eindruck. Die geographische Verbreitung und die Artengruppirung dieser merkwürdigen Thiere ist bereits im zweiten Kapitel geschildert worden. Obgleich auch diese Affen gelegentlich auf die Erde herabsteigen, so sind sie doch im allgemeinen Baumthiere. Sie ziehen den tropischen Hochwald, auch den bergigen, jedem andern Terrain vor. Manche bergen sich in den Bambusdickichten, namentlich in den von den kolossalen Halmen der *Bambusa macroculmis* und *Bambusa gigantea* gebildeten.

Der Siamang (eigentlich Si-Amang, denn die erste Silbe ist nach Rosenberg nur Artikel) lebt auf Sumatra und in Malakka (?) heerdenweis. (S. 42.) Martens sah ein solches Thier auf Sumatra hoch quer über seinen Weg von einem Baume zum andern, ungefähr 50 Fuss weit sich schwingen. An der Spitze jeder Heerde soll nach Diard ein starkes altes Männchen den Anführerdienst verrichten. Bei Sonnenaufgang pflegen sie ein furchtbares Geschrei zu erheben. Den Tag über verhalten sie sich still. Sie sind sehr wachsam und fliehen beim geringsten Geräusch. In den Bäumen wissen sie sich schon fortzuhelfen. Auf der Erde überrascht, verstehen sie sich aber, gewissen Nachrichten zufolge, nicht geschickt zu bewegen und werden leicht eingefangen. Auf Sumatra bewohnen nach Rosenberg der Siamang und Unko die Gebirgswälder bis zu 3000 Fuss Höhe, wo sie sich an den Berghängen auf den Bäumen aufhalten und nur selten auf den Boden herabkommen. Bei den geringsten Zeichen von Gefahr eilen sie in vogelschneller Flucht bergabwärts, um in wenigen Augenblicken im Dunkel der Thäler zu verschwinden. In den Wäldern, welche Tobing zum Theil einschliessen, ebenso wie am Barissangebirge ist namentlich der Siamang nicht selten.[1] Nach Bock lebt dieses Thier in den Tiefen der sumatranischen Wälder hauptsächlich von den Blättern einer *Daun simantung* genannten Pflanze. Der Affe macht einen entsetzlichen, fast wie Gebrüll klingenden Lärm.[2] Wird ein Junges verwundet, so richtet sich die Mutter desselben drohend gegen den Verfolger, ohne diesen jedoch ernstlich gefährden zu können. Die Mutterthiere scheinen ihre Jungen sehr zärtlich zu behandeln, sie an Gewässern abzuwaschen, wieder zu trocknen u. s. w. Diard behauptet, die Jungen, welche noch nicht allein laufen könnten, würden immer von dem Aelternthier des entsprechenden Geschlechts, das männliche vom Vater, das weibliche von der Mutter, getragen. Die Siamangs sollen leicht den Tigern und Rimau-dahaun oder Nebelpanthern *(Felis macroscelis)* zur Beute fallen. Bei den Eingeborenen gilt diese Art als träge und wenig intelligent. Auch Bock berichtet, dass die in der Thierpflege so erfahrenen Malayen den in der Gefangenschaft dummen und trägen Affen nicht lange beim Leben erhalten könnten.[3]

Der Hulock bewohnt nach Harlan das Garraugebirge, nahe Gulpara in Assam. Er zieht die niedrigere Hügellandschaft den eigentlichen mehrere hundert Fuss relative Höhe besitzenden, zugigen Garraubergen vor. Seine Lieblingsnahrung soll eine hier häufig vorkommende, Propul genannte, Frucht sein. Ein gewisser Owen traf die Thiere bei den Naga und Abors in den Waldgebirgen östlich von Assam in Trupps von 100—150 Individuen beieinander. Sie machen einen ohrzerreissenden Lärm. Einmal wurde Owen, als er in ihr Gebiet eindrang,

---

[1] Der Malayische Archipel, S. 100.

[2] Unter den Kannibalen auf Borneo, S. 327.

[3] Sir Stamford Raffles hat ein ganz weisses Exemplar dieser Art gesehen. (Transactions of the Linnean Society, XIII, 241.)

von ihnen bedroht, mit feindlichen Geberden und kreischenden Lauten verfolgt. Sie sollen auch einen Naga angegriffen haben. Mittelgrosse Riesenschlangen *(Python reticulatus)* sollen von ihnen zerrissen worden sein.

Der Wauwau (nach Martens eigentlich Uwa-uwa) scheint häufiger in Paaren als in Trupps zu leben. Er bewegt sich nach Duvaucel ungemein schnell in den Bäumen fort, packt die dünnsten, biegsamsten Aeste, setzt sich an einem solchen zwei- bis dreimal in Schwung und springt so, die Arme nach vorn ausbreitend, wobei sein flach gegen die Luft drückender Körper fallschirmartig wirkt, durch 40 Fuss weite Zwischenräume. Das geht so stundenlang ohne Ermüdung fort.

Die Gibbons sind im allgemeinen besser im Stande aufrecht zu gehen, als die übrigen Anthropoiden. Einzelne Arten, wie der Lar, der weisshändige und der schlanke Gibbon entfalten hierbei besonders eine grosse Gewandtheit und Ausdauer. Sie stemmen dann die flachen Sohlen auf die Erde, setzen Knien und Zehen nach aussen, halten den Körper ziemlich gerade, ziehen die Schultern zusammen und kehren die halb gebeugten Arme zur Seite, während sie die schmalen Hände schlaff herunterhängen lassen. Manche halten bei dieser Bewegungsweise die erhobenen Arme gekreuzt über den Kopf hin. Geht ein Gibbon so auf ganz ebenem Boden fort, so bewegt er auch wol die obern Glieder wie Balancirstangen hin und her. Auf unregelmässig gestaltetem Boden erfassen sie mit weit ausgestreckten Armen jeden irgendwie sich darbietenden Gegenstand und geben, an diesem sich haltend, ihrem Körper einen mächtigen Schwung nach vorwärts. Dann kommen sie für weite Strecken desto besser fort. Jeder neue derartige Anhub fördert sie leichter über die Schwierigkeiten des Terrains hinweg. Müssen sie sich sehr beeilen, so laufen sie, ohne die Finger oder Zehen nach unten einzuschlagen, auf allen Vieren. Ruhend hocken diese Thiere in sitzender Stellung auf breiter Unterlage auf ihren Gesässschwielen, schlagen ihre langen Arme kreuzweis übereinander und starren indifferent vor sich hin. Beim Sitzen auf Baumästen fassen sie mit den Händen höher gelegene Zweige zum festern Anhalt. (Fig. 14.) So sind neuerdings einige Gibbons (*Hylobates Lar*, *Hulock*, *albimanus*) im londoner Zoologischen Garten photographirt worden. Auch die Gibbons wählen neben der hauptsächlichen pflanzlichen gelegentlich animalische Kost. So z. B. fressen sie Kerfe. Bennett sah einen Siamang eine lebende Eidechse packen und verzehren. Die bei Huxley gedruckte, ich weiss augenblicklich nicht wem entlehnte Nachricht, die Gibbons tauchten zum Trinken ihre Hand ins Wasser und leckten dieselbe ab, kann ich aus Autopsie an Gefangenen bestätigen. Diese Affen schlafen, ohne Nester zu bauen, im Sitzen. Sie verdauen wie die übrigen anthropoiden Affen schnell.

Die Tragzeit der Gibbons, wie der menschenähnlichen Affen überhaupt, ist noch nicht sicher bekannt geworden. Das Weibchen wirft ein Junges, das sich nur langsam, kaum vor dem 14. bis 15. Jahre, völlig zu entwickeln scheint. Die Lebensdauer dieser Geschöpfe ist ebenfalls noch nicht näher bekannt. Beobachtungen in der Gefangenschaft lassen hier nur vage Schlüsse zu. Sollte man sich veranlasst fühlen, für eine etwaige Abschätzung solcher Verhältnisse gewisse, namentlich am Skelet alter Gorillaindividuen zu beobachtende Vorgänge der Knochenentwickelung zu Rathe zu ziehen, so möchte man diesen Thieren, wenigstens ihren grössern Formen, eine kaum geringere Lebensdauer als die durchschnittliche des Menschen zuerkennen. Indessen bleibt das vorläufig noch problematisch.

Diese Geschöpfe scheinen selbst bei dem ihrer sonstigen Natur entsprechenden Leben in der Wildniss nicht frei von krankhaften Zuständen zu bleiben. Abgesehen von gar nicht selten an ihren Bälgen und Skeleten wahrnehmbaren Folgen früher stattgehabter Verwundungen, sei es durch menschliche Waffen, sei es durch die Bisse und Nägel der eigenen Sippe, bemerkt man an den Schädeln, namentlich der Chimpanses, die

Spuren der Zahnverderbniss, der Kiefernekrose, sowie an sonstigen Knochentheilen auch Verkrümmungen, Wucherungen und geheilte Brüche.

Man ersieht übrigens selbst aus diesen kurzen Schilderungen, dass die menschenähnlichen Affen in ihrem Freileben eine Intelligenz entwickeln, welche sie sehr hoch über die andere Säugethierwelt stellt. Sie zeigen dagegen nicht das feine, weitreichende Spürvermögen, nicht die Schärfe des Gesichts, welche andere niedriger stehende Geschöpfe, namentlich hundeartige Raubthiere und Wiederkäuer, bei den verschiedenartigsten Gelegenheiten an den Tag legen. Ihr Nesterbau ist im Vergleich zu demjenigen anderer Säuger, z. B. vieler Nagethiere, ein nur roher. Wir wollen hierbei freilich nicht vergessen, dass manche niedere Menschenstämme, wie gewisse verkommene Bedja, wie die Obongo, die Feuerländer, wie manche Eingeborene der brasilianischen Wälder und die Australier in der Construction ihres Obdachs sich nur wenig über den kunstlosen Nesterbau der Anthropoiden erheben.

SECHSTES KAPITEL.

Leben in der Gefangenschaft.

Die von den ersten Beobachtern des Gorilla gemachten Nachrichten liessen erwarten, dass eine Zähmbarkeit selbst junger Exemplare dieser Affenart ein frommer Wunsch der Thierliebhaber bleiben werde. So erhielt Du Chaillu Anfang Mai einen lebenden jungen männlichen Gorilla, ein 2—3 Jahre altes Geschöpf, $2^1/_2$ Fuss hoch, so wüthend und halsstarrig, als es nur ein erwachsenes Exemplar hätte sein können. Die Schwarzen hatten zwischen dem Rembo und dem Cap Sta.-Catharina die Mutter mit dem Jungen im Walde überrascht, erstere erschossen und das letztere mit vieler Mühe dadurch gebändigt, dass sie ihm ein Tuch über den Kopf warfen. Indessen konnte man das Thier doch nur mittels einer hölzernen, um den Hals gelegten Sklavengabel nach dem Dorfe transportiren, in welchem Du Chaillu sich gerade aufhielt. Trotz seiner Jugend entwickelte der Affe eine ausserordentliche Kraft. Glücklich in seinen Käfig gelockt, attakirte er selbst in diesem seinen neuen Herrn, zerriss dessen Beinkleider und zog sich darauf mürrisch in einen Winkel zurück. Er genoss nur die für ihn im Walde gesammelten wilden Beeren und Früchte, sowie die weichen Theile der Ananasblätter. Er flüchtete aus seinem Verlies und wurde erst nach vielen vergeblichen Versuchen unter Ueberwerfen eines Netzes wieder eingefangen.

„Niemals in meinem Leben", erzählt der Reisende, „sah ich ein so wüthendes Thier wie diesen Gorilla. Er fuhr auf jeden los, der zu ihm hinkam, biss in die Bambusstäbe des Käfigs, schaute uns mit grimmigen, wie wahnsinnigen Blicken an und zeigte bei jeder sich darbietenden Gelegenheit sein durch und durch bösartiges und boshaftes Gemüth. Zum andern mal ausgebrochen, wurde der Wildfang abermals eingesperrt. Dann starb er ganz plötzlich nach Verlauf von zehn Tagen."

Du Chaillu erhielt später noch ein junges Gorillaweibchen, welches sich zärtlich an den Cadaver seiner Mutter hing und den ganzen Ort durch seinen Kummer in Erregung versetzte. Das Thierchen war noch zu klein, um mit etwas anderm als mit Milch ernährt werden zu können. Da diese nicht zu erlangen war, so starb es schon drei Tage nach seiner Einfangung.

Bessere Erfahrungen machten Reade sowie O. Lenz und Buchholz mit gefangenen Gorillas. Lenz schrieb an mich aus Afrika über ein solches Thier wie hier folgt:

„Als ich von meiner Okandereise nach Gabun zurückkehrte, wurde ich von einem ziemlich heftigen Fieber befallen, dessen Nachwehen lange andauerten. Für diese unfreiwillige Musse wurde ich einigermaassen entschädigt, als ein lebender Gorilla in die hiesige deutsche Factorei gebracht wurde. Das Thier stammt von Kamma (Fernand Vaz), demselben Platze, an welchem Du Chaillu seine Exemplare erlegte, und wurde aus einer Heerde von acht Stück ergriffen. Ein kleiner Hund, der von einem alten, später getödteten Exemplar etwas verwundet worden war, hinderte unser Individuum so lange an der Flucht, bis ein Neger herbeikam, dasselbe am Genick packte und von einem andern die Hände binden liess. In dieser Weise wurde der Gorilla in die Zweigfactorei des hiesigen Hauses gebracht, wo man ihm leider, wie dies gewöhnlich geschieht, die beiden grossen Eckzähne abfeilte, aus Furcht, dass er beissen möchte.

Unser Gorilla ist ein junges, gewiss aber schon zwei Jahre altes männliches Exemplar, das sich ziemlich leicht an die Gefangenschaft und den Umgang mit Menschen gewöhnt hat. Er hat eine lange, dünne, eiserne Kette um den Hals, sodass er einen grossen Spielraum hat; den grössten Theil des Tages aber sitzt er in einer Tonne, wo er es sich auf dem Stroh möglichst bequem macht. Gegen Kälte, Wind und Regen ist das Thier sehr empfindlich, und während der Nacht wird ein dickes Segeltuch um die Tonne gewickelt. Seine gewöhnliche Stellung ist eine hockende, die beiden Vorderarme kreuzweise übereinandergeschlagen und immer aufmerksam die Umgebung betrachtend. Stets setzt er sich so, dass irgendein Gegenstand im Rücken ist, er will rückenfrei sein und seine Feinde nur vor sich haben. Im Schlafe legt er sich lang auf den Rücken oder auf eine Seite, die eine Hand gewissermaassen als Kopfkissen benutzend; nie schläft er hockend wie andere Affen. Er geht auf allen vier Händen, die beiden hintern platt auf den Boden gedrückt, die vordern aber zusammengeballt, sodass er eigentlich auf den Knöcheln geht; dabei hat er den bekannten seitlichen Gang. Augenblicklich leidet er entsetzlich an dem sogenannten Dissous (Sandfloh); seine beiden Vorderhände sind ganz voll Blasen, in denen der Eierstock dieses kleinen lästigen Insekts sitzt. — Die Hauptfrage bei dem Transport des Gorilla bildet natürlich die Ernährung. Wir haben ihm schon öfters Reis, Brot, Milch u. s. w., kurz Sachen, die an Bord sowol als auch in Europa zu haben sind, gegeben, aber mit geringem Erfolge. Er hat zwar einigemal etwas Brot, und zwar besonders gern Schiffszwieback gegessen, auch einmal Reis, aber für gewöhnlich lässt er es stehen. Seine Lieblingsnahrung ist eine hier häufige rothe Frucht, von der er die innen befindlichen Kerne isst; Bananen und Apfelsinen liebt er gleichfalls, besonders aber Zuckerrohr, das er mit wahrem Wohlbehagen aus der Hand nimmt und zerkaut. Ebenso nimmt er mir ein Glas voll

Wasser aus der Hand, führt es regelrecht zum Munde und trinkt es aus. Nur wenigemal hörte ich bei heftiger Erregung einen grunzenden Ton, für gewöhnlich ist er ganz stumm.“ Das Thier starb auf dem Transport nach Europa und wurde sein in Rum conservirter Cadaver von Pansch und Bolau zu deren obenerwähnten Untersuchungen benutzt.

Falkenstein entwirft von den ersten Gefangenschaftsmonaten unsers unter Fig. 2, 3 abgebildeten Gorilla eine anziehende Beschreibung: „Auf der Station (Chinxoxo in Loango) angekommen, war es unsers Berichterstatters erste Sorge, alle erreichbaren Waldfrüchte holen zu lassen und eine Mutterziege zu erwerben, um die ziemlich gesunkenen Kräfte des jungen Anthropomorphen zu heben; selbstverständlich verfolgten wir seine Fressversuche mit grossem Interesse und fühlten uns in hohem Grade erleichtert, als er nicht nur die Milch mit Behagen trank, sondern auch verschiedene Früchte, namentlich aber die walnussgrossen der knorrigen, in den Savannen vorkommenden *Anona senegalensis* mit sichtlich wachsendem Appetit auswählte. Trotzdem blieb er noch längere Zeit so matt, dass er während des Fressens einschlief und den grössten Theil des Tages in einer Ecke zusammengekauert schlafend verbrachte. Nach und nach gewöhnte er sich an die Culturfrüchte, wie Bananen, Guaven, Orangen, Mango, und begann, je kräftiger er wurde und je öfter er bei unsern Mahlzeiten zugegen war, alles, was er geniessen sah, selbst gleichfalls zu versuchen. Indem er so allmählich dahin gebracht würde, jegliche Nahrung anzunehmen und zu vertragen, wuchs die Aussicht, ihn glücklich nach Europa zu transportieren, mehr und mehr.“ — Dies ist vielleicht der einzige Weg, später andere und vielleicht ältere Exemplare für die Ueberfahrt fähig zu machen; jeder Versuch, sie unmittelbar nach der Erlangung ohne vorherige Entwöhnung von der alten Lebensweise, ohne sie den veränderten Verhältnissen ganz langsam und planmässig anzupassen, an Bord zu bringen, wird immer wieder von neuem ein mehr oder weniger schnelles Hinsiechen und den Tod zur Folge haben.

Falkenstein empfiehlt weiterhin, auf die durch das Freileben der Affen gewonnenen Erfahrungen sich stützend, jeder Art dieser Thiere auch Fleischnahrung in irgendeiner Form zu verabreichen.

Ueber den oben erwähnten Gefangenen schreibt Falkenstein ferner noch: „Er gewöhnte sich nach wenigen Wochen so sehr an seine Umgebung und die ihm bekannt gewordenen Personen, dass er frei herumlaufen durfte, ohne dass man Fluchtversuche hätte zu befürchten brauchen. Niemals ist er angelegt oder eingesperrt worden, und er bedurfte keiner andern Ueberwachung als einer ähnlichen, wie man kleinen umherspielenden Kindern angedeihen lässt. Er fühlte sich so hülflos, dass er ohne den Menschen nicht fertig werden konnte und in dieser Einsicht eine wunderbare Anhänglichkeit und Zutraulichkeit entwickelte. Von heimtückischen, bösen, wilden Eigenschaften war keine Spur vorhanden, zuweilen aber zeigte er sich recht eigensinnig. Er hatte verschiedene Töne, um den in ihm sich entwickelnden Ideen Ausdruck zu gewähren; davon waren die einen eigenthümliche Laute des eindringlichsten Bittens, die andern solche der Furcht und des Entsetzens. In seltenen Fällen wurde noch ein widerwilliges abwehrendes Knurren vernommen.

„Augenscheinlich im Uebermaass des Wohlbefindens und aus reiner Lust bearbeitete er die Brust mit beiden Fäusten, indem er sich dabei auf die Hinterbeine erhob. Ausserdem gab er seiner Stimmung häufig in rein menschlicher Weise durch Zusammenschlagen der Hände, das ihm nicht gelehrt worden war, Ausdruck, und vollführte, zu zeiten sich überstürzend, hin- und hertaumelnd, sich um sich selbst drehend, so ausgelassene Tänze, dass wir manchmal bestimmt glaubten, er müsse sich auf irgendeine Weise berauscht haben. Doch war er nur aus Vergnügen trunken; nur dies liess ihn das Maass seiner Kräfte in den übermüthigsten Sprüngen erproben.

„Besonders auffällig war die Geschicklichkeit, die er beim Fressen an den Tag legte. Kam zufällig einer der übrigen Affen ins Zimmer, so war nichts vor ihnen sicher, alles fassten sie neugierig an, um es dann mit einer gewissen Absichtlichkeit von sich zu werfen oder achtlos fallen zu lassen. Ganz anders der Gorilla; er nahm jede Tasse, jedes Glas mit einer natürlichen Sorgfalt auf, umklammerte das Gefäss mit beiden Händen, während er es zum Munde führte, und setzte es dann leise und vorsichtig wieder nieder, sodass ich mich nicht erinnere, ein Stück unserer Wirthschaft durch ihn verloren zu haben. Und doch haben wir dem Thiere niemals den Gebrauch der Geräthe noch andere Kunststücke gelehrt, damit wir es möglichst naturwüchsig nach Europa brächten. Ebenso waren seine Bewegungen während des Fressens ruhig und manierlich; er nahm von allem nur so viel, als er zwischen dem Daumen, dem dritten und Zeigefinger fassen konnte, und schaute gleichgültig zu, wenn von den vor ihm aufgehäuften Futtermengen etwas weggenommen wurde. Hatte er aber noch nichts erhalten, so knurrte er ungeduldig, beobachtete von seinem Platze bei Tische aus sämmtliche Schüsseln genau und begleitete jeden von den Negerjungen abgetragenen Teller mit ärgerlichem Brummen oder einem kurz hervorgestossenen grollenden Husten, suchte auch wol den Arm der Vorbeikommenden zu erwischen, um durch Beissen oder täppisches Schlagen sein Misfallen noch nachdrücklicher kundzuthun. In der nächsten Minute spielte er wieder mit ihnen wie mit seinesgleichen und unterschied sich dadurch gänzlich von allen übrigen Affen, namentlich den Pavianen, welche einen instinctiven Hass gegen viele Individuen der schwarzen Rasse zu haben scheinen und ihre Bosheit mit ganz besonderer Vorliebe an ihnen auslassen.

„Er trank saugend, indem er sich zu dem Gefäss niederbückte, ohne je mit den Händen hineinzugreifen oder es umzustossen, setzte kleinere jedoch auch an den Mund. Im Klettern war er ziemlich geschickt, doch liess sein Uebermuth ihn hin und wieder die gebotene Vorsicht vergessen, sodass er einmal aus den Zweigen eines glücklicherweise nicht hohen Baumes auf die Erde herabfiel. Bemerkenswerth war dabei seine Reinlichkeit; denn wenn er zufällig in Spinngewebe oder Abfallstoffe gegriffen hatte, so suchte er sich mit einem komischen Abscheu davon zu befreien oder hielt beide Hände hin, um sich helfen zu lassen. Ebenso zeichnete er sich selbst durch völlige Geruchlosigkeit aus und liebte über alles, im Wasser zu spielen und herumzupatschen, ohne dass ihn übrigens ein eben genommenes Bad gehindert hätte, sich gleich darauf im Sande mit andern Affen zu amusiren und herumzukollern. Von allen den seine Individualität scharf ausprägenden Eigenschaften verdient seine Gutmüthigkeit und Schlauheit oder eigentlich Schalkhaftigkeit hervorgehoben zu werden. War er, wie dies wol anfänglich geschah, gezüchtigt worden, so trug er die Strafe niemals nach, sondern kam bittend heran, umklammerte die Füsse und sah mit so eigenthümlichem Ausdruck empor, dass er jeden Groll entwaffnete; wollte er überhaupt etwas erreichen, so konnte kein Kind eindringlicher und einschmeichelnder seine Wünsche zu erkennen geben als er. Wurde ihm trotzdem nicht gewillfahrtet, so nahm er seine Zuflucht zur List und spähte eifrig, ob er beobachtet würde. Gerade in solchen Fällen, in denen er mit Beharrlichkeit eine gefasste Idee verfolgte, war ein vorgefasster Plan und richtige Ueberlegung unverkennbar. Sollte er z. B. nicht aus dem Zimmer heraus oder umgekehrt nicht in dasselbe hinein, und waren mehrere Versuche seinerseits, seinen Willen durchzusetzen, abgewiesen worden, so schien er sich in sein Schicksal zu fügen und legte sich unweit der betreffenden Thür mit erheuchelter Gleichgültigkeit nieder, bald aber richtete er den Kopf auf, um sich zu vergewissern, ob die Gelegenheit günstig sei, schob sich allmählich näher und näher, indem er, sorgfältig Umschau haltend, sich um sich selbst drehte, richtete sich an der Schwelle angekommen behutsam und nach oben schielend auf und galopirte dann, mit einem Sprunge darübersetzend, so eilfertig davon, dass man Mühe hatte, ihm zu folgen.

„Mit ähnlicher Beharrlichkeit verfolgte er sein Ziel, wenn er Appetit nach Zucker oder Früchten, die in einem Schranke des Essraumes aufbewahrt wurden, erwachen fühlte; dann verliess er plötzlich sein Spiel, schlug eine seiner Absicht entgegengesetzte Richtung ein, die er erst änderte, wenn er ausser Sehweite gekommen zu sein glaubte; dann aber eilte er direct in das Zimmer und zu dem Schranke, öffnete ihn und that einen behenden, sichern Griff in die Zuckerbüchse oder die Fruchtschüssel (zuweilen zog er sogar die Schrankthüre wieder hinter sich zu), um behaglich das Erbeutete zu verzehren oder schleunig damit zu entfliehen, wenn er entdeckt war; in seinem ganzen Wesen aber verrieth er dabei deutlich das Bewusstsein, auf unerlaubten Pfaden zu wandeln. Ein eigenthümliches, fast kindisch zu nennendes Vergnügen gewährte es ihm, durch Klopfen an hohle Gegenstände Töne hervorzurufen, und selten liess er eine Gelegenheit vorübergehen, ohne beim Passiren von Tonnen, Schüsseln oder Blechen dagegen zu trommeln; auch trieb er dies übermüthige Spiel sehr häufig während unserer Heimreise auf dem Dampfer, wo er sich ebenfalls frei bewegen durfte. Unbekannte Geräusche waren ihm aber in hohem Grade zuwider. So ängstigte ihn der Donner oder auf das Blätterdach niederfallender Regen, mehr aber noch der langgezogene Ton einer Trompete oder Pfeife so sehr, dass stets sympathisch eine beschleunigte Verdauung angeregt wurde, die es gerathen erscheinen liess, ihn in möglichster Entfernung von sich zu halten. Bei ihn befallenden leichten Indispositionen wendeten wir eine derartige Musik mit einem Erfolg an, wie er in andern Fällen durch Purgirmittel nicht besser erzielt wird."[1]

Dieser vortrefflichen, sachgemässen Schilderung wüsste ich aus eigener Anschauung nur wenig hinzuzufügen. Der Affe wuchs bekanntlich im Berliner Aquarium prächtig heran. Er verlor allmählich die anfänglich stellenweise, namentlich an den Extremitäten, borkige und schrundige, nach des verstorbenen Veterinär Gerlach Ansicht krätzige Haut. Diese schilferte sich ab, wurde tiefschwarz und glatt, erhielt auch wieder jungen Haarwuchs. Das Thier schlief meist bei seinem Wärter Viereck im Bett, deckte sich regelrecht zu und ass mit dem Manne von einem Tische das durch dessen Frau gekochte einfache, aber nahrhafte Essen. Zuweilen erhielt er Früchte und besorgte man ihm gelegentlich sogar Bananen. Ich habe ihn bei Einnahme seiner Mahlzeiten, beim Trinken u. s. w. sich stets manierlich betragen sehen. Er bewegte sich häufig ganz frei in einem Bureauzimmer des Aquariums, dessen Director er ebenso wie seinem Wärter ohne Umstände zu pariren pflegte. Grösstentheils war das Thier guter Laune. Es scherzte gern, wiewol etwas täppisch, namentlich war es beim Zugreifen ziemlich derb. Zuweilen erprobte es auch die Schärfe seiner Zähne. Ihn besuchenden Personen suchte es manchmal im Uebermuth gewisse, seine Neugier reizende Dinge zu entreissen, so den Damen die Hutgarnirungen, Spitzen u. s. w. Im ganzen verhielt es sich aber als ein sauberes, launiges und auch gutmüthiges Geschöpf, in dessen Blick und Geberden viel Menschenähnliches lag. Seine Umgebung blieb ihm bis zu seinem Tode sehr gewogen.

Dieser Affe hatte Anfang 1876 in Afrika eine Malariakrankheit und später, wie die Section ergab, auch einige andere Affectionen glücklich überstanden. Er

---

[1] Die Loango-Expedition, Abth. II, S. 150—154.

erlag im November 1877 der galopirenden Schwindsucht.[1]

Auch der gegenwärtig im Berliner Aquarium lebend gehaltene Gorilla erweist sich als ein possierliches und liebenswürdiges Geschöpf.

Die bisjetzt in der Gefangenschaft beobachteten Chimpanses stellten sich bei voller Gesundheit als lebhafte und amusante, im ganzen gutgeartete Thiere dar. Im Jahre 1740 besass Buffon ein solches von etwa zwei Jahren Alters. Dieser Affe ging stets aufrecht, sogar dann, wenn er schwere Lasten trug. Hierzu können bekanntlich auch andere Affen abgerichtet werden. Jener sah traurig und ernst aus, bewegte sich abgemessen, war sanft, geduldig und gehorchte aufs Wort oder auf das ihm gegebene Zeichen. Er bot den Leuten den Arm, ging ordentlich mit ihnen herum, setzte sich wie ein Mensch zu Tisch, legte die Serviette auseinander, wischte sich damit die Lippen, bediente sich des Löffels und der Gabel, schenkte sich selbst ein, stiess an, holte eine Tasse und Schale, that Zucker hinein, goss Thee darauf, liess ihn kalt werden, ehe er ihn trank, und dies alles that er deutlich, doch schien es ihm nicht gut zu bekommen. Uebrigens ass er alle die gewöhnlichen Nahrungsmittel des Menschen, zog aber doch Früchte vor. Der Wein war ihm nicht so lieb wie Milch, Thee und süsse Liqueure. Er war gegen jedermann zutraulich, näherte sich und liess sich gern streicheln. Zu einer Dame empfand er so grosse Zuneigung, dass er, sobald sich derselben jemand nahte, einen Stock ergriff und so lange damit losschlug, bis ihm Buffon darüber sein Misfallen zu erkennen gab.

Dr. Traill in Liverpool erhielt ein ebenfalls vom Gabon stammendes Chimpanseweibchen, welches, als es auf das Schiff kam, einigen Matrosen die Hand reichte

---

[1] G. Broesike im Sitzungsbericht der Gesellschaft naturforschender Freunde zu Berlin vom 18. December 1877.

und mit allen bis auf einen Schiffsjungen in gutem Vernehmen blieb. Wenn die Matrosen speisten, so fand sich der Affe regelmässig ein und erbettelte sich seinen Theil. Wurde er böse, so machte er ein bellendes Geräusch, ähnlich einem Hunde; ein andermal schrie er auf wie ein eigensinniges Kind und kratzte sich dabei heftig. In wärmern Gegenden zeigte er sich fröhlich und lebhaft, je mehr sich aber das Schiff den nördlichen Breiten näherte, um so schlaffer wurde er, auch wickelte er sich gern in eine warme Decke. Die aufrechte Stellung schien ihm unbequem zu sein und er stützte dann die Hände auf die Schenkel. In den Händen hatte er grosse Kraft, er konnte sich damit an einem Seile eine Stunde lang ohne Unterbrechung schwingen. Er lernte allmählich den Wein lieben. Einmal stahl er eine Flasche Wein und entkorkte sie mit den Zähnen. Er liebte Kaffee und Süssigkeiten. Er ass mit dem Löffel, trank aus dem Glase und ahmte überhaupt das Benehmen der Menschen gern nach. Glänzende Metalle zogen ihn an, auf Kleidung schien er stolz zu sein und oft setzte er seinen Hut auf. Er war unsauber und von furchtsamem Naturell.

Nach Schilderung des Kapitäns Grandpré hat ein auf dem Schiffe transportirtes Chimpanseweibchen den Backofen geheizt und sorgfältig darauf geachtet, dass keine Kohlen herausfielen, und sehr genau beobachtet, wann der Ofen die nöthige Hitze erreicht hatte. Dann ist der Bäcker sofort durch den Affen benachrichtigt worden. Dieser hat alle Functionen eines Matrosen verrichtet, das Ankertau emporgewunden, die Segel eingebunden und festgemacht. Die Mishandlungen des brutalen Obersteuermanns ertrug das Thier mit Geduld und streckte flehentlich die Hände empor, um die geführten Streiche abzuhalten. Es verweigerte aber von da ab jede Nahrung und starb fünf Tage darauf an Hunger und Kummer.

Ein von Brosse gezogener Chimpanse wurde krank und zweimal zur Ader gelassen. Als er wieder unpässlich geworden, hielt er seinen Arm hin, als wolle er zu einer abermaligen Venäsection auffordern.

Wenn man diese Berichte, welche durch verschiedene ältere naturgeschichtliche Werke die Runde gemacht haben, aufmerksam durchliest, so sieht man sich vor die Frage gestellt, was man davon glauben dürfe, was nicht. Denn manche Einzelheiten in diesen Berichten scheinen doch etwas stark aufgetragen zu sein. Der Director des Berliner Aquariums, Dr. Hermes, bestreitet die von anderer Seite aufgestellte Behauptung, dass das daselbst längere Zeit lebend gehaltene Chimpanseweibchen Molly sich bei einer Abendgesellschaft den Wein allein eingegossen und mit seinen Nachbarn angestossen habe.[1]

Recht schlicht und getreu klingt dagegen ein von Broderip über ein gambianisches Chimpansemännchen des Zoologischen Gartens zu London im Jahre 1835 aufgenommener Bericht. Das Thier hielt sich, mit einem Jäckchen angethan, häufig und gern im Schose einer alten Wärterin auf. Hatte es nichts zu thun, so beschäftigte es sich mit seinen Fusszehen, mit derselben Miene, mit der sich ein Kind auf dieselbe Weise die Zeit vertreibt. Er nahm Broderip's Hand ohne Furcht, untersuchte den daran steckenden Fingerring mit den Zähnen, jedoch ohne diesen zu verbiegen. Künstliche Körper untersuchte er immer mit dem Gebiss. Er hielt sich am Rocke seiner Wärterin fest, als diese ihn verlassen wollte. Mit Broderip spielte er wie ein Kind. Vor einer in einem Korbe in das Zimmer gebrachten Riesenschlange zeigte er entsetzliche Scheu. Er wagte es nicht, von einem über die Schlange gestülpten Korbdeckel einen Apfel zu nehmen. Als die Schlange sammt dem Korbe entfernt war, ass er den Apfel und wurde wieder fröhlichen Muthes. Gern setzte er sich auf eine

[1] Verhandlungen der berliner Anthropologischen Gesellschaft vom 18. März 1876, S. 93.

Schaukel und hielt sich mit beiden Händen an deren Seilen fest. Er schlief in der Regel sitzend, etwas vorwärts gelehnt und mit untergeschlagenen Armen, zuweilen das Gesicht in den Händen haltend. Manchmal schlief er jedoch auch auf dem Bauche mit angezogenen Füssen und den Kopf in den Armen.

Ein männlicher, im Berliner Aquarium im Jahre 1876 gehaltener Chimpanse zeichnete sich durch übermüthige Munterkeit aus. Er hatte Freundschaft mit seiner Mitgefangenen, einem jungen weiblichen Orang, geschlossen. Dieses Verhältniss bethätigte sich durch das reizende Spiel zwischen den beiden und ihre häufigen zärtlichen Umarmungen. Der kleine Orang, ein gutmüthiges phlegmatisches Geschöpf, liess mit sich machen, was dem Chimpanse beliebte. Dieser entwickelte eine beträchtliche Intelligenz. Infolge einer grössern Reparatur seines Käfigs war der Director des Instituts, Dr. Hermes, der Urheber dieses Berichts, genöthigt, den Chimpanse einige Wochen in seinem Bureau um sich und um seine Beamten zu haben. Das Thier gewöhnte sich bald an die neue Umgebung und unterhielt besonders mit Hermes' zweijährigem Jungen ein vortreffliches Verhältniss. Trat dieser ins Zimmer, so lief der Chimpanse ihm entgegen, umarmte und küsste ihn, erfasste seine Hand und zog ihn auf das Sofa, um mit ihm zu spielen. Der Junge ging häufig nicht zart mit dem Affen um, fasste in dessen Mund, zerrte ihn an den Ohren oder legte sich auf ihn; indessen war es nicht vorgekommen, dass der Chimpanse sich gegen ihn vergessen hätte. Ganz anders behandelte er Knaben von 6—10 Jahren. Besuchte eine Anzahl Schüler das Bureau, so lief er ihnen entgegen, ging von einem zum andern, schüttelte diesen, biss jenen ins Bein, erfasste die Jacke eines dritten mit der rechten Hand, zog sich in die Höhe und versetzte ihm mit der linken eine schallende Ohrfeige, kurz er führte die tollsten Streiche aus. Es war, als ob er von der freudigen Erregung der Jugend mit ergriffen würde, so tobte er, wie dazu gehörig, mit der ausgelassenen Gesellschaft. — Als Hermes eines Tages seinem neunjährigen Sohne wegen eines falsch gerechneten Exempels einen kleinen Schlag an den Kopf gab, versetzte diesem der daneben auf dem Tische sitzende Chimpanse eine derbe Ohrfeige. Zeigte Hermes auf jemand, der ihn ansah oder neckte, und rief ihm zu: „Leide das nicht!“ so liess er sein O! O! ertönen, stürzte sich auf den Betreffenden, um ihn zu schlagen, zu beissen oder irgendeinen Unfug an ihm auszuüben. Wie er beim Menschen einen Unterschied zwischen dem Alter machte, so auch bei den Thieren. Junge Hunde und Affen behandelte er zart und rücksichtsvoll, während er mit ältern so rücksichtslos wie mit der Schuljugend umging. Sah er Hermes schreiben, so ergriff er auch öfter eine Feder, tauchte sie in das Tintenfass und machte Striche auf dem Papier. Ein besonderes Talent entwickelte er beim Putzen der Scheiben im Aquarium. Es war drollig anzusehen, wie er hierbei das Tuch zusammenlegte, die Scheibe mit den Lippen befeuchtete und nun kräftig zu wischen versuchte, dabei schnell von einer Stelle zur andern eilend.

Mafuca (S. 201) zeigte sich nicht nur in ihrem äussern Habitus, sondern auch in ihrem Wesen als ein eigenartiges Geschöpf. Bald sass sie still vor sich hinbrütend, nur zuweilen einen tückisch blinzelnden Blick auf die Zuschauer werfend, bald ergötzte sie sich mit gewagten Kraftproben oder sie raste und tobte wie ein aufgeregtes Raubthier in ihrem geräumigen Behältniss umher. Sie hakte den rechten Zeigefinger in den Spund eines 30 Pfund schweren Fasses, kletterte mit diesem am Gestänge empor und liess es in einer Höhe von etwa 2 Meter los, sodass es krachend herabfiel. Der Affe rüttelte mit einer Kraft an den Käfigstäben, dass den Zuschauenden dabei angst und bange wurde. Gern amusirte er sich mit alten Cylinderhüten, die er auf den Kopf stülpte und, war der Deckel gründlich abgerissen, auch über den Hals zog. Leute, die in den directen abgeschlossenen Vorraum seines Käfigs traten, suchte Mafuca auf alle Weise zu nergeln, ihnen die Kleider zu zerreissen u. s. w. Dem Director des dresdener Zoologischen Gartens, A. Schöpf, gehorchte sie fast nur allein. Sie setzte sich bei guter Laune auf dessen Schos und schlug kosend die muskulösen Arme um dessen Hals. Trotzdem war Schöpf niemals vor den Schalkstreichen Mafuca's sicher, die ihn selten gutwillig wieder herausliess. Dem Wärter bezeigte sie zwar Zuneigung, gehorchte ihm aber nicht immer. Häufig musste die Peitsche gebraucht werden, selbst bei den Mahlzeiten, bei denen Mafuca den Löffel, wenn auch etwas linkisch, zu gebrauchen wusste. Sie verstand aus grössern Gefässen in kleinere zu giessen, ohne überzuschütten. Sie genoss morgens Thee und abends Cacao, in der Zwischenzeit gemischte Kost, auch Früchte, Süssigkeiten, Rothwein mit Wasser und Zucker u. s. w. Lange duldete sie eine hübsche Meerkatze um sich, neckte diese aber freilich dergestalt, dass ein besonderer Zufluchtsort für das Aeffchen abgetheilt werden musste, in den Mafuca nicht zu folgen vermochte. Bei einem schweren Gewitter wurde sie durch Blitz und Donner so erschreckt und verwirrt, dass sie den auf ihr ruhenden Spielgefährten beim Schwanze ergriff und auf dem Boden zerschmetterte. Gegen die in ihren Käfig sich verlaufenden Mäuse verfuhr sie mit grimmiger Mordlust. Vor Schlangen hatte sie grosse Furcht, was bei den gewöhnlichen Chimpanses seltener der Fall zu sein pflegt. Hatte man sie längere Zeit allein gelassen, so machte sie Versuche, das Schloss ohne Schlüssel zu öffnen. Das gelang ihr auch einmal. Zu jenem male stahl sie den an der Wand hängenden Schlüssel, barg ihn in der Achselhöhle und kroch ruhig in den Käfig zurück. Mit dem Schlüssel öffnete sie das Schloss ganz leicht. Den Nagelbohrer lernte sie regelrecht gebrauchen. Ihrem Wärter zog sie die Stiefel aus und sich an, kletterte damit in die Höhe und warf sie dem sie wieder Begehrenden an den Kopf. Nasse Tücher konnte sie ausringen, ein Taschentuch zum Schnauben gebrauchen. Als sie zu kränkeln begann, wurde sie apathisch, starrte ruhig vor sich hin und versagte ihrer Umgebung jede Beachtung. Kurz bevor sie der Schwindsucht erlag, legte sie die Arme um den Hals des sie besuchenden Schöpf, sah ihn ruhig an, küsste ihn dreimal, reichte ihm nochmals die Hand und verschied.[1]

Die letzten Augenblicke nicht weniger menschenähnlicher Affen haben ihre tragischen, ergreifenden Momente gehabt!

Ueber das Gefangenleben junger Orangs verdanken wir abermals Wallace sehr interessante Berichte. Dieser Forscher schoss in der Nähe des Simunjon auf Borneo einen grossen weiblichen Affen dieser Art, der ein etwa fusslanges Junges hatte. Als unser Jäger dasselbe nach Hause trug, fasste es fest in seinen Bart hinein, sodass er grosse Mühe hatte, freizukommen, denn die Finger werden gewöhnlich am letzten Gelenk hakenförmig nach innen gebogen. Damals hatte das Thier noch keinen einzigen Zahn, aber einige Tage darauf kamen seine beiden untern Vorderzähne heraus. Unglücklicherweise war keine Milch und auch kein weibliches Thier vorhanden, um das Aeffchen säugen zu können. Wallace sah sich daher genöthigt, ihm Reiswasser aus einer Flasche mit einer Federpose im Korke zu geben, aus welchen es nach einigen Versuchen auch sehr gut saugen lernte. Es wurden Zucker und Cocosmilch hineingethan, um die Zulpe nahrhaft zu machen. Wenn unser Forscher seinen Finger in das Maul des Thieres steckte, so sog es mit grosser Kraft daran, stand aber endlich mismuthig davon ab und fing dann wie ein Kind unter ähnlichen Umständen an zu schreien. Wenn man es liebkoste und wartete, war es ruhig und zufrieden, aber sowie man es hinlegte, schrie es stets, und in den

[1] Vgl. auch C. Nissle in der Zeitschrift für Ethnologie, 1876, S. 56, 57.

ersten paar Nächten war es sehr unruhig und laut. Wallace machte einen kleinen Kasten als Wiege zurecht mit einer weichen Matte, welche täglich gewechselt und gewaschen wurde. Dem Affen selbst gefielen diese Abwaschungen. Sobald er schmuzig war, fing er an zu schreien und hörte nicht eher auf, als bis ihn sein Herr zum Brunnen trug, wo er sich sofort beruhigte, obgleich er beim ersten kalten Wasserstrahl etwas strampelte und sehr komische Grimassen schnitt, wenn das Wasser über seinen Kopf lief. Er liebte das Abwaschen und Trockenreiben ausserordentlich, und wenn Wallace sein Haar bürstete, schien er vollkommen glücklich zu sein, lag ganz still mit ausgestreckten Armen und Beinen, während das lange Haar auf dem Rücken und den Armen durchgebürstet wurde. In den ersten Tagen klammerte er sich mit allen Vieren ganz verzweifelt an alles, was er packen konnte, und Wallace musste stets seinen Bart vor ihm in Acht nehmen. Wurde er unruhig, so wirthschaftete er mit den Händen in der Luft herum und suchte irgendetwas zu ergreifen; gelang es ihm einmal, einen Stock oder einen Lappen mit zwei oder drei Händen zu fassen, so schien er ganz glücklich zu sein. In Ermangelung eines andern ergriff er oft seine eigenen Füsse, und nach einiger Zeit kreuzte er beständig seine Arme und packte mit jeder Hand das lange Haar, das unter der entgegengesetzten Schulter wuchs. Die Kraft seines Griffes liess aber bald nach, und Wallace sann daher auf Mittel, ihn zu üben und seine Glieder zu kräftigen. Zu diesem Zwecke machte er ihm eine kurze Leiter mit drei oder vier Sprossen, an die er eine Viertelstunde angehängt wurde. Zunächst schien er es gern zu mögen, aber er konnte nicht mit allen vier Händen in eine bequeme Lage kommen, und nachdem er sie verschiedenemal geändert hatte, liess er eine Hand nach der andern los und fiel zuletzt zur Erde. Manchmal, wenn er nur an zwei Händen hing, liess er die eine los und kreuzte sie nach der gegenüberliegenden Schulter, wo er sein

eigenes Haar packte, und da dieses viel angenehmer als der Stock schien, liess er auch die andere los und fiel herab, wo er dann beide Arme kreuzte, ganz zufrieden auf dem Rücken lag und nie von seinen zahlreichen Stürzen verletzt zu sein schien. Da Wallace sah, dass das Thier Haar so sehr liebte, so bemühte er sich, diesem eine künstliche Mutter herzustellen, indem er ein Stück Büffelhaut in ein Bündel zusammenschnürte und es einen Fuss über dem Boden aufhing. Zuerst schien ihm das wunderbar zu passen, da er mit seinen Beinen umherzappeln konnte und immer etwas Haar fand, welches er mit der grössten Beharrlichkeit festhielt. Wallace hoffte nun, die kleine Waise ganz glücklich gemacht zu haben, und es schien auch so eine Zeit lang, bis er sich seiner verlorenen Mutter erinnerte und zu saugen versuchte. Er zog sich dann bis ganz nahe der Haut in die Höhe und suchte überall nach dem entsprechenden Orte, aber da er nur den Mund voll Haar und Wolle bekam, so wurde er sehr verdriesslich, schrie heftig, und nach zwei oder drei Versuchen liess er es ganz. Eines Tages bekam er etwas Wolle in die Kehle, und sein Pfleger dachte, er würde ersticken, aber nach vielem Keuchen erholte er sich wieder; Wallace musste die nachgeahmte Mutter zerreissen und den letzten Versuch, das kleine Geschöpf zu beschäftigen, aufgeben.

Nach einer Woche begann Wallace den Affen mittels eines Löffels zu füttern. Er reichte ihm eingeweichten Zwieback mit etwas Ei und Zucker gemischt, und manchmal auch süsse Kartoffeln. Diese Kost nahm er gern und schnitt drollige Grimassen, um seine Billigung oder sein Misfallen über das, was man ihm gegeben, auszudrücken. Das kleine Wesen beleckte die Lippen, zog die Backen ein und verdrehte die Augen mit einem Ausdruck der äussersten Befriedigung, wenn er einen Mund voll hatte, der ihm besonders zusagte. War ihm andererseits seine Nahrung nicht süss und schmackhaft genug, so drehte er den Bissen einen Augenblick mit der Zunge im Munde herum, als ob er einen Wohlgeschmack daran suchen wolle, und spie dann alles aus. Gab man ihm das Essen wieder, so fing er ein Geschrei an und schlug heftig um sich, genau wie ein kleines Kind im Zorn.

Drei Wochen, nachdem unser Forscher den kleinen Orang erhalten hatte, that er einen ebenfalls jungen Macaco *(Macacus cynomolgus)* zu ihm. Beide Thiere wurden sogleich die besten Freunde, keiner fürchtete sich im geringsten vor dem andern. Der kleine Macaco setzte sich ohne die geringste Rücksicht auf des andern Leib, ja selbst auf sein Gesicht. Als Wallace den Orang fütterte, pflegte das Aeffchen dabei zu sitzen, das, was danebenfiel, aufzunaschen und gelegentlich mit seinen Händen den Löffel aufzufangen; sobald Wallace fertig war, leckte er das, was noch an den Lippen des Orang sass, ab und riss ihm dann das Maul auf, um zu sehen, ob noch etwas darin sei: dann legte es sich auf den Leib des armen Geschöpfes wie auf ein bequemes Kissen nieder. Der kleine hülflose Orang ertrug alle diese Insulte mit der beispiellosesten Geduld, nur zu froh, überhaupt etwas Warmes in seiner Nähe zu haben, das er zärtlich in die Arme schliessen konnte. Manchmal aber rächte er sich; denn wenn der kleine Affe fortgehen wollte, hielt der Orang ihn solange er konnte an der beweglichen Haut des Rückens oder Kopfes oder am Schwanze fest, und nur nach vielen kräftigen Sprüngen konnte derselbe sich losmachen.

Wallace macht auf das verschiedenartige Gebaren dieser zwei Thiere aufmerksam, die im Alter nicht weit auseinander sein konnten. Es geht aus allen bisjetzt stattgehabten Beobachtungen hervor, dass sehr junge Anthropoiden eine ganz ähnliche Unbehülflichkeit an den Tag legen, wie etwa gleichalterige Kinder, wogegen junge Affen der übrigen Sippen, ähnlich andern jungen Säugethieren, wie jungen Katzen, Hunden u. s. w., schon frühzeitig eine grössere Beweglichkeit und Selbständigkeit erlangen.

Als Wallace den Orang etwa einen Monat lang hatte, stiess dieser sich, wenn man ihn auf die Erde legte, mit den Beinen weiter oder überstürzte sich und kam so schwerfällig vorwärts. Wenn er im Kasten lag, pflegte er sich am Rande gerade aufzurichten, und es gelang ihm auch ein- oder zweimal, dabei herauszufallen. Wenn man ihn schmuzig oder hungerig liess oder sonst vernachlässigte, fing er heftig zu schreien an, bis man ihn wartete, indem er bald hustete, bald aufstiess, ähnlich wie ein erwachsenes Thier. Wenn niemand im Hause war oder man auf sein Schreien nicht achtete, wurde er nach einiger Zeit ruhig, aber sowie er dann einen Tritt hörte, fing er wieder ärger an.

Nach fünf Wochen kamen seine beiden obern Vorderzähne heraus, aber in der ganzen Zeit war er nicht im geringsten gewachsen, sondern an Grösse und Gewicht ganz wie zu Anfang geblieben. Dies kam zweifellos von dem Mangel an Milch oder anderer nahrhafter Kost her. Cocosmilch veranlasste wahrscheinlich einen Durchfall, von welchem ihn Ricinusöl wieder heilte. Eine oder zwei Wochen später erkrankte er an den Erscheinungen des Wechselfiebers. Dies tödtete ihn schon eine Woche später.[1]

Im Jahre 1837 erhielt der Zoologische Garten zu London einen etwa 3—4 Jahre alten Orang. Derselbe verhielt sich im allgemeinen träg und ruhig. Indessen bekam er doch auch Anfälle besserer Laune, indem er mit seiner Umgebung zu spielen versuchte. Im Uebermuth ging er sogar Fremden zu Leibe. Gewöhnlich sass er mit untergeschlagenen Beinen auf einem niedrigen Stuhle oder auf dem Boden vor dem Feuer, wobei er sich nur mit einer wollenen Decke umhüllte. Wenn die Giraffen des Etablissements ihre langen Hälse neugierig über die Gitterstangen dem Affen entgegenstreck-

[1] Der malayische Archipel, I, 59—64.

ten, äusserte letzterer keine Furcht vor ihnen, suchte vielmehr die langbeinigen Steppenbewohner bei der Schnauze zu packen. Dieser Orang parirte auf seinen Namen und fügte sich den Befehlen seines Wärters. Häufig durchsuchte er dessen Taschen nach etwa darin versteckten Leckereien. Trennte ihn das Käfiggitter von seinem Pfleger, so wurde er sehr ungehalten. Als man ihn in ein Verlies sperrte, welches mit Bambusstangen und dazwischengeflochtenem Draht verwahrt war, bog er die Drähte auseinander und zwängte sich durch die Lücke, sodass der Käfig stärker verlegt werden musste. Jacke und Pumphosen kleideten das Thier sehr drollig. Verlangte es nach einem vorgehaltenen Leckerbissen, so betrachtete es bald diesen, bald seinen Wärter, und streckte die Lippen wie einen kegelförmigen Rüssel weit vor. Wenn es trank, so nahm es das Gefäss in die Hand, brachte dessen Rand an seine Lippen und schlürfte daraus mit gravitätischer Miene. Ich will hierbei bemerken, dass menschenähnliche Affen, wenn sie in solcher Weise trinken, mit der einen Hand das Gefäss zu fassen und dies mit der Rückseite der Finger der andern Hand zu stützen pflegen. Wurde jener oben beschriebene Orang in seiner Hoffnung, etwas zu erhalten, getäuscht, so warf er sich auf den Boden, er heulte und schrie dann so lange, bis man ihm seinen Willen that. Zuweilen hatte er wahre Wuthanfälle, wie er denn einmal das Gestänge seines Behältnisses dadurch zu zerstören suchte, dass er mit dem Stuhle dagegen stiess. Als er damit nicht zum Ziele kam, machte er seinem Zorne durch ein gewaltiges Geschrei Luft und beruhigte sich erst bei der Rückkehr seines Wärters.

Ein im Jahre 1827 von Montgomery nach Kalkutta gebrachter Orang war weniger phlegmatisch, als es die gefangenen Thiere dieser Art zu sein pflegen. Er spielte und rang gern mit den Trägern, wenn diese zu ihm niederkauerten, fasste sie dabei in die Haare u. s. w. Seinen zinnernen Krug versuchte er mit einem grossen

Tuche zu scheuern, dessen einen Zipfel er, wie die Diener des Hauses, über die Schulter warf. Er liebte besonders Milch, Thee, Wein und Pandanusfrüchte. Voll Neugier untersuchte er alles, was er erreichen konnte, erst mit den Fingern, dann mit den Lippen und schliesslich mit den Zähnen. Gern biss er den Besuchern die Rockzipfel ab. Seine komischen, mit feierlichem Ernst unternommenen Bewegungen brachten selbst die gravitätischen Eingeborenen zum Lachen. Als er einmal Thee getrunken hatte und man ihm das geleerte Gefäss voll Wasser goss, schüttete er dies auf den Boden, warf sich wiederholt auf den Rücken, schrie und schlug sich mit den Händen auf Brust und Bauch. Beim Aufrechtgehen benahm er sich ungeschickt und wackelnd. Beim Gehen auf allen Vieren stützte er sich zuweilen auf die Hände und schwang sich mit den Füssen vorwärts. Verlor er beim Aufrechtgehen das Gleichgewicht, so stürzte er sich auf den Kopf und förderte sich so mit einigen Purzelbäumen. Wurde er von der Kette losgemacht, so ging er ins Haus und suchte am Frühstück seines Herrn theilzunehmen. Trotz seiner sonstigen Neugierde zeigte er keine Erregungen, sobald er seine eigene melancholische Physiognomie im Spiegel betrachtete.

Der grosse im Jahre 1876 im Berliner Aquarium gehaltene männliche Orang war ein mürrischer Gesell, der sich niederkauernd und unter der übergeworfenen Decke hervorschauend einem alten Beduinen ähnlich sah. Sein Wärter durfte ihm nur dann einigermaassen trauen, wenn er ihm eine Apfelsine brachte. Kam jener ohne Nahrung an das Käfiggitter, so fuhr der Affe zähnefletschend darauf los. Nur wenn dieser Hunger empfand, verliess ihn seine träge Ruhe. Er erhob sich dann aus seiner meist eingehaltenen sitzenden Stellung und vertilgte das ihm vorsichtig durch die Thür gereichte Futter. Gab man ihm dies nicht sofort, so wälzte er sich vor Wuth auf dem Rücken. Gesättigt spielte er mit Strohhalmen, mit dem Seil oder mit der

Wolldecke. Wollte man ihm frisches Stroh geben, so lockte man ihn mittels einer vorgehaltenen Apfelsine auf die oberste Sitzstange und nahm, während der Affe die Schale der Frucht anbrach und den Inhalt aussog, die erwähnte Procedur vor. Niemals vergass es jener, sich abends das Stroh zum Lagern zurechtzuscharren und sich mit der Wolldecke zuzudecken.

Die resignirte Attitude eines kranken Orang hat der geniale Gabriel Max mit ergreifender Natürlichkeit gemalt.

Auch Gibbons sind schon öfter im Gefangenleben beobachtet worden. Von dem trägen, indifferenten Siamang wissen die Berichterstatter meist nicht viel Interessantes zu sagen. Die übrigen Arten zeigen sich mit wenigen Ausnahmen phlegmatisch, schüchtern und sanftmüthig. Der menschlichen Gesellschaft sind sie kaum jemals abhold. Harlan vermochte einen Hulock in kaum einem Monate so zu zähmen, dass er sich an des Doctors Hand anhielt, mit der andern den Boden berührte und so mit seinem Pfleger herumspazierte. Er kam auf den Ruf seines Herrn herbei, setzte sich neben diesen auf einen Stuhl, nahm am Frühstück teil und langte ein Ei oder einen Hühnerschlägel so säuberlich vom Tisch herunter, dass dabei das Gedeck nicht verunreinigt wurde. Er genoss gekochten Reis, Brot in Milch geweicht, Bananen, Apfelsinen, Kaffee, Thee, Chocolade, Milch u. s. w. Er tauchte zwar für gewöhnlich nur die Finger in das Trinkgeschirr, um diese dann abzulecken, konnte aber auch wie ein Mensch daraus schlürfen. Er suchte das Haus nach Spinnen und andern Kerfen ab; vorüberfliegende Insekten haschte er mit der rechten Hand hinweg. Der Affe war sehr zutraulich. Kam Harlan früh zu ihm, so begrüsste ihn dieser mit einem minutenlang wiederholten freudigen fast wie Gebell klingenden Laut. Den Ruf seines Herrn beantwortete er auch aus der Ferne damit, er liess sich gern kämmen, bürsten und hätscheln. Zwei andere von Harlan gefangen gehaltene Hulocks benahmen sich in ähnlicher Weise.

Der oben erwähnte *Hylobates albimanus* des Berliner Aquariums war nach der Schilderung des Dr. Hermes, mit denen auch meine eigenen Beobachtungen übereinstimmen, ein sehr friedfertiges Geschöpf; nur wenn man ihn veranlasste, etwas gegen seinen Willen zu thun, versuchte er manchmal ein wenig zu beissen, besonders wenn er aus seinem warmen Bette genommen wurde. Hatte man ihn erst an die Hand gefasst oder befand er sich auf dem Arm, so dachte er nicht mehr an Rache. Weit weniger munter als ein neben ihm befindlicher Chimpanse, war er auch weit weniger zum Spielen aufgelegt als dieser, wenngleich er gern mit Kindern verkehrte, deren Treiben er aufmerksam beobachtete. Seine Geschicklichkeit war bewundernswürdig. Fast regelmässig sass er beim Mittag- und Abendessen mit auf dem dicht besetzten Tisch, über den er, um von Einem zum Andern zu gelangen, hin- und herlief, ohne auch nur das kleinste Gefäss zu berühren oder gar umzustossen. Seine Nahrung bestand hauptsächlich in Weissbrot, Milch, süssem Cacao, Obst und Kieler Sprotten, für welche er wie für süsse Weintrauben merkwürdigerweise eine ausgesprochene Vorliebe zeigte. Ehe er etwas Flüssiges zu sich nahm, prüfte er erst vorsichtig durch Tasten mit der Zunge, ob es auch nicht zu heiss sei; dann trank er es aus, ohne wie der Chimpanse die Tasse oder das Gefäss in die Hand zu nehmen. Kalte und feuchte Speisen waren ihm unangenehm. Nur schwer konnte man ihn dazu bewegen, eine geschälte Birne anzugreifen, während er gern davon aus anderer Hand ass. Weintrauben waren seine liebste Nahrung. Hatte er Appetit, so liess er bei ihrem Anblick melodisch klingende Laute hören, welche an den Ruf der Holztaube erinnerten. Diese Laute Hu Hu stiess er ausserdem ziemlich häufig aus, wenn er seiner Freude, Ueberraschung oder Neugierde Ausdruck gab oder zur Nachahmung dieser Töne veranlasst wurde. Trat Hermes morgens an sein Bett, so begrüsste er diesen auf die erwähnte Weise. Am liebsten sass er auf dem Arm von Frauen, bei denen er, seine langen Arme um ihren Hals schlingend, ruhig so lange zubringen konnte, als er nur geduldet wurde. Nahm man ihn fort, so schrie er wie ein kleines Kind. Verliess Frau Hermes das Zimmer, so lief er ihr nach und suchte, wenn er sie erreicht hatte, an ihr emporzuklimmen: nahm sie ihn an die Hand, so ging er ruhig mit ihr. Dieser Gibbon zeichnete sich durch eine ausserordentliche Reinlichkeit vor den übrigen Anthropoiden vortheilhaft aus. Den ersten Ort, welchen er zur Verrichtung seiner Bedürfnisse benutzte, hat er stets wieder zu demselben Zwecke aufgesucht; niemals ist es vorgekommen, dass er sein Lager oder die Stube beschmuzt hätte. Da dieser Affe nun keine Spur von Geruch an sich hatte, so musste man ihm die Eigenschaft eines angenehmen Gesellschafters in vollem Maasse zuerkennen. Ein Kind des Dr. Hermes theilte regelmässig sein Bett mit dem Thiere, wobei dies nicht die geringste Störung oder Unannehmlichkeit verursachte. Gern hing dasselbe an einem Seil, an welchem es sich, mit einer Hand vorgreifend, schnell und gewandt weiterbewegte.

In Paris lebte ein *Hylobates funereus* etwa ein Jahr lang. Seine Intelligenz war zwar sehr entwickelt, aber doch nicht so hoch wie bei den übrigen menschenähnlichen Affen. Er kannte seinen Wärter und alle Personen, die ihn öfter besuchten, nahm gern Liebkosungen an, doch war er keiner Person, auch nicht seinem Wärter, ganz besonders geneigt.

Einem im Jahre 1840 an dieser Stelle gehaltenen *H. agilis* wurde nach Martin's Beschreibung ein lebender Vogel ins Behältniss gelassen. Der Affe beobachtete dessen Flug, schwang sich an einen entfernten Zweig, fing unterwegs den Vogel mit der einen Hand und ergriff den Zweig mit der andern; sein Ziel, sowol der Vogel als auch der Zweig, war so sicher erreicht, als ob nur ein einziger Gegenstand seine Aufmerksamkeit gefesselt hätte. Dem Vogel wurde übrigens der

Kopf abgebissen und die Federn abgerupft, alsdann wurde er hingeworfen.

Ein anderes (weibliches) Exemplar von *H. agilis* griff einmal plötzlich seinen Wärter an, sprang auf ihn, kratzte ihn mit allen Vieren und biss ihn in die Brust, wobei es noch ein Glück für den Mann war, dass der Affe kurz zuvor seine Eckzähne verloren hatte. Man sagte, das Thier habe bereits in Macao einen Mann getödtet.

Die Anthropoiden leiden in der Gefangenschaft an Zahn- und Kiefercaries, an chronischen und acuten Bronchial- wie auch Darmkatarrhen, an Lungenentzündung, Lungenschwindsucht, an Leber- und Nierenentzündung, an Herzbeutelwassersucht, an Haut- und Darmparasiten u. s. w. In Krankheiten legen die Thiere, wie das von den verschiedensten Seiten her bestätigt worden ist, viel menschenähnliches Gebaren an den Tag. Unter anderm beobachtete Bock auf Sumatra einen gefangenen alten männlichen Orang-Utan, der an Schwindsucht litt, den grössten Theil des Tages in ein Bettuch gehüllt lag und unaufhörlich von schrecklichem Husten geschüttelt wurde.[1]

Uebrigens lassen Spuren an den Schädeln im Freien getödteter Gorillas und Chimpanses erkennen, dass die Zahn- und Kiefercaries die Thiere auch in ihrem Naturzustande befallen kann. Haut- und Darmparasiten kommen hier ebenfalls vor.

---

[1] Unter den Kannibalen auf Borneo, S. 31.

SIEBENTES KAPITEL.

Stellung der menschenähnlichen Affen im zoologischen System.

Die **Stammesgeschichte** der Affen lässt sich bisjetzt mit einiger Sicherheit nur bis zur Miocänzeit verfolgen. Das von mehrern Seiten dargestellte angebliche Ineinandergreifen der Affen und Pachydermen ist erst noch zu wenig bestätigt worden, um hier weitere Berücksichtigung finden zu können. Dagegen haben sich im Miocän von Griechenland, von Würtemberg und den Sewalikbergen, Vorgeländen des Himalaja, Reste von Schlankaffen *(Semnopithecus)* gefunden. Ihren bestimmten Platz scheint eine dieser fossilen Arten *(Semnop. subhimalayanus)* zu behaupten. Dagegen ist der durch so viele Reste vertretene *Mesopithecus Pentelici* (S. 115) von Attika Gegenstand widerstreitender Discussionen geworden. Während nämlich Gaudry und Beyrich sich geneigt zeigten, dieses Thier ausschliesslich den Schlankaffen zuzuweisen, hat ersterer sich wieder dafür erklärt, demselben die Kopf- und Zahnbildung eines *Semnopithecus*, sowie die Gliederbildung eines *Macaco* zuzuerkennen. Danach würde also *Mesopithecus* eine interessantere, ihrer wissenschaftlichen Bezeichnung entsprechende Affenform sein.[1] Die Trennung beider

---

[1] Enchainements, S. 235.

oben erwähnten Affengattungen (*Semnopithecus* und *Macacus*) müsste demnach erst ziemlich spät erfolgt sein. *Pliopithecus* aus dem Süsswassermergel von Sansan (S. 115) wird durch Gaudry und Andere den Gibbons zugewiesen. Lartet und Quenstedt glauben, dass das Thier wegen der fünf Haken des letzten Zahnes (Gaudry, l. c., Fig. 308) sich seinem nächsten südlichen Nachbar, dem Magot (*Innus*) nähere. Köllner hält eine Verwandtschaft mit *Semnopithecus* nicht für unwahrscheinlich. Der S. 114 erwähnte *Dryopithecus Fontanii* entwickelt, wie ich jetzt auch an einem durch Frič in Prag bezogenen Gipsabguss ersehe, den ausgesprochensten anthropoiden Charakter, wiewol das geringe vorliegende Material noch keine genauern Schlüsse auf die eigentliche systematische Stellung dieses ausgestorbenen Thieres zulässt. Der Bau der Backzähne desselben hat, wie auch bereits S. 114 hervorgehoben worden, doch recht viel Menschenähnliches. Auch der so vorsichtige Quenstedt ist der Ansicht, dass jene Affenzähne, welche aus der zweiten Säugethierformation der auf der Schwäbischen Alp vorkommenden Bohnerze stammen, sehr menschenähnlich geformt seien, daher Thieren angehört haben müssten, deren Menschenähnlichkeit eine sehr ausgesprochene sei. Fossile den Stummelaffen (*Colobus*) Afrikas ähnliche Reste (*Col. grandaevus*) sind in Steinheim gefunden.[1] *Macacus priscus* des Arnothales scheint mit den afrikanischen Macacos verwandt zu sein.[2] Owen's *Macacus pliocenus* aus Essex wird dem *Macacus sinicus* nahegestellt. Auch in Amerika wurden fossile Affen beobachtet. Der den Brüllaffen (*Mycetes*) verwandte *Protopithecus* war ein sehr grosses Thier. Eine andere in Südamerika gefundene fossile Art (*Laopithecus*) soll dem Menschen sehr nahe gestanden haben. Dieses letztere

[1] Fraas im Würtembergischen Jahresheft, 1870, XXVI, Taf. 4, Fig. 1.

[2] Forsyth, Atti della Società italiana di scienze natur., XIV, 1872.

Factum ist um so merkwürdiger, als man doch, und zwar auch mit Recht, eine getrennte Entwickelung der alt- und der neuweltlichen Affen anzunehmen pflegt.

Die zur Zeit im tropischen Amerika vertretenen Geschlechter der Seidenaffen *(Hapale)*, Sahui *(Jacchus)*, Springaffen *(Callithrix)*, Brüllaffen *(Mycetes)* und Rollaffen *(Cebus)* waren bereits in der Diluvialepoche des neuen Continents vorgebildet. Es scheint daher eine generische Weiterentwickelung aller Affen seit der Diluvialzeit nicht mehr stattgefunden zu haben. Anders ist dies mit der artlichen Entwickelung. Diese scheint zum Theil allerdings erst spät vor sich gegangen zu sein. Das lässt sich z. B. aus den körperlichen Eigenthümlichkeiten der Gorillas und Chimpanses schliessen, welche bei manchen Abweichungen doch auch wieder vieles Uebereinstimmende darbieten. Es erwecken die im vierten Kapitel beschriebenen anscheinend zwischen Gorilla und Chimpanse befindlichen Affenformen die Annahme, als handle es sich bei diesen um Rückschläge aus der einen in die andere Form. Die zahlreichen Varietätenbildungen unter den Anthropoiden lassen auf eine Fortdauer des Sonderungsprocesses innerhalb dieser Affenfamilie schliessen und es bedurfte wol kaum anderer als isolirender Einflüsse, um allmählich eine Umwandlung von Varietäten in constantere Arten herbeizuführen.

Die menschenähnlichen Affen stehen wegen ihrer äusserlichen körperlichen Merkmale, wegen ihrer anatomischen Bauverhältnisse und ihrer höher entwickelten Intelligenz nicht allein an der Spitze der jetzt existirenden Affenwelt, sondern sie nehmen einen noch höhern, sie dem Menschengeschlecht noch mehr nähernden Rang ein. Die Ordnung der Vierhänder möchte ich nach dem im zweiten und dritten Kapitel Mitgetheilten aufgelöst sehen und statt dessen die Linné'sche Ordnung der *Primates* für die Affen und Menschen im allgemeinen bestehen lassen. Die Menschen würde ich als *Erecti* mit den menschenähnlichen Affen, den *Anthropomorpha*, in eine Unterfamilie der *Primarii* zusammenfassen. Für die Affen *(Simiina)* würde ich die bequem angeordnete Eintheilung in diejenigen mit schmaler Nasenscheidewand *(Catarrhina)* und in diejenigen mit breiter Nasenscheidewand *(Platyrrhina)* belassen. Die Halbaffen *(Prosimii)* setzen eine Säugethierordnung für sich zusammen. Hiernach würde ich die Aufstellung des folgenden systematischen Schemas anempfehlen:

I. Säugethiere *(Mammalia)*.

A. *Monodelphia* Blainv. *(Placentalia* Owen).

1. Ordnung: *Primates* Linné.

1. Familie: *Primarii*.

1. Unterfamilie: *Erecti (Homo sapiens)*.

2. Unterfamilie: *Anthropomorpha* Linné.

a) *Dasypoga*, d. h. Anthropomorphen ohne Gesässschwielen.

1. Gattung: *Troglodytes* E. Geoffr.

Arten: Der Gorilla *(Troglodytes Gorilla* Savage et Wyman). Der Chimpanse *(Tr. niger* E. Geoffr.)

Andere Arten noch nicht genauer bekannt.

2. Gattung. *Pithecus* E. Geoffr.

Art: Orang-Utan *(Pithecus Satyrus* E. Geoffr.)

b) *Tylopoga*, d. h. Anthropomorphen mit Gesässschwielen.

3. Gattung. *Hylobates* Illig.

Arten vgl. S. 41 fg.

2. Familie: Eigentliche Affen *(Simiina)*.

1. Unterfamilie: *Catarrhina*.

Gattungen: *Semnopithecus*, *Colobus*, *Cercopithecus*, *Inuus*, *Macacus*, *Cynocephalus*.

2. Unterfamilie: *Platyrrhina*.

Gattungen: *Mycetes*, *Lagothrix*, *Ateles*, *Cebus*, *Pithecia*, *Nyctipithecus*, *Callithrix*, *Chrysothrix*, *Hapale*.

ACHTES KAPITEL.

Rückblicke auf und weitere Betrachtungen über den Anthropomorphismus der Gorillas, Chimpanses, Orangs und Gibbons.

Huxley's Satz: dass die niedrigsten Affen von den höchsten Affen weiter entfernt ständen, als letztere vom Menschen, behält nach meinen Erfahrungen noch heute seine volle Gültigkeit. Es kann nicht geleugnet werden, dass die Spitzen der Thierwelt sich mit den Spitzen der Schöpfung überhaupt sehr nahe berühren.

Wir haben im dritten Kapitel darzulegen versucht, in welcher Art und Weise sich die Affenähnlichkeit der Menschen zu documentiren vermöge. Wir lernen auch aus den letzten Kapiteln manchen die Menschenähnlichkeit der anthropoiden Affen ins Licht setzenden Umstand kennen. Zunächst ist es immer das äusserlich Körperliche, welches zu Vergleichungen auffordert. Dass in diesem manches die scheinbare Kluft zwischen Menschen und Affen Ueberbrückende sich entwickelt, das dürfte ja auch dem simpelsten Verstande einleuchten. Kopf und allgemeine Körperform namentlich der jüngern Männchen und der Weibchen der Gorillas, Chimpanses und Orangs und mit Ausschluss der langen Vordergliedmassen auch selbst der Gibbons, boten uns viel Menschenähnliches dar. Es zeigte sich das selbst an einzelnen Körperorganen, z. B. am Ohr. Ich habe zu

Vorlagen der im zweiten Kapitel bildlich wiedergegebenen Affenohren, z. B. auch des Gorilla, mit voller Absicht gerade solche Specima gewählt, welche nur den geringsten Grad von Menschenähnlichkeit darboten, und dennoch ist ein gewisser Grad derselben auch hier unverkennbar. Es ist oben die Bemerkung gefallen, dass das ausgewachsene ältere Mannthier einer anthropoiden Affenart sich von der Menschenähnlichkeit immer weiter entfernt. Es tritt das aber bei keiner Form jener Geschöpfe in so charakteristischer Weise hervor wie beim Gorilla. Der Kopf der Anthropoiden des erwähnten Geschlechtes und Alters, ihre mächtigen Schädelkämme, ihr gewaltiges Gebiss bieten namentlich auffallende Unterschiede dar. Es ist das schon deshalb sehr wichtig, weil gerade beim Menschen der vollentwickelte Mann fast ausnahmslos das Typisch-Menschliche zu repräsentiren pflegt. An den Gliedmassen sind die Unterschiede zwischen Armen und Händen beim Menschen im Gegensatz zu den menschenähnlichen Affen zwar nachweisbar, aber sie zeigen sich hier doch nicht so augenfällig wie an den untern Gliedmassen. Denn der Greiffuss der Affen bleibt immer etwas Absonderliches, was sich vom menschlichen Gehfuss beträchtlich unterscheidet. Auch die Greiffähigkeit der Zehen mancher menschlicher Individuen (Kap. III) lässt sich nicht in directen Vergleich mit der Greiffähigkeit des Affenfusses bringen, an welchem letztern der grossen Zehe die Bewegungsweise eines Daumens verbleibt. Haeckel bemerkt, dass neugeborene Kinder unserer eigenen Rasse mit der grossen Zehe noch recht kräftig greifen und mittels derselben einen hingehaltenen Löffel noch ebenso fest wie mit der Hand fassen könnten.[1] Allein diese Fähigkeit ist doch nur eine einseitige und untergeordnete gegenüber der vielseitig ausgebildeten Greiffähigkeit des Anthropoidenfusses. Die Möglichkeit eines wenn auch nur bedingten und zeitlich sehr begrenzten Aufrechtgehenkönnens ist

[1] Anthropogenie (Leipzig 1874), S. 482.

kein ausschliessliches Vorrecht der Anthropoiden, da wir dieses Vermögen durch Abrichtung den übrigen Affen, ferner Hunden, Schweinen, Pferden u. s. w. beibringen können. Manche Affen der Neuen Welt, wie Schweif- und Klammeraffen, ferner gewisse Halbaffen, die Bären, manche Ichneumonen, Schuppen- und Nagethiere[1] vermögen sich sogar streckenweit in aufrechter Haltung fortzubewegen und zwar ganz wie die menschenähnlichen Affen, d. h. ohne erst dazu einer-Anlernung zu bedürfen. Im übrigen ist der Bau auch der Anthropoiden mehr für das Gehen auf den Vieren und auf das reine Kletterleben eingerichtet. Das einem Schwanzrudiment ähnliche Hervorragen des Steisses bei den Anthropoiden (Fig. 63) ist bekanntlich auch bei vereinzelten menschlichen Individuen beobachtet worden. Es sollte das ja auch ein nationales Erbtheil verschiedener aussereuropäischer Völkerschaften, wie der centralafrikanischen Niam-Niam und gewisser südindischer Malaien sein. Eine derartige Annahme hat sich nun freilich in solchem Umfange bisjetzt nicht bewährt.

Es ist auch bereits davon die Rede gewesen, dass bei Vergleichung von Mensch und menschenähnlichem Affen der farbige Mensch ein ganz besonders zutreffendes Object durch seine Silhouette abgebe. Dies wird von farbigen Leuten selbst empfunden, welche, wie dies namentlich seitens nigritischer Stämme geschieht, die grossen Affen als Verfluchte ihres Geschlechts, als stumme behaarte Männer u. s. w. ansehen. Nun darf hierbei nicht ausser Acht gelassen werden, dass der Anthropomorphismus im religiösen Leben ungebildeter Stämme überhaupt eine hervorragende Rolle spielt, dass es uncivilisirten Menschen leichter wird, sich dem Thier näher zu denken als den civilisirten, ein solches Gebaren mit Stolz und mit Selbstbewusstsein zurückweisenden Individuen. Im Anschluss hieran will ich

[1] Von den Spring- und Rennmäusen wollen wir hier gänzlich absehen.

anführen, dass die civilisirten Menschen sich zunächst an die sprichwörtliche Hässlichkeit der Affen stossen und schon deshalb jede Anerkennung einer factischen Verwandtschaft mit ihnen voll Abscheu zurückweisen. Hierbei ist zu bedenken, dass schöne Körper-, namentlich Gesichtsbildung auch unter den Menschen keineswegs ein sehr häufiges Erbtheil ist. Gibt es doch unter allen Nationen Individuen, deren Hässlichkeit derjenigen eines beliebigen Anthropoiden kaum etwas nachgibt, ja diese zuweilen noch weit hinter sich lässt. Wenn nun die Völker des classischen Alterthums, wenn die germanischen, romanischen und slawischen Stämme, wenn die Circassier, Iraner, Armenier, Tartaren, Türken, Semiten, die Berbern (Imoscharh), Bedja, ein Theil der Indier, Polynesier, der amerikanischen Indianer und Nigritier im allgemeinen noch auf weiter verbreitete körperliche Anmuth Anspruch erheben können, so wird diese unter den übrigen Völkern des Erdballs, unter den Mongolen, unter einem grösseren Theil der Nigritier, der Papuas, unter den Guaranis und Malaien immer seltener. Wir haben bereits oben gesehen (S. 79), dass unter gewissen niedern Menschenstämmen eine äusserliche rein physische Annäherung an den Affentypus unverkennbar sei.

Andere scheuen sich aus rein psychischen Gründen vor Anerkennung einer Verwandtschaft zwischen Menschen und Affen, indem sie die geistige Veranlagung der erstern durch kein vermittelndes Band mit der ihnen zu gering dünkenden der menschenähnlichen Affen verknüpft sehen. Da darf aber nicht ausser Acht bleiben, dass die Lebensäusserungen niedrig stehender Menschen sich häufig nur sehr wenig von denjenigen menschenähnlicher Affen unterscheiden lassen. Ich erinnere hier an das S. 80 über die australischen Ureingeborenen Bemerkte, deren viehische Triebe unsere ganze Beachtung auf dem Gebiete solcher Vergleichungen wach rufen müssen. Eine Horde Botocudos, wie ihrer der scharf beobachtende Prinz Maximilian von Neuwied im Gebiet des Rio Belmonte beobachtet hat[1], ein Dorf der Miranhas am obern Yupurá, wie Martius dasselbe schildert[2], mögen in dem Beobachter einen greulichen Eindruck von Entmenschung zurücklassen. Noch stärker möchte dieser sein, wenn man ein Hüttenlager der Obongo oder Doko in Augenschein nehmen könnte. Man hat bemerkt, dass der roheste Wilde Barmherzigkeit und Treue gegen seinesgleichen zu üben im Stande sei. Als z. B. unter den im Winter 1881—82 in Europa gezeigten Feuerländern einzelne derselben erkrankten, wurden diese von ihrer wilden Umgebung nicht ohne Liebe und unter augenscheinlicher Beobachtung einer gewissen Zartheit gepflegt. Dergleichen Beispiele kennt man auch aus andern Gebieten. Allein die Anthropoiden pflegen und vertheidigen die Angehörigen ihrer Familie ebenso (vgl. Kap. V), zeigen gegeneinander Anhänglichkeit und Treue, wie letzteres namentlich von verschiedenen miteinander verpflegten Orang-Utans festgestellt worden ist. Liebe zu den Jungen, nicht selten auch Gattenliebe der ausgesprochensten Art, ragen ja verhältnissmässig tief in die Thierwelt hinein. Rohere und civilisirtere Völker begehen bekanntlich zuweilen die unsäglichsten Grausamkeiten gegeneinander, die man fälschlich als unmenschliche bezeichnet hat; denn diese Grausamkeiten, diese Schlächtereien und Schindereien, sind sehr häufig die Folgen einer unerbittlichen Logik der Volkscharaktere, sind leider recht menschliche, indem sie in der Thierwelt nichts ihnen gleiches erkennen lassen. Denn es wäre z. B. sehr verfehlt, einen bluttriefenden Henker aus der Zeit der Schreckensherrschaft mit einem Tiger zu vergleichen, welcher in seinem natürlichen Ernährungstriebe beliebige Säugethiere u. dgl. abwürgt. Die Greuel der Hexenprocesse, die

[1] Reise nach Brasilien (Octav-Ausgabe, Frankfurt a. M. 1821), II, 177.

[2] Beiträge zur Ethnographie und Sprachenkunde Amerikas u. s. w. (Leipzig 1867), I, 534 fg.

Massenmorde unter den Guineanegern, die Meriahopfer der Konds, die Zerstückelungen Lebender unter den Battas, lassen sich nicht mit den wilden Lebensäusserungen der Thierwelt parallelisiren. Sie finden vor allem absolut nichts Vergleichbares bei den Anthropoiden, welche nicht beunruhigt, nirgends besonders feindlich in den menschlichen und thierischen Haushalt eingreifen. In dieser Hinsicht steht der menschenähnliche Affe entschieden höher als eine grosse Zahl von Menschen.

Eine beträchtliche Kluft zwischen letztern und jenen ist nach meiner Ueberzeugung darin ausgesprochen, dass das Menschengeschlecht erziehbar ist und sich geistig zu der höchsten Culturentwickelung fortzubilden gewusst hat, wogegen man den intelligentesten Anthropoiden immer nur zu einer gewissen mechanischen Abrichtung hat bringen können. Aber selbst den Ergebnissen einer solchen Abrichtung bei den menschenähnlichen Affen wird durch deren mit dem Alter zunehmende Bosheit eine Grenze gesetzt. Die Anthropoiden lassen sich wol zu interessanten Menagerieobjecten heranziehen, nicht aber, wie selbst unsere gewöhnlichsten Hausthiere, zu nützlichen Mitgliedern des ökonomischen Bereiches. Ich selbst halte alle Menschenstämme für bildungsfähig, wenn auch in verschiedenen Graden einer erreichbaren Höhe. Ich glaube nicht eine Abtheilung Queensland-Australier ohne weiteres zu Leuten ausbilden zu können, welche sich den besten Geistern z. B. unserer Nation gleichstellen liessen. Wie lange Jahrhunderte hat es aber auch gedauert, ehe wir uns so unendlich hoch über die Papuas erheben konnten! Es hat sich trotzdem gezeigt, dass selbst ganz rohe Wilde sich zu immerhin brauchbaren Mitgliedern der menschlichen Gesellschaft haben machen lassen. Welche Veränderungen sind z. B. mit den Sandwichinsulanern, den Tahitiern, den Maori innerhalb 80 Jahren vorgegangen! Wenn in unsern Tagen Gesandte der Königin von Madagascar sich in den hohen berliner Salons mit cavaliermässigem Anstand zu bewegen verstehen, so müssen wir hierin, selbst ohne uns in enttäuschende Weiterungen zu verlieren, doch immer ein bedeutsames Zeichen anerkennen.

Man hat oft die Bemerkung gemacht, dass afrikanische Schwarze, Indianer u. s. w. in ihrer Jugend eine hohe Gelehrigkeit entfalteten, schnell an Weisheit und Bildung zunähmen, in einem gewissen Alter aber stehen blieben, nicht in demselben Maasse weiter vorwärts könnten und sogar nicht selten wieder, ähnlich den alternden Affen, in die ursprüngliche Wildheit zurückschlügen. Das werde zugegeben. Indessen wolle man auch bedenken, dass dergleichen Erziehungsversuche junger Wilder meistentheils an schlechter pädagogischer Methode scheiterten. Man verhätschelt nämlich die jungen Söhne der Natur, überschätzt ihre kindlichen Leistungen, überbürdet sie geistig, verhindert eine angemessene Verstandes- und Körperentwickelung, macht sie hoffärtig und wundert sich nachher, wenn sich mit zunehmendem Selbstbewusstsein in den unreifen Köpfen ein höherer oder geringerer Grad von Grössenwahn festsetzt. Ist es nun aber geschehen, dass ein civilisirter, mühselig erzogener Wilder später wieder in seinen Naturzustand zurückgekehrt ist oder als Feind seiner Erzieher, als Wegelagerer, als Rebell u. dgl. ein gewaltsames Ende gefunden hat, so wird er doch selbst in den letzten Lebensmomenten noch Eigenschaften und Zustände entwickelt haben, welche an eine für ihn bestandene bessere Zeit gemahnten. Hierfür bieten z. B. einige gebildetere Maoris das Beispiel, welche, später zu den empörten Stämmen übergegangen, ihren tiefstehenden Landsleuten die Kraft einer festern Organisation gegen die überlegene englische Herrschaft einzuflössen gewusst haben. Hat etwa ein Armin der Cherusker viel anders gehandelt, als er die damals noch rohen westfälischen Bauern gegen seine hochcivilisirte ehemalige Pflegerin Roma in den Kampf führte? In dem Gebaren selbst solcher Rückfälligen wird sich immer etwas weit Höheres zeigen, als in der obstinaten Bosheit eines knurrigen alten Chimpanse oder Orang.

Nicht immer sind ja übrigens die Erziehungsversuche mit Naturmenschen absolut ungünstig ausgefallen. Der grosse Indianerführer Tekumseh, die Präsidenten Benito Juarez und Ramon Castilla, der Schwarze Toussaint L'Ouverture, der Howa-König Radama I., die polynesischen Herrscher Kamehameha I., Pomare II., Georges und Kokabau mögen ungefähr zeigen, was aus solchem Material unter dem Zusammenfluss günstiger Umstände werden könne. Der arme Indianersprössling aus Oaxaca, der einer dürftigen Arrierofamilie angehörende, eisenfeste Lenker Perus, der ehemalige Plantagenkutscher auf Haïti standen aber ursprünglichen Naturmenschen ebenso wenig fern, wie jene von europäischen Missionaren erzogenen und beeinflussten Malgaschen und Polynesier.

Bekanntlich haben die Nationen in den frühesten Perioden ihrer Existenz gewisse rohe Zustände ihrer Entwickelung durchmachen müssen. Das ist ja unsern höchst - civilisirten Nationen nicht erspart geblieben. Für alle ist die Steinzeit eine nothwendige Durchgangsperiode gewesen. Erst mit dem Gebrauch der Metalle hat sich dort allmählich ein höheres Culturleben herauszubilden begonnen. Wenn wir auch jetzt darüber hinaus sind, Stein- und Metallperioden als gegeneinander scharf abgegrenzte zu betrachten, so dienen doch im grossen und ganzen die Zeitläufe, in denen Steingeräthe, und diejenigen, in welchen Bronze- und Eisengeräthe vorherrschend in Gebrauch gewesen sind, zur Kennzeichnung realer culturgeschichtlicher Epochen. Wie wir wissen, lässt auch die Steinzeit gewisse Phasen ihrer Ausbildung erkennen. In den frühesten Stadien derselben musste das grob geschlagene, nicht weiter bearbeitete Geräth dem damals ohne geregeltes Obdach, in Höhlen, Klüften und unter dürftigem Laubenschutz lebenden Geschlecht die Mittel zur Erlegung von Jagdthieren, zum Abschaben von Hölzern, zum Zurichten der Felle,

Sehnen und Pflanzenfasern, zum Zerwirken der Jagdbeute, zum Zerschlagen der Markknochen u. s. w. gewähren. Mit der Bearbeitung, der Abschleifung und gefälligern Formung der Steingeräthe geht dann auch eine fortschreitende Besserung der menschlichen Zustände Hand in Hand.

Wir vermögen uns die physischen und psychischen Zustände der ersten, ältesten Menschen der Steinzeit nur als diejenigen äusserst roher Wilder vorzustellen, welche aber doch die Gabe in sich trugen, aus sich selbst heraus bessere Lebensverhältnisse zu schaffen.

Im Jahre 1868 zeigte der Oberst Laussedat der Akademie der Wissenschaften den aus dem Miocän von Billy (Allier) stammenden Unterkiefer eines Nashorns vor, an welchem ein Einschnitt sichtbar war, der nach dem Urtheil mehrerer Naturforscher von Menschenhand herrühren musste. Der Abbé Delaunay fand im Miocän von Pouancé (Maine-et-Loire) eine mit Einschnitten versehene Halitherium-Rippe, welche gleichfalls menschlicher Behandlung unterworfen gewesen schien. Garrigou hat die Meinung ausgesprochen, dass gewisse von Sansan herstammende Knochen durch Menschenhand zerbrochen worden seien. Dücker äusserte eine ähnliche Ansicht über die Pikermi-Fossilien. Diese Ideen fanden lebhaften Widerstand. Viele solche Knocheneinschnitte haben sich auch als Zahnspuren von Fleischfressern, Nagethieren u. s. w. herausgestellt. Der Abbé Bourgeois hat im Miocän von Thenay bei Pont-Levoy (Loir-et-Cher) Feuersteine gefunden, deren Zurichtung er einem Wesen von höherer Intelligenz als die Thiere der Jetztzeit zuschreibt. Bourgeois' Meinung wurde von hervorragenden Anthropologen, wie Vibraye, Worsaae, Mortillet, Quatrefages und Hamy getheilt. Gaudry bezweifelt nicht die Genauigkeit der von einem so geschickten Geologen wie Bourgeois angegebenen Lagerungsverhältnisse zu Thenay. Es handelt sich für den berühmten Erforscher der quaternären Thierwelt nur um die Frage, ob die Feuersteine von Thenay künstlich geschlagen seien oder nicht. Diese Steine befinden sich in einer Schicht von Geröll derselben Art. Würde man eine grosse Zahl solcher Feuersteine durcheinander liegen sehen, so würden daran nur wenige Personen eine unanfechtbare Unterscheidung zwischen künstlich geschlagenem und nicht geschlagenem Stein vornehmen können. Die angebliche Anwesenheit von geschlagenem Feuerstein in der Miocänzeit erfordert aber doch eine sehr genaue Prüfung. Die Epoche des mittlern Miocän zeigt ein sehr hohes Alter: auf die Fauna der Kalksteine von Beauce und den Faluns ist die davon verschiedene des obern Miocän von Eppelsheim, Pikermi, des Léberon gefolgt. Nach der letztern folgte die unterpliocäne von Montpellier, auf diese die pliocäne von Perrier, Solilhac und Coupet. Hiernach kam die Forest-bed-Fauna von Cromer, hiernach diejenige des Boulder-clay. Letztere hatte nach den Lagern von Norfolk zu urtheilen eine sehr langdauernde Existenz. Auf die Boulder-clay-Fauna sind diejenigen des Diluviums, des Renthieralters und der Jetztwelt gefolgt.

Mag man nun über die vielen eingetretenen Veränderungen denken wie man will, mag man sie als Ergebnisse bestimmter und voneinander unabhängiger Schöpfungen oder als die Resultate von Transformationen ansehen, kein Geologe wird an der immensen Zeitdauer zweifeln, welche die Entstehung dieser Bildungen in Anspruch genommen hat. Es gibt im mittlern Miocän keine einzige Säugethierart, welcher eine jetzt lebende entspräche. Stellt man sich auf den Standpunkt der reinen Paläontologie, so wird es schwer, anzunehmen, dass die Feuersteinzurichter von Thenay mitten in diesem allgemeinen Wechsel unverändert geblieben sein könnten. Sollte man, so schliesst Gaudry, beweisen können, dass die von Bourgeois gesammelten Feuersteine des Beauce-Kalkstein wirklich geschlagen seien, so würde er selbst als Geologe nicht anstehen, im *Dryopithecus* den Erzeuger dieser Manufacte zu erkennen![1]

Vorläufig aber bleibt der angeblich Feuersteine Klopfende, an sich leider noch so wenig bekannte, nur nach einigen Knochenstücken beschriebene *Dryopithecus* hinsichtlich seines angeblich so vorgeschrittenen Anthropomorphismus Gegenstand einer interessanten Hypothese. Kein lebender Anthropoid hat sich bisjetzt als fähig erwiesen, Steine u. dgl. zum eigenen ökonomischen Gebrauch herzurichten. Ueberhaupt gewinnen selbst die fanatischsten Verfechter der Descendenzlehre immer mehr die Ueberzeugung, dass der Mensch von keiner der jetzt lebenden Anthropoidenformen abstammen könne. Wol lässt sich eine nahe, in mancher Hinsicht sehr nahe körperliche Verwandtschaft zwischen Menschen und menschenähnlichen Affen nachweisen, nicht aber die Möglichkeit einer directen Descendenz der erstern von den letztern. Dies ergibt sich nämlich aus den körperlichen Entwickelungsverhältnissen der grossen Affen, die nur in ihren jugendlichen Stadien sehr menschenähnlich sind, und, älter werdend, diese Eigenschaft mehr und mehr wieder verlieren. Ferner glaube ich, dass dies auch aus dem absoluten Mangel an weiterer Ausbildungsfähigkeit der intellectuellen Eigenschaften unserer menschenähnlichen Affen hervorgeht, deren Intelligenz zwar eine höhere als die der übrigen Säugethiere, auch der übrigen Affen genannt werden muss, die aber doch sehr hinter der menschlichen (weiter bildbaren) Intelligenz zurückbleibt. Im Laufe ihrer körperlichen Entwickelung entfernen sich, wie ich stets zu wiederholen mich gedrungen fühle, die Anthropoiden mehr und mehr von der menschlichen Organisation. Sehr richtig sagt C. Vogt: „Wohl aber tritt uns, wenn wir den Principien der heute geltenden Evolutionstheorie gemäss die Entwickelungsgeschichte zu Rathe ziehen, die bedeutsame Thatsache entgegen, dass das Affenkind

[1] Les enchaînements du monde animal, S. 240.

dem Menschenkinde in jeder Beziehung näher steht als der erwachsene Affe dem erwachsenen Menschen. Die ursprünglich vorhandenen Unterschiede der jugendlichen Geschöpfe beider Typen sind weit geringer als diejenigen der erwachsenen; diese schon längst von mir in meinen «Vorlesungen über den Menschen» aufgestellte Behauptung hat durch die neuern Untersuchungen an in den europäischen Thiergärten verstorbenen jugendlichen Anthropomorphen eine glänzende Bestätigung erhalten. Je älter das Geschöpf wird, desto mehr treten die charakteristischen Unterschiede in Ausbildung der Kiefer, der Schädelleisten u. s. w. hervor. Mensch und Affe entwickeln sich vom embryonalen Zustande und von dem Kindesalter an in abweichender, ja fast entgegengesetzter Richtung zu dem endlichen Typus ihrer Gattung, aber immerhin behalten selbst die erwachsenen Affen in ihrer ganzen Organisation noch Züge, welche denjenigen des Menschenkindes entsprechen.“[1] „So hoch der Homo sapiens durch Intelligenz über jeglichem Thiere steht“, sagt Quenstedt, „so bedeutungslos wird der körperliche Unterschied, welcher ihn vom Affen trennt; und noch ist der irdische Schauplatz keineswegs so ausgebeutet, dass mit der Zeit diese an sich schon so engen Grenzen nicht noch enger aneinander treten könnten.“[2]

In diesen Worten offenbart sich jene schon oben von mir erwähnte Meinung, welche gegenwärtig immer mehr und mehr platzgreift, dass nämlich der Mensch weder von einem der bisjetzt bekannt gewordenen fossilen noch von einem der lebenden Affen abstammen könne. Vielmehr „müssten beide Typen einer gemeinschaftlichen Grundform entstammen, die in der kindlichen Beschaffenheit noch stärker ausgedrückt ist, weil das kindliche Alter derselben näher gerückt ist“. (Vogt.)

---

[1] Die Säugethiere in Wort und Bild, S. 49.

[2] Handbuch der Petrefactenkunde (3. Aufl., Tübingen 1882), I, 38.

Dieser vermeintliche Urahn unsers Geschlechts ist natürlicherweise noch vollkommen hypothetisch und beruhen alle bisjetzt gemachten Versuche, uns von demselben ein auch nur ungefähres Bild zu entwerfen, auf einer bedeutungslosen Gedankenspielerei.

Darwin gelangt zu dem Schluss, dass der Mensch von einer weniger hoch organisirten Form abstamme. „Die Grundlage, auf welcher diese Folgerung ruht, wird nie erschüttert werden, denn die grosse Aehnlichkeit zwischen dem Menschen und den niedern Thieren sowol in der embryonalen Entwickelung als in unzähligen Punkten des Baues und der Constitution, sowol von grösserer als von der allergeringfügigsten Bedeutung, die Rudimente, welche er befallen hat, und die abnormen Fälle von Rückschlag, denen er gelegentlich unterliegt, — dies sind Thatsachen, welche nicht bestritten werden können. Sie sind lange bekannt gewesen, aber bis ganz vor kurzem sagten sie uns in Bezug auf den Ursprung des Menschen nichts. Wenn wir sie aber im Lichte unserer Kenntniss der ganzen organischen Welt betrachten, so ist ihre Bedeutung gar nicht miszuverstehen. Das ganze Princip der Entwickelung steht klar und fest vor uns, wenn diese Gruppen von Thatsachen in Verbindung mit andern betrachtet werden, mit solchen wie der gegenseitigen Verwandtschaft der Glieder einer und der nämlichen Gruppe, ihrer geographischen Vertheilung in vergangenen und jetzigen Zeiten und ihrer geologischen Aufeinanderfolge. Es ist unglaublich, dass alle diese Thatsachen Falsches aussagen sollten. Jeder, der nicht damit zufrieden ist, die Erscheinung der Natur wie ein Wilder unverbunden zu betrachten, kann nicht länger glauben, dass der Mensch das Werk eines besondern Schöpfungsactes ist. Er wird gezwungen sein zuzugeben, dass die grosse Aehnlichkeit des Embryos der Menschen mit dem z. B. eines Hundes, der Bau seines Schädels, seiner Glieder und seines ganzen Körpers, nach demselben Grundplane wie bei den andern Säugethieren und zwar unabhängig von dem

Gebrauche, welcher von den Theilen zu machen ist, — das gelegentliche Wiedererscheinen verschiedener Bildungen, z. B. mehrerer verschiedener Muskeln, welche der Mensch normal nicht besitzt, welche aber den Quadrumanen zukommen — und eine Menge analoger Thatsachen — dass alles dies in der offenbarsten Art auf den Schluss hinweist, dass der Mensch mit andern Säugethieren der Nachkomme eines gemeinsamen Urerzeugers ist.“[1]

„Die ältesten Urerzeuger im Unterreiche der Wirbelthiere“, so sagt der grosse englische Naturforscher an anderer Stelle, „auf welche wir im Stande sind, einen, wenn auch nur undeutlichen, Blick zu werfen, bestanden, wie es schien, aus einer Gruppe von Seethieren, welche den Larven der jetzt lebenden Ascidien ähnlich waren. Diese Thiere liessen wahrscheinlich eine Gruppe von Fischen entstehen, welche gleich niedrig wie der Lanzettfisch organisirt waren; und aus diesen müssen sich die ganoiden und andere dem Lepidosiren ähnliche Fische entwickelt haben. Von derartigen Fischen wird uns ein nur sehr geringer Fortschritt zu den Amphibien hinführen. Wir haben gesehen, dass Vögel und Reptilien einst innig miteinander verbunden waren, und die Monotremen bringen jetzt in einem unbedeutenden Grade die Säugethiere mit den Reptilien in Verbindung. Für jetzt kann aber niemand sagen, durch welche Descendenzreihe die drei höhern und verwandten Klassen, nämlich Säugethiere, Vögel und Reptilien, von einer der beiden niedern Wirbelthierklassen, nämlich Amphibien und Fischen, abzuleiten sind. Innerhalb der Klasse der Säugethiere sind die einzelnen Schritte nicht schwer zu verfolgen, welche von den alten Monotremen (Kloakenthieren) zu den Marsupialien (Beutelthieren) führen und von diesen zu den frühern Urerzeugern der placentalen Säugethiere. Wir können auf diese Weise bis zu den

---

[1] Die Abstammung des Menschen (Stuttgart 1871), II, 340.

Lemuriden (Halbaffen) aufsteigen und der Zwischenraum zwischen diesen und den Simiaden (Affen) ist nicht gross. Die Simiaden zweigten sich dann in zwei grosse Stämme ab, die neuweltlichen und die altweltlichen Affen, und aus den letztern ging in einer frühen Zeit der Mensch, das Wunder und der Ruhm des Weltalls, hervor." [1]

Lassen wir vorläufig diesen langen Stammbaum des Menschen bei Seite, in dessen einzelne Phasen einzudringen uns der noch zu wenig entwickelte Stand unsers heutigen Wissens verwehrt. Was nun die Halbaffen betrifft, deren nahe Stellung zu Affen und Menschen neuerdings vielfach hervorgehoben worden ist, so halte ich mich zu denen, welche, wie Vogt, in ihrer vielgestaltigen Ordnung (die auch einen vielgestaltigen Ursprung, wahrscheinlich aus Beutelthieren, auf welche manche Züge ihrer Organisation hinzeigen, gehabt haben muss) darauf hinweisen, dass einzelne ihrer Formen zu den ältesten tertiären Säugethieren gehören, die wir überhaupt kennen. „Schliesslich geht auch aus diesen Thatsachen hervor, dass eine nähere Beziehung zwischen Halbaffen, Affen und damit auch Menschen durchaus nicht nachgewiesen werden kann. Mit Ausnahme der entgegenstellbaren Daumen, die ja ein weitverbreitetes Gemeingut sind und waren, haben die Halbaffen keinen einzigen anatomischen Zug mit den Affen gemein. Das Gebiss, der conservativste Charakter, stellt sie zu den Insektenfressern; sie in die Ahnenreihe der Menschen einfügen zu wollen, heisst allen Grundsätzen wissenschaftlicher Forschung Hohn sprechen." [2]

Der gemeinschaftliche Urahn des Affen und Menschen, jenes rein hypothetische Wesen, muss erst gesucht werden und ist das eine Aufgabe der Paläontologie. Ob das dieser Wissenschaft, der noch eine grosse Zukunft gehört, jemals gelingen wird, ist freilich eine Frage für

[1] A. a. O., I. 186.
[2] A. a. O., S. 67.

sich. Indessen möchte man angesichts der grossartigen paläontologischen Aufschlüsse, welche die Neuzeit gewährt hat, angesichts der Entdeckung jener Odontornithen, Aetosauren, Rhamphorhynchen, Holoptychien u. s. w. nicht an der Möglichkeit der Auffindung eines wirklichen Bindegliedes zwischen der Menschen- und Säugethierwelt verzweifeln. Diese rein speculative Seite der Forschung, diese rein wissenschaftliche Behandlungsweise der Descendenz des Menschen, welche sich heute nicht mit unbewiesenen Sätzen begnügen, sondern noch der angestrengten Arbeit nachfolgender Zeiten vertrauen will, kann niemand beunruhigen, welchem religiösen Bekenntnisse, welcher politischen Partei er auch angehören möge. Gelingt es aber wirklich, den vermeintlichen Urtypus in irgendwelchen Erdschichten zu entdecken, so bleiben für die Forschung immer noch ausserordentliche Schwierigkeiten zu überwinden, nämlich die Deutung der Entwickelung des Verstandes und der Sprache, sowie die Ausbildung der selbstthätigen menschlichen Intelligenz überhaupt, klar zu legen. Sollen wir aber schon jetzt ohne weiteres auf die dereinstige Möglichkeit verzichten, nach dieser Seite hin irgendneue Aufschlüsse zu gewinnen? Das hiesse unserm wissenschaftlichen Forschungstriebe einen Zwang anlegen, welcher unserer bisherigen geistigen Erwerbungen nicht würdig sein dürfte. Lasst uns daher rüstig weiter arbeiten!

Wir machen in der Völkerkunde täglich die Erfahrung, dass selbst sehr weit auseinander wohnende Menschenstämme, an deren früher stattgehabte nationale Einigung nicht gedacht werden konnte, ganz ähnliche technische Erfindungen gemacht, dass sie ähnliche Sitten und Gebräuche, ähnliche religiöse Vorstellungen befolgt haben. Das lässt doch auf eine physische und psychische Einheit des Menschengeschlechts schliessen, welches wol in Rassen, Varietäten, nicht aber in gesonderte Arten sich gliedern lässt. Gewisse Merkmale der (hypothetischen) Urform würden sich auch auf die in verschiedenartiger Sonderentwickelung sich ausbildenden

Nachkommen übertragen, und Rückschläge auf die thierische Beschaffenheit dürfen selbst beim Endzweig der organischen Entwickelung, beim Menschen, nicht befremden. Diesen Rückschlägen wird aber durch die culturelle Entwickelung der Menschen kein Hemmniss geboten. Theromorphien, wie wir sie im dritten Kapitel kennen gelernt haben (Stirnfortsatz der Schläfenschuppe, Querwulst des Hinterhauptbeins, Spitzohr u. s. w.) können bei den niedern und höhern Menschenstämmen gleichwerthig sich vertheilen, wie ja auch z. B. Rückschläge in die fossilen Formen (Afterzehen, Spalthufe u. s. w.) sowol bei primitiven wie auch bei den höchsten Culturrassen des Pferdes vorkommen können. Nicht die körperliche, sondern die geistige Entwickelung der Menschheit schreitet gleichmässiger und ohne Sprünge zu machen vor. Körperlich können Vorzüge und Mängel unter einer gegebenen Anzahl von Nigritiern und Papuas vorkommen und unter einer gleichen Anzahl von Europäern fehlen, sowie auch umgekehrt. Aber in geistiger Beziehung werden wir Nigritier und Papuas den Europäern doch stets direct unterordnen müssen. Wenn nun physische Vorzüge, dank der höhern Cultur, der grössern Schonung, der bessern Ernährung, der geregeltern Lebensweise und vielfach auch einer häufig von der ästhetischen Anschauungsweise beeinflussten Zuchtwahl im ganzen unter den europäischen Völkern verbreiteter als bei andern sind, so erleidet doch das Wiederauftreten von solchen Thierähnlichkeiten, welche ohne modellirende Einflüsse auf die individuelle Körperentwickelung bleiben, weder bei jenen noch bei andern Stämmen eine natürliche Beschränkung. Uebrigens möchte ich diese Betrachtungen nicht ohne eine directe Wiederanführung jenes schönen Satzes schliessen, mit welchem Darwin sein Buch über die Abstammung des Menschen beendet. „Der Mensch“, sagt Darwin, „ist wol entschuldigt, wenn er einigen Stolz darüber empfindet, dass er, wenn auch nicht durch seine Anstrengungen, zur Spitze der ganzen organischen Stufenleiter gelangt ist; und die Thatsache, dass er in dieser Weise emporgestiegen ist, statt ursprünglich schon dahin gestellt worden zu sein, kann ihm die Hoffnung verleihen, in der fernen Zukunft eine noch höhere Bestimmung zu haben. Wir haben es hier aber nicht mit Hoffnungen oder Befürchtungen zu thun, sondern nur mit der Wahrheit, soweit unsere Vernunft uns gestattet, sie zu entdecken. Ich habe die Beweise nach meiner besten Kraft mitgetheilt und wir müssen anerkennen, wie mir scheint, dass der Mensch mit allen seinen edlen Eigenschaften, mit der Sympathie, welche er für die Niedrigsten empfindet, mit dem Wohlwollen, welches er nicht blos auf andere Menschen, sondern auch auf die niedrigsten lebenden Wesen ausdehnt, mit seinem gottähnlichen Intellekt, welcher in die Bewegungen und die Constitution des Sonnensystems eingedrungen ist, mit allen diesen hohen Kräften doch noch in seinem Körper den unauslöschlichen Stempel seines niedern Ursprungs trägt.“ [1]

---

[1] A. a. O., II, 356.

NACHTRAG.

Erst nach dem Schlusse des Manuscripts zu diesem Bande gelangten O. Mohnike's „Blicke auf das Pflanzen- und Thierleben in den indischen Malaienländern" (Münster 1883) in meine Hände. Der Verfasser, welcher eine Reihe von Jahren Arzt und Verwaltungsbeamter des Medicinalwesens in Niederländisch-Ostindien gewesen ist, liefert uns einige ganz interessante Nachrichten über den Orang-Utan. Dieser scheint nur in dem nördlichern Theile von Sumatra, und zwar mehr in dem westlichen als dem östlichen Küstenstriche, vorzukommen. Auch scheint er nur selten und einzeln angetroffen zu werden. Die Dayaks (von Borneo) essen das Fleisch des Affen sehr gern und schiessen ihn, besonders im Innern der Insel, aus Blasrohren mit vergifteten Pfeilen. Man schneidet nachher die Fleischwunden sorgfältig aus.

Hylobates concolor wird nach Mohnike auf Borneo von den Malaien Ouo-Ouo, von den Dayaks Kalawet genannt.

Dunkle Individuen von *H. variegatus* werden malaiisch als Unko itam, schwarze U., helle Individuen werden daselbst als Unko puti, weisse U., bezeichnet.

Eine hübsche Abbildung des *Hylobates leucogenys* findet sich in den „Proceedings of the Zoological Society of London", 1877, S. 680, Taf. 42.

Zu S. 172 wäre hinzuzufügen, dass das Zäpfchen (Uvula) beim Urang-Utan zwar häufiger unausgebildet ist (Bischoff, Beiträge zur Anatomie des Gorilla, S. 37,

und Rückert, Der Pharynx als Sprach- und Schluckapparat, München 1882, S. 24, Taf. III, Fig. 10), dass ich doch aber ein Exemplar mit deutlichem Zäpfchen, mit deutlichen Gaumenbögen und gewölbtem Zungengrunde beobachtet und gezeichnet habe.

Ausser dem menschlichen Unterkiefer von Naulette (S. 113) macht neuerdings ein in der mährischen Schipkahöhle gefundenes Unterkieferfragment Aufsehen. Schaaffhausen hatte dasselbe als ein kindliches und affenähnliches bezeichnet. Virchow hat dieses Fragment genau untersucht und erklärt dasselbe als ein der Mammuthzeit angehöriges, von einem Erwachsenen herstammendes Stück, welches mit Zahnretention behaftet sei und nichts Pithekoides an sich habe. Verfasser unterwirft auch den Kiefer von Naulette, welchen er zu wiederholten malen persönlich in Brüssel untersucht hat, einer genauen Analyse, scheint aber schon eher geneigt, diesem letztern Specimen einen affenähnlichen Charakter zuzusprechen. (Zeitschrift für Ethnologie, 1882, S. 277.)

R. Baume dagegen betrachtet die Kiefer von Naulette und aus der Schipkahöhle (von denen er sehr gute Abbildungen veröffentlicht) als pithekoide Bildungen. Er findet durch beide Specimina den thatsächlichen Nachweis der Existenz von Menschenaffen in der Diluvialzeit geliefert, welche in Bezug auf die Bildung des Unterkiefers von allen heute lebenden stark abweichen. In der Diluvialzeit müssen nach des Verfassers Ansicht Menschenrassen gelebt haben, welche den tiefstehenden heute existirenden noch merklich inferior gewesen sind. (Die Kieferfragmente von La Naulette und aus der Schipkahöhle, Leipzig 1883.)

Zu S. 196. Ausführlicheres über die Muskelbinden, die Achsel- und Schenkelgefässe der menschenähnlichen Affen vgl. bei Hartmann, „Sitzungsbericht der Gesellschaft naturforschender Freunde zu Berlin“ vom 19. November 1878.

Literaturverzeichniss zum ersten Kapitel.

[1] „Hinc (sc. Theôn Ochema, Θεῶν ὄχημα) tridui navigatione torrentes igneos praetervecti in sinum venimus, qui Noti Ceras dicitur (Νότου Κέρας). In sinus recessu insula erat priori, illi similis; nam lacum habebat, in quo insula erat altera, referta hominibus silvestribus. Erant autem multo plures mulieres hirsutis corporibus, quas interpretes Gorillas (Γορίλλας) vocabant. Nos persequentes viros quidem capere non potuimus, omnes enim effugiebant quum per praecipitia scanderent et saxis se defenderent; sed feminas cepimus tres, quae mordentes et lacerantes ductores sequi nolebant. Atque occidimus eas et pelles detractas asportavimus Carthaginem. Neque enim ulterius navigavimus, quum annona deficeret.“ (Hannonis Carthaginiensis Periplus. Geographi Graeci Minores, editio C. Muelleri vol. I.)

[2] Vgl. Temminck, Esquisses zoologiques sur la côte de Guinée (Leiden 1853), S. 3.

[3] Marc. de Serres hat zuerst den Blick der Naturforscher auf diese Mosaik gelenkt. Vgl. Froriep, Notizen zur Natur- und Heilkunde, Bd. 42. Häufig wird behauptet, das Original dieser Mosaik befinde sich im Antikenmuseum zu Berlin. Das hier existirende Bildwerk stellt allerdings ebenfalls eine Landschaft mit Nilpferden, Krokodilen u. s. w. dar, ist aber nicht mit jenem palestrinischen zu vergleichen, welches sich meines Wissens im Palazzo Barberini zu Rom befindet.

[4] C. Plinius Secundus, Naturgeschichte, übers. von G. Grosse (Frankfurt a. M. 1782), II, 172 Lib. VII, § 2.

[5] Regnum Congo: hoc est Vera Descriptio Regni Africani quod tam ab incolis quam Lusitanis Congus appellatur, per Philippum Pigafettam, olim ex Edoardo Lopez acromatis lingua Italica excerpta, nunc Latio sermone donata ab Aug. Cassiod. Reinio. Iconibus et imaginibus rerum me-

morabilium quasi vivis, opera et industria Joan. Theod. et Joan. Israelis de Bry, fratrum exornata. (Francofurti, MDXCVIII.)

[6] Abhandlungen der Königl. Bayrischen Akademie der Wissenschaften, III. Cl., IX. Bd., 1. Abth.

[7] A voyage to Congo and several other countries in the Southern Africa in Church collection of voyages and travels (London 1744), I, 651.

[8] Relation d'un voyage fait en 1695—97 aux côtes d'Afrique etc. (Paris 1699.)

[9] Nouveau voyage en Guinée, S. 74.

[10] Observationes medicae, (Amsterdam), § 56. Ich bin in neuerer Zeit darüber zweifelhaft geworden, ob Tulpe seinem Affenbilde nicht doch die Zeichnung eines mittelgrossen Orang-Utan zu Grunde gelegt habe. Der Kopf des von dem Anatomen dargestellten Thieres erinnert mich wenigstens mehr an denselben Körpertheil der letztern Anthropoidenart als an denjenigen eines Chimpanse.

[11] The anatomy of a Pygmy compared with that of an monkey, an ape and a man. With an essay concerning the Pygmies etc. of the Ancients. (I. edit., London 1699; II. edit., London 1751.)

[12] Purchas, His Pilgrims. Ich benutzte die 1625 zu London erschienene Ausgabe (Vol. II, 982).

[13] Beschryvinge des afrikaensche gewesten van Egypten, Barbaryen, Lybien, Biledulgerid, Negrosland, Ethiopien, Abyssinie etc. (Amsterdam 1668; 2. Aufl. 1679; deutsch ebendas. 1670.) Ich habe die deutsche Ausgabe von 1760 (ebendas.), S. 393, benutzt.

[14] Der Name Quojas Morrou taucht auch bei Tulpe auf. (Vgl. vorn S. 3.) Eins der Thiere ist nach Dapper dem Prinzen Friedrich Heinrich von Oranien lebend vorgestellt worden. Vielleicht ist es das von Tulpe beschriebene Exemplar gewesen.

[15] Mission from Cape Coast Castle to Ashantee. (London 1819; deutsch Weimar 1820, Wien 1826.) Ich benutzte die letztere deutsche Bearbeitung, Heft II, S. 122.

[16] Transactions of the Zoological Society, Vol. III, 1848. Proceedings of the Zoological Society of London 1848, S. 16: On a new species of Chimpanzee by Prof. R. Owen.

[17] A description of the external characters and habits of Troglodytes Gorilla by Ph. S. Savage, and of the osteology of the same by Jeffries Wyman. (Journal of the Natural History, Boston 1847, Vol. V.)

[18] Th. Savage, Notice of Troglodytes Gorilla a new species of Orang of Gaboon River (Boston 1847). Vgl. Kneeland in Proceedings of the Boston Society of Natural History, 1850, S. 259; 1852, S. 209.

[19] Ostéographie (Paris 1839—64). Atlas, T. IV, Mammifères, Pl. I[bis].

[20] Archives du Muséum d'histoire naturelle de Paris, T. X.

[21] Ibid., T. VIII.

[22] In Stahldruck ausgeführt. Bekanntlich eine schon von Nièpce de St.-Victor ausgeübte, später wesentlich verbesserte Methode der photographischen Darstellung.

[23] Der Gorilla etc. Das von G. Mützel in Farbendruck hergestellte Bild, Taf. I.

[24] Adventures and explorations in Equatorial Africa (London 1861). A Journey to Ashango Land (London 1867). The Country of the Dwarfs (London 1872). Stories of the Gorilla Country, Wild Life under the Equator, My Apingi Kingdom, ibid.

[25] Reade, Savage Life: being the narrative of a tour in Equatorial, South-Western, and North-Western Africa etc. (London 1863). Brehm, Thierleben, 1. Aufl., I, 16 fg.; 2. Aufl., I, 60 fg. Vgl. ferner Hartmann, Der Gorilla, S. 4 fg.

[26] Observations on Mr. Du Chaillu's papers on the new species of mammals discovered by him in Equatorial Africa. Proceedings of the Zoological Society of London, 1861.

[27] Proceedings of the Boston Society of Natural History, 1860. Vgl. ferner Du Chaillu's Adventures and explorations, chapt. XXII, und H. G. R. Reichenbach, Die vollständigste Naturgeschichte der Affen (Dresden und Leipzig), S. 196.

[28] Description of the cranium of an adult male Gorilla from the River Danger, indicative of a variety of the great Chimpanzee (Troglodytes Gorilla). Transactions of the Zoolog. Society of London, Vol. IV, 1853, Part III, p. 75. Memoir on the Gorilla (London 1865); mit schönen Abbildungen; Odontography (London 1840—45), Text S. 443, Atlas Pl. 117 fg. Artikel Teeth: in Todd and Bowman, Cyclopaedia of anatomy and physiology, Vol. IV, Part II, p. 918 fg. Lectures of the comparative anatomy and physiology of the vertebrata (London 1866—68, Vol. III).

[29] Two trips to the Gorilla Land and the cataracts of the Congo (2 Bde., London 1876.)

[30] L'Afrique équatoriale (Paris 1875; Gabonais, S. 260).

[31] Le Tour du Monde, Année 1878, Nr. 936.

[32] Skizzen aus Westafrika (Berlin 1878), S. 171.

[33] Die Loango-Expedition. II. Abtheilung von J. Falkenstein, S. 149 fg.

[34] Die Gartenlaube, 1877, Nr. 25.

[35] Zoologiska Studier. Andra Häftet (Lund 1857).

[36] Revue d'Anthropologie, 1876, S. 1 fg.

[37] The Medical Times, 1872.

[38] Descrizione di una scimmia antropomorfa proveniente dall' Africa centrale, in den Annali del Museo Civico di Genova, I, 53 fg.

[39] Studii craniologici sui Cimpanzé. Ibid. III, 3 fg.

[40] Proceedings of the Academy of Natural Sciences of Philadelphia, Part III, 1879, p. 385.

[41] On the Appendicular Skeleton of the Primates. Philosophical Transactions, 1867, 299 fg.

[41a] A. Macalister, The muscular anatomy of the Gorilla. Proceedings of the Royal Irish Academy (Science), Ser. II, Vol. I.

[42] Ueber die Schädelform des Menschen und der Affen (Leipzig 1867).

[43] Die Hand und der Fuss. Abhandlungen der Senckenbergischen Naturforschenden Gesellschaft, Bd. 5.

[44] Archiv für Anthropologie, VIII, 67.

[45] Abhandlungen aus dem Gebiete der Naturwissenschaften, herausgeg. vom Naturwissenschaftlichen Verein zu Hamburg-Altona (Hamburg 1876), S. 74—83.

[46] Ebendas. S. 84 fg.

[47] Die anthropomorphen Affen des lübecker Museums (Lübeck 1876).

[48] Mittheilungen aus dem königl. Zoologischen Museum zu Dresden, Heft 2, 1877, S. 225 fg.

[49] Der Gorilla, mit Berücksichtigung des Unterschiedes zwischen Menschen und Affen etc. Denkschrift des Offenbacher Vereins für Naturkunde (Offenbach 1863).

[50] Ueber die Verschiedenheit in der Schädelbildung des Gorilla, Chimpanse und Orang-Utan etc. (München 1867). Vergleichende anatomische Untersuchungen über die äussern weiblichen Geschlechts- und Begattungsorgane des Menschen und der Affen. Abhandlungen der königl. bayrischen Akad. d. Wissensch., II. Cl., XIII. Bd., 2. Abth. Beiträge zur Anatomie des Gorilla. Ebendas., II. Cl., XIII. Bd., 3. Abth.

[51] Beiträge zur Kenntniss des Gorilla und Chimpanse. Abhandl. der K. Gesellschaft der Wissensch. zu Göttingen, Bd. 28.

[52] Ueber den Schädel des jungen Gorilla. Monatsberichte der königl. Akademie der Wissensch. zu Berlin, 7. Juni 1880, S. 516 fg.

[53] Studien aus dem Gebiete der Naturwissenschaften II. Theil (Petersburg 1876), V, 235 fg.

[54] Der Gorilla u. s. w. Verschiedene Abhandlungen unter dem Titel: Beiträge zur Kenntniss der sogen. anthropomorphen Affen in der Zeitschrift für Ethnologie, Jahrgänge IV, 198; VIII, 129; IX, 117. — Ueber das Hüftgelenk der anthropoiden Affen. Sitzungsber. der Gesellschaft naturforschender Freunde zu Berlin vom 17. April 1877. — Ueber den Torus occipitalis transversus am Hinterhauptbeine des Menschen. Ebendas. vom 26. Nov. 1880. — Die menschenähnlichen Affen, Heft 247 der Sammlung gemeinverständlicher wissenschaftlicher Vorträge von R. Virchow und Holtzendorff, S. 11 fg.

[55] Vorlesungen über den Menschen (Giessen 1863).

[56] L'Homme et les Singes. Bulletin de la Société d'Anthropologie, T. IV, 2. Sér., 1870.

[57] Magitot in Bulletin de la Société d'Ethnographie de Paris 1872.

[58] Gesammelte Werke. A. d. Engl. von J. V. Carus, V, 1, 2 (Stuttgart 1875).

[59] Paris MDCCCLIV, Vol. I, p. 27 fg.

[60] A manual of the anatomy of vertebrated animals (London 1871).

[61] An introduction to the osteology of the mammalia (London 1870).

[62] Odontographie. Vergleichende Darstellung des Zahnsystems der lebenden und fossilen Wirbelthiere (Leipzig 1855), S. 1 fg.

[63] Proceedings of the Zoological Society of London, 1876.

[64] Histoire naturelle générale et particulière, Tome 35 (Paris, an IX).

[65] Ich citire die betreffende Stelle aus Bosman nach Buffon (l. c., S. 89) und Temminck (Esquisses zoologiques sur la côte de Guinée, Ire partie, Leiden 1853, S. 5): „Les singes que l'on appelle smitten (forgerons) en flamand, sont de couleur fauve, et deviennent extrêmement grands: j'en ai vu un de mes propres yeux qui avoit cinq pieds de haut et de bien moins grand que l'homme. Ils sont méchants et très forts; un marchand m'a conté, que dans le voisinage du fort de Wimba, le pays est occupé par un très-grand nombre de ces singes, qui sont de force à attaquer l'homme,

ce dont on citait des exemples." Bosman spricht dann noch von einer andern Affenart derselben Gegend, welche so hässlich wie jene grössere sein soll, nur sollen vier der letztern knapp auf eins der erstern gehen. (Beschrijving van Guiné 1737, S. 34. Voyage de Guinée, S. 258.)

[66] Vgl. hierüber die sehr klare kritische Beleuchtung Huxley's in dessen Zeugnisse für die Stellung des Menschen in der Natur. Deutsche Ausgabe (Braunschweig 1863, S. 17).

[67] Le Jardin des Plantes par Bernard, Couailhac, Gervais et Lemaout (Paris 1842), I, 82, Anm.

[68] Ibid., S. 83; auch ein Porträt.

[69] Copirt z. B. in Chenu, Encyclopédie d'histoire naturelle, Quadrumanes (Paris 1851, Pl. 1 et Fig. 36). — P. Gervais, Histoire naturelle des mammifères (Paris 1854, I, 16, 22). — A. B. Reichenbach, Praktische Naturgeschichte des Menschen und der Säugethiere. Neue Ausgabe (Leipzig, Taf. I, Fig. 4). — H. G. L. Reichenbach, Die vollständigste Naturgeschichte der Affen (Dresden und Leipzig, Taf. XXXIV, Fig. 466) u. s. w.

[70] J. B. Brehm's Thierleben (Leipzig 1876), I, 46, 68.

[71] Hartmann, Der Gorilla etc. Schnitt Nr. VI (Kopf des weiblichen — nicht wie dort verdruckt ist, männlichen Chimpanse), Nr. VII, VIII, XIII.

[72] Beobachtungen an zwei lebenden Chimpanse von H. Tiedemann in Philadelphia. Nach brieflichen Mittheilungen bearbeitet von L. Bischoff (Bonn 1879).

[73] Temminck's Esquisse zoologique, S. 1 fg.

[74] Vrolik, Recherches d'anatomie comparée sur le Chimpanse (Amsterdam 1841).

[75] On the muscles and nerves of a Chimpanzee etc. (Journal of Anatomy and Physiology. II^d^ series, 1871, p. 176 fg.).

[76] Brühl, Myologisches über die Extremitäten des Chimpanse (Wiener Medicin. Wochenschrift, Jahrg. 1877).

[77] Ontleedkundige nasporingen over de hersenen van den Chimpansé (Amsterdam 1849).

[78] Des caractères anatomiques des grands singes pseudo-anthropomorphes, Archives du Muséum, T. VIII. Vergleichung der Anatomie des Gorilla mit derjenigen des Chimpanse. — Sehr schöne Abbildungen.

[79] Recherches sur l'anatomie du Troglodytes Aubryi. (Nouvelles archives du Muséum d'histoire naturelle. Mémoires, T. II).

[80] Mittheilungen aus dem königl. Zoologischen Museum zu Dresden (Heft 2, Dresden 1877).

[81] Vgl. die unter Note 54 aufgeführten Abhandlungen, ferner Hartmann, Beiträge zur zoologischen und zootomischen Kenntniss der sogenannten anthropomorphen Affen. Archiv für Anatomie, Physiologie u. s. w. von Reichert und Du Bois-Reymond. Jahrgänge 1872—76, mit vielen zum Theil chromolithographischen Tafeln.

[82] Description de l'espèce de singe aussi singulier que très rare, nommé Orang-Outang, de l'isle de Borneo. Apporté vivant dans la ménagerie de Mr. le Prince d'Orange. Description d'un recueil exquis d'animaux rares etc. (Amsterdam 1804). Die den Aufsatz begleitenden, Orang-Utans darstellenden Tafeln sind nicht übel.

[83] Verhandelingen van het Bataviaasch Genootschap. Tweede Deel. (Derde Druk 1826).

[84] Beschrijving van der groote Borneosche Orang-outang of de Oostindische Pongo. Ibid. Ferner: Briefe des Herrn von Wurmb und des Herrn Baron von Wollzogen (Gotha 1794).

[85] General and particular descriptions of the vertebrated animals. Order Quadrumana (London 1831), mit farbigen Tafeln.

[86] Monographies de mammalogie, T. II.

[87] Verhandelingen over de natuurlijke geschiedenis der Nederlandsche overzeesche besittingen (1839—45), Zoologie, S. 1.

[88] Description des mammifères nouv. ou imparfaitement connus de la collection du Muséum d'histoire naturelle. Nouv. Archives du Muséum etc., II, 485.

[89] Annals and Magazine of natural history (1842), IX, 54.

[90] Calcutta Government Gazette, 13. Jan. 1853, deutsch in Froriep's Notizen a. d. Geb. der Natur- und Heilkunde, XI, 17. Asiatic Researches, XV, 489, 491.

[91] Der Malaiische Archipel. Die Heimat des Orang-Utan und des Paradiesvogels (Braunschweig 1869), I, 56 fg.

[92] Naturgeschichte des Orang-Utan und einiger anderer Affenarten etc., deutsch von Herbell (Düsseldorf 1791).

[93] On the comparative osteology of the Oran Utan and Chimpanzee in London and Edinburgh Philosoph. Magazine, VI, 457, ibid. X, 259. — Transactions of the Zoological Society of London, I, Part IV.

[94] Archiv für Anatomie, Physiologie u. s. w. Jahrgang 1836, S. XLVI; 1839, S. CCIX.

[95] L. s. cit.

[96] Vier Abbildungen des Schädels der Simia Satyrus von verschiedenem Alter zur Aufklärung der Fabel vom Orañ utañ (Marburg 1838).

[97] Note sur les métamorphoses du crâne de l'Orang-Outang in Bulletins de l'Académie de Bruxelles (1838). Annales des sciences naturelles (1839), S. 56.

[98] Zur Kenntniss des Orangkopfes und der Orangarten (Wien 1856).

[99] Die Muskulatur der Extremitäten als Grundlage einer vergleichend-myologischen Untersuchung.

[100] L. s. c., Fig. 42, Pl. 7.

[101] L. s. c., Pl. 1, S. 30 (Figur links).

[102] Zeitschrift für Ethnologie, Jahrg. 1876, Bd. 15. — Brehm's Thierleben, I, 83.

[103] Copirt in Cassell's Natural history, I, 8 (52), unter der falschen Bezeichnung „Sick Chimpanzee".

[104] Naturhistorische Früchte der ersten kais. russischen Erdumsegelung (Petersburg 1813), S. 130.

[105] Le règne animal. Nouv. édit. I, 88.

[106] Et. Geoffroy St.-Hilaire et F. Cuvier, Histoire naturelle des mammifères (Paris 1819—35), Pl. 3, 4 fg.

[107] Wanderings in New South Wales (London 1834), Vol. II, chapt. VIII.

[108] Man and Monkies (London 1840), S. 423.

[109] Boston Journal of natural history, I.

[110] Vgl. unter 83.

[111] Vgl. unter 63, S. 140 fg.

[112] Histoire naturelle des Singes (Paris, an IX), S. 154 fg.

[113] Archives du Muséum d'histoire naturelle, V, 529 fg.

[114] Blyth in Journal of the Asiatic Society, 1846, XV, 172; ibid. 1847, XVI, 730.

[115] Proceedings of the Zoological Society of London, XIV, 11.

[116] Beiträge zur Anatomie des *Hylobates leuciscus*. Aus den Abhandlungen der königl. bayr. Akademie der Wissenschaften, II. Cl., X. Bd., III. Abth.

Namenregister.

Sachregister.

Druck von F. A. Brockhaus in Leipzig.

www.ingramcontent.com/pod-product-compliance
Lightning Source LLC
Chambersburg PA
CBHW021506210326
41599CB00012B/1148